# 鲁氏酵母菌合成呋喃酮分子调控机制与应用

李志江　戴凌燕　李艳青　著

U0285318

哈尔滨工程大学出版社
Harbin Engineering University Press

## 内 容 简 介

本书以鲁氏酵母菌代谢合成呋喃酮分子机制及其在食品中的应用为主线，在分子机制方面，重点介绍鲁氏酵母菌通过谷胱甘肽代谢途径响应 D‐果糖胁迫的分子机制和外源 D‐果糖促进鲁氏酵母菌合成呋喃酮碳代谢的分子机制，并构建了鲁氏酵母菌高产呋喃酮菌株；在应用方面，对鲁氏酵母菌高密度培养制备及产呋喃酮条件进行优化，研究鲁氏酵母菌对发酵香肠性能及品质的影响，在豆酱增香中的应用，以及对面团发酵特性和焙烤食品品质的影响。

本书可供与鲁氏酵母菌代谢合成呋喃酮及食品增香技术相关的科研工作者和食品生产者参考，也可作为发酵食品加工行业，以及大专院校师生和研究人员的参考书。

**图书在版编目(CIP)数据**

鲁氏酵母菌合成呋喃酮分子调控机制与应用/李志江，戴凌燕，李艳青著.—哈尔滨：哈尔滨工程大学出版社，2021.7
ISBN 978 ‐ 7 ‐ 5661 ‐ 3197 ‐ 3

Ⅰ. ①鲁… Ⅱ. ①李… ②戴… ③李… Ⅲ. ①酵母菌‐呋喃酮‐分子‐调控‐研究 Ⅳ. ①TQ920.1

中国版本图书馆 CIP 数据核字(2021)第 151664 号

鲁氏酵母菌合成呋喃酮分子调控机制与应用
LUSHI JIAOMUJUN HECHENG FUNANTONG FENZI TIAOKONG JIZHI YU YINGYONG

选题策划　刘凯元
责任编辑　张　彦
封面设计　李海波

出版发行　哈尔滨工程大学出版社
社　　址　哈尔滨市南岗区南通大街 145 号
邮政编码　150001
发行电话　0451 ‐ 82519328
传　　真　0451 ‐ 82519699
经　　销　新华书店
印　　刷　北京中石油彩色印刷有限责任公司
开　　本　787 mm×1 092 mm　1/16
印　　张　15
字　　数　355 千字
版　　次　2021 年 7 月第 1 版
印　　次　2021 年 7 月第 1 次印刷
定　　价　58.00 元
http://www.hrbeupress.com
E‐mail:heupress@ hrbeu.edu.cn

# 前　言

　　鲁氏酵母菌(*Zygosaccharomyces rouxii*)是传统豆酱和酱油等发酵食品生产中重要的产香微生物。鲁氏酵母菌能够在高盐、高糖环境中生长,代谢合成 4 – 羟基 – 2,5 – 二甲基 – 3(2*H*) – 呋喃酮(HDMF)和 4 – 羟基 – 2 – 乙基 – 5 – 甲基 – 3(2*H*) – 呋喃酮(HEMF)等呈香化合物。本书探讨鲁氏酵母菌适应高渗透压环境的分子机制,揭示外源物质调控呋喃酮代谢合成的机理,为鲁氏酵母菌在发酵食品中的应用提供了充足的理论依据。本书符合发酵食品微生物代谢研究与应用的实际需求,具有较好的理论研究和应用价值。

　　本书首先概述了鲁氏酵母菌代谢合成呋喃酮研究现状及趋势,包括鲁氏酵母菌代谢合成呋喃酮的分子机制、发酵剂制备和应用等。通过详细论述鲁氏酵母菌通过谷胱甘肽代谢途径响应 D – 果糖胁迫的分子机制、外源 D – 果糖促进鲁氏酵母菌合成呋喃酮碳代谢的分子机制、鲁氏酵母菌高产呋喃酮菌株构建、鲁氏酵母菌高密度培养制备及产呋喃酮条件优化、鲁氏酵母菌对发酵香肠的性能及品质影响、鲁氏酵母菌在豆酱增香中的应用、鲁氏酵母菌对面团发酵特性及焙烤食品品质影响等内容,揭示了鲁氏酵母菌增香的分子机制,为制备高活性直投发酵剂及指导其在发酵食品中的应用提供了理论支持。

　　本书的撰写得到了著者主持和参与的黑龙江省自然基金联合引导项目"外源 D – 果糖调控鲁氏酵母碳代谢关键酶促进呋喃酮合成的分子机制"(编号:LH2020C086)、黑龙江省博士后资助项目"D – 果糖调控鲁氏酵母菌合成呋喃酮前体物碳代谢网络构建与分子机制研究"(编号:LBH – Q20055)、黑龙江省"杂粮生产与加工"优势特色学科资助项目(黑教联〔2018〕4 号)等的支持,并参考了大量国内外相关文献资料。感谢参与试验和著作整理的杨宏志、鹿保鑫、魏春红、王鹤霖、张东杰、周亚男、周雯君、高绍金、刘红、李昕、刘微、潘百玲、姜鹏和刘念等老师和同学的努力付出。在此一并对本书出版给予支持的领导和同行表示感谢!

　　本书共八章,具体撰写分工如下:黑龙江八一农垦大学李志江负责第一章的第四节、第五节以及第四章、第五章(约 115 千字);黑龙江八一农垦大学戴凌燕负责第一章的第一节至第三节以及第二章、第三章(约 125 千字);黑龙江八一农垦大学李艳青负责第六章、第七章、第八章和参考文献(约 115 千字)。

　　囿于著者学术水平有限,书中难免存在不妥和错误之处,衷心希望读者和同人给予批评指正!

著　者

2021 年 3 月

# 目　录

# 第一章　鲁氏酵母菌合成呋喃酮与应用概述

## 第一节　鲁氏酵母菌概述

### 一、鲁氏酵母菌分类及生长

鲁氏酵母菌(*Zygosaccharomyces rouxii*)同宗配合的双倍体,起初被称为*Saccharomyces rouxii*,在分类学上属于真核生物原界(Eukaryota),真菌界(Fungi),子囊菌门(Ascomycota),酵母亚门(Saccharomycotina),酵母纲(Saccharomycetes),酵母目(Saccharomycetales),酵母科(Saccharomycetaceae),接合酵母属(*Zygosaccharomyces*),是一种具有较好的产香性和耐盐性的微生物。鲁氏酵母菌能够在液体和固体培养基中生长,细胞形态呈球状、边缘整齐、表面光滑,由于自身具有防御机制,能够在高盐、高糖状态下生存,当葡萄糖质量分数达到12%时,能够在pH值为1.5~10.5的条件下生长,在豆酱中发挥增香作用。鲁氏酵母菌最适的生长条件为28~30 ℃,pH值为4.0~5.0。鲁氏酵母菌的生长受到多种因素的影响,如苏氨酸、半胱氨酸和支链氨基酸等均是影响其快速生长的因素。经国内学者研究,鲁氏酵母菌的生长率、渗透压和温度符合Davey二次模型。

鲁氏酵母菌作为传统发酵食品的生产菌,是传统豆酱酿造过程中主发酵期重要的增香菌株,能够在高渗透压条件下将糖类物质转化成醇和糖醇类风味物质,在豆酱的后发酵阶段发生酒精发酵化学反应,增加豆酱的特有风味。鲁氏酵母菌作为耐盐增香酵母的代表,对豆酱香气的形成起到积极作用,其增香作用机理繁多,代谢途径复杂,既有外源物质又有酵母体内酶物质参与调控。鲁氏酵母菌代谢产生的4-羟基-2,5-二甲基-3(2*H*)-呋喃酮(HDMF)是豆酱香气物质的重要组成成分,具有典型的焦糖味和水果香味,广泛存在于天然水果中,是美国食用香料制造协会(FEMA)和欧洲理事会(COE)共同认可的安全食用香料,在各行各业得到了广泛应用,有"香料之王"之称。1980年,HDMF在酱汁中被提取出来,研究者推测在豆酱发酵过程中发生了美拉德反应,然而,Hecquet研究发现,在含有D-葡萄糖和D-果糖-1,6-磷酸培养基中鲁氏酵母菌代谢可以合成HDMF,同时也证明了HDMF上的碳直接源于外源添加D-果糖-1,6-磷酸中的碳,并未与细胞内的D-果糖-1,6-磷酸发生交换。2003年研究者发现了培养基的成分对HDMF的合成造成影响,发现了鲁氏酵母菌菌体生长量和HDMF的合成量与培养基中的pH值和NaCl浓度有关,得出高浓度的NaCl有利于HDMF的合成,用其他能够制造高渗透压的物质代替NaCl时,达不到理想效果。

从自然发酵的酱油中分离微生物,可以得到大量的产香菌株。在分离出的总酵母菌株数量中,鲁氏酵母菌占45%左右,它属于主发酵期的醇香型酵母。所以很多生产酱油的企业在酱油发酵后期采用自培方式进行人工添加鲁氏酵母菌和球拟酵母,这种方式对酱油品质的提升有一定的增香效果。在25 ℃时,用5%的麦芽汁琼脂培养基对鲁氏酵母菌进行培养,时间为 3 d,生长出来的细胞形态为椭圆状,细胞大小为$(3.0 \sim 7.8)$ μm × $(3.5 \sim 8.1)$ μm。细胞会表现出 3 种状态,即单个、成对或成群。鲁氏酵母菌是一种耐盐菌株,在浓度为 $5\% \sim 8\%$[①]的 NaCl 培养基中生长状态表现良好,在浓度为 18% 的 NaCl 条件下仍能正常生长,但是在浓度为 24% 的 NaCl 条件下则生长较弱。另外,它在高浓度的果糖溶液、高浓度的葡萄糖或甘油溶液中也可以生长。在高渗透压培养基中生长时其细胞缩小,细胞表面出现褶皱。迄今为止,还没有文献证明鲁氏酵母菌对人的机体存在致病性。查阅文献可知,最适合鲁氏酵母菌生长的环境温度为 $28 \sim 30$ ℃,pH 值为 $4.0 \sim 5.0$。并且培养基中糖的浓度会影响鲁氏酵母菌耐受 pH 值的能力,两者具有相关性,当糖的浓度为 12% 时,鲁氏酵母菌可以生长的 pH 值范围为 $1.5 \sim 10.5$。除此之外,影响鲁氏酵母菌生长的因素还有氮源含量、培养温度等。Kobayashi 等(1998)进行了温度和 pH 值对酱醪中鲁氏酵母菌生长曲线影响的相关研究,结果表明其生长率符合 Davey 二次模型;pH 值对细胞生长的影响与氮源浓度相关,根据模型进行推测,鲁氏酵母菌的生长速率在高氮(15 g/L)浓度情况下是低氮(10 g/L)浓度的 3 倍。鲁氏酵母菌的生长及合成甘油和醇的生理代谢与培养基中的半胱氨酸、苏氨酸和支链氨基酸的含量有关,并且鲁氏酵母菌存在 Crabtree 效应,当培养基中葡萄糖浓度过高时,即便有充足的供氧,葡萄糖也会溢流代谢生成乙醇。培养基中乙酸的存在会阻遏鲁氏酵母菌的呼吸,并且菌株耐盐能力降低,这与排出胞内氢离子的质子泵活性下降有关。

## 二、呋喃酮理化性质及研究现状

HDMF 又称菠萝酮或草莓酮,分子式为 $C_6H_8O_3$,相对分子质量为 128.13,结构式如图 1 - 1 所示。HEMF 又称酱油酮,分子式为 $C_7H_{10}O_3$,相对分子质量为 142.15,结构式如图 1 - 2 所示。

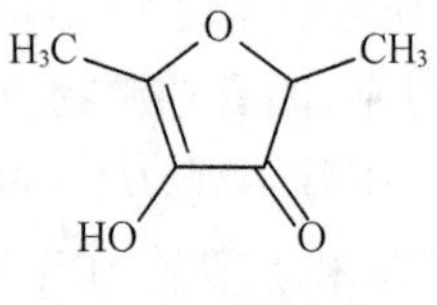

图 1 - 1　HDMF 结构式 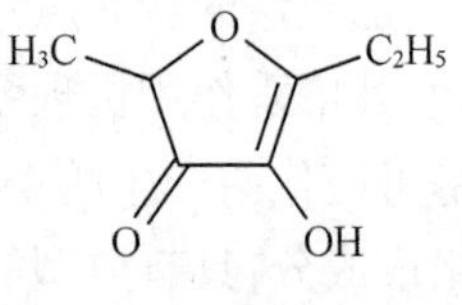　　　　　图 1 - 2　HEMF 结构式

呋喃酮是存在于天然产物中的香气物质,作为一种特殊的食品添加剂,因为其较低的阈值,在多个领域得到广泛的应用与关注。如今,HDMF 和 HEMF 被广泛应用于酱油、豆酱、番茄酱、糖果和酒类等产品中,有"香料之王"的美誉。

HDMF 首次在菠萝中被发现,随后也在多种食物中被检测到,例如草莓和杧果等。研究人员在热牛肉汤和烤杏仁中发现 HDMF,因此推测 HDMF 是美拉德反应的产物。Nunomura 等(1976)发现 HDMF 可以从酱油中分离出来,并推测在发酵过程中发生了美拉德反应。Hecquet 等(1996)发现鲁氏酵母菌在添加果糖 - 1,6 - 二磷酸(fructose - 1,6 - bisphosphate,FDP)的培养基中可以合成 HDMF,发酵 11 d 后可得到约为 80 mg/L 的 HDMF。这不仅为鲁

---

① 书中未特殊注明涉及浓度处的百分数均为质量分数。

氏酵母菌生产 HDMF 奠定了基础,也证实了 FDP 是 HDMF 的有效前体物质。Dahlen 等 (2001)验证了 FDP 是 HDMF 的生物合成所需的碳源,并猜想 FDP 可能在细胞壁或细胞膜中代谢,代谢产物传送到酵母细胞中,进行呋喃酮的合成,并且这一过程可能需要 NADP 或 NADPH 的参与。Hauck 等(2002)研究表明,NADPH 在参与 HDMF 合成中起到了一定的作用,并推测出这一过程与植物和微生物的代谢具有相似途径。鲁氏酵母菌体内 1 - 脱氧 - 2,3 - 邻酮 - 己糖 - 6 - 磷酸在合成 HDMF 中可能作为重要的调控物质发挥作用。将鲁氏酵母菌蛋白提取出来加入含 FDP 培养基中发现有 HDMF 的存在,这表明提取液中的某些酶类可能参与鲁氏酵母菌代谢合成 HDMF。Hauck 等(2003)发现当培养基中 NaCl 的浓度为 20% 时,有利于 HDMF 的合成,且 pH 值对 HDMF 的形成有积极的影响,但延缓细胞的生长, pH 值为 5.1 时,HDMF 产生最多,但未对 pH 值对 HDMF 的影响机制进行详细介绍。王鹏霄(2010)以鼠李糖、果糖和葡萄糖等六种糖类物质作为培养基碳源来探讨毕赤氏酵母的糖利用情况,结果表明毕赤氏酵母利用果糖产 HDMF 较多。

在植物中,HDMF 是通过一种未知的葡萄糖基转移酶来稳定的。HDMF 转化为 4 - O - α - D - 葡萄糖苷,而 HEMF 则产生两种主要产物,即 2 - 乙基 - 5 - 甲基 - 3(2H) - 呋喃酮和 5 - 乙基 - 2 - 甲基 - 3(2H) - 呋喃酮 4 - O - α - D - 葡萄糖苷。用蔗糖磷酸化酶实现了 3(2H) - 呋喃酮葡萄糖苷的仿生酶合成。在草莓果实中对 HDMF 的生物合成进行深入研究,虽然尚未完全发现完整的生物合成路线,但已经取得实质性的进展。通过同位素标记法确定 FDP 是草莓果实中 HDMF 最有效的前体。D - 葡萄糖在转化为 HDMF 之前通过磷酸葡萄糖异构酶(glucose - 6 - phosphate isomerase,G6PI)转化为 FDP。学者们发现醌氧化还原酶(如 *Fragaria × ananassa* quinone oxidoreductase,FaQR)可参与 HDMF 生物合成,并在大肠杆菌中进行了功能表达,因此推测 FaQR 可催化 4 - 羟基 - 5 - 甲基 - 2 - 甲基 - 3(2H) - 呋喃酮(4 - hydroxy - 5 - methyl - 2 - methylene - 3(2H) - furanone,HMMF)合成 HDMF。

HEMF 是日式酱油和豆酱的主要风味成分,虽然近年来在奶酪和啤酒中检测到少量的存在,但它首先是在酱油中发现的,其次是在味噌中发现的,它们的 HEMF 含量远高于其他发酵食品。Sasaki 等(1996)提出酱油中 HEMF 的前体物质是磷酸糖(如 D - 木糖 - 5 - 磷酸),它是由酵母菌经过磷酸戊糖途径(pentose phosphate pathway,PPP)代谢出的中间产物。 Sugawara 等(2007)研究表明,在含有以核糖和氨基酸为基础的培养基中培养酵母可以促进 HEMF 的形成。通过同位素标记法证明了 HEMF 的五元环骨架和侧链的甲基来源于核糖,而乙基则源自葡萄糖,得出 HEMF 是由戊糖和乙醛之间的美拉德反应形成的产物。当鲁氏酵母菌与多种磷酸盐化合物一起孵育后,在胞浆提取物中发现 4 - 羟基 - 5 - 甲基 - 3(2H) - 呋喃酮[4 - hydroxy - 5 - methyl - 3(2H) - furanone,HMF]的形成,由于 HMF 是由核酮糖 - 5 - 磷酸通过美拉德反应生成的中间体 4,5 - 二羟基 - 2,3 - 戊二酮自发形成的,所以假设核酮糖 - 5 - 磷酸是通过酶促反应在胞浆提取物中产生的,然后化学合成 HMF。最近对植物的研究表明,草莓、番茄和杧果中的烯酮氧化还原酶可以通过还原 HMMF 的 α - 和 β - 不饱和键将其催化成 HDMF,该酶还以类似的方式催化(2E) - 2 - 乙基 - 4 - 羟基 - 5 - 甲基 - 3(2H) - 呋喃酮形成 HEMF。

综上所述,近年来对呋喃酮合成的研究大多集中在植物上,而对微生物合成呋喃酮的研究较少。鲁氏酵母菌是微生物合成呋喃酮的主要途径,但多以 FDP 为前体物质,价格昂贵且不适用于工厂生产,并且前人的研究多集中在某些物质对呋喃酮合成的影响及调控上,而对鲁氏酵母菌合成的关键酶或基因的研究罕见报道。

### 三、鲁氏酵母菌及其他微生物代谢合成呋喃酮研究

目前,生物方法合成 HDMF 主要以微生物代谢为主,主要有鲁氏酵母菌、毕赤酵母和乳酸菌等,其中关于鲁氏酵母菌研究的最多。

#### (一)代谢合成呋喃酮微生物种类

##### 1. 鲁氏酵母菌

鲁氏酵母菌是一种能在高盐或高糖条件下生长繁殖的酵母菌。鲁氏酵母菌在参与酱油酿造的过程中能够产生呋喃酮类等香味物质,对酱油独特风味的形成起到重要的作用。Sugawara(1991)研究也表明,这种风味物质存在于味噌发酵食品中,其形成是鲁氏酵母菌的酶促生化反应。目前已知最重要的 HDMF 生物合成途径就是通过鲁氏酵母菌代谢产生。Hecquet 等(1996)研究表明,鲁氏酵母菌在含有 D-1,6-二磷酸-果糖和 D-葡萄糖的营养液中可以合成呋喃酮。在添加 100 g/L D-1,6-二磷酸-果糖和 50 g/L D-葡萄糖的培养基中,培养 11 d 后得到的 HDMF 最高质量浓度约为 80 mg/L。Li 等(2020)研究表明 D-果糖调控后的鲁氏酵母菌在培养到第 5 d 时,其主要的香味物质酮类和酯类等开始增加,试验组的 HDMF 含量达到对照组的 7.5 倍;当调控进行至 7 d 时,产物之间差距变小,说明呋喃酮的合成与 D-果糖调控有关。继续对 D-果糖产生呋喃酮的分子机制进行研究,发现随着 D-果糖的消耗,糖酵解途径(EMP)和磷酸戊糖途径(PPP)中 HDMF 合成的初级代谢产物逐渐增加。这表明,D-果糖可以通过 EMP 和 PPP 途径生成呋喃酮。近年来关于酵母菌代谢途径的研究越来越多,但对于呋喃酮类物质生物合成途径及其机理的阐述仍不完整。

##### 2. 毕赤酵母

早期研究发现,毕赤酵母可以通过转化利用 L-(+)-鼠李糖代谢合成 HDMF。荚膜毕赤酵母(*P. capsulata*)既是一种嗜甲基酵母菌,也是一种嗜有氧生长的菌株,可在碳源仅为甲醇的营养液中快速生长。其生长的 pH 值为 3.0~8.0,对乙醇具有耐受性,这使它有较好的发酵基础。因此可以更有利于使其实现高密度发酵培养,其菌体密度可高达 100 g/L 干细胞。Roscher 等(1997)对荚膜毕赤酵母利用廉价碳源 L-(+)-鼠李糖生成 HDMF 进行了研究,研究表明荚膜毕赤酵母在当培养基中含有酪蛋白和鼠李糖时可生成 HDMF,当培养到第 4 d 时,产量最高约为 2 mg/L,而未添加鼠李糖的培养基中未检测出 HDMF,从而推断 HDMF 产生于 L-(+)-鼠李糖加热后的中间产物。张海林等(2009)从酒曲中筛选到一株季也蒙毕赤氏酵母,经紫外诱变、亚硝基胍诱变处理后所得 HDMF 产量为 92.5 mg/L。王鹏霄(2010)从菠萝、草莓等水果中分离筛选到利用 D-果糖产 HDMF 的毕赤酵母和汉逊酵母,产量分别可达 6.84 mg/L 和 10.96 mg/L。

##### 3. 乳酸菌

乳酸菌是食品发酵方向研究较多的一类益生菌,乳酸菌及其代谢产物已在食品、医药、

等领域得到广泛应用。在食品行业,乳酸菌的利用是不可缺少的,如酸奶的制备、肉类和蔬菜的发酵制品以及一些酒的生产,目前乳酸菌是食品发酵工业研究较多的一类益生菌,也可用来生产呋喃酮。Kowalewska 等(1985)发现,在生长有瑞士乳杆菌(*L. helveticus*)的氨基酸脱脂牛奶培养基中能够产生 HDMF。Preininger 等(1995)证实,*L. helveticus* 和德氏乳杆菌(*L. delbrueckii*)分别在乳清粉水悬液中培养 7 d 后产生 598 μg/L 和 427 μg/L 的 HDMF。Hayashida 等(2001)对一株广泛用于乳酪生产的菌种——乳酸乳杆菌乳酸亚种(*L. cremoris*)产 HDMF 能力进行了研究,结果显示,在添加谷氨酸钠的培养基中补充核糖或半乳糖均有 HDMF 产生,而只有在添加半乳糖的培养基中 HDMF 产量较高,培养到第 3 d 时产量可达 1.17 mg/L。

综上所述,微生物代谢合成 HDMF 的研究还在探索阶段,主要菌种为鲁氏酵母菌,其次为毕赤酵母和乳酸菌,但 HDMF 的合成机理尚不清楚。利用鲁氏酵母菌代谢合成 HDMF 是目前最常用的 HDMF 生物合成途径,而利用毕赤酵母和乳酸菌生物合成 HDMF 的研究较少。

### (二)微生物合成呋喃酮的培养条件对其产量的影响

#### 1. 渗透压

##### (1)NaCl 浓度

微生物代谢合成 HDMF 时会受到外界环境的影响。一些盐类、糖类的添加就是为了改变其渗透压从而影响代谢物的合成。有研究发现酵母菌产呋喃酮类物质时,NaCl 的添加对酵母菌产呋喃酮有较大影响。周亚男等(2018)在对鲁氏酵母菌产 HDMF 发酵条件进行优化时发现,酵母菌产 HDMF 的能力随 NaCl 浓度增加呈现先上升后下降的趋势。当添加 NaCl 质量浓度为 180 g/L 时,HDMF 最高为 6.69 mg/L。当 NaCl 浓度继续升高时,HDMF 产量出现明显下降趋势,这可能是由培养基中渗透压的增大所导致,当渗透压过大时,影响菌体生长。Hauck 等(2003)也发现,培养基中 NaCl 浓度高有利于 HDMF 的合成,用其他高渗物质代替 NaCl 时,则效果较差。冯杰等(2012)利用酱油中筛选的埃切假丝酵母进一步研究发现,培养基在 NaCl 质量浓度为 200 g/L 时菌体的浓度达到最高,而 NaCl 质量浓度为 220 g/L 时 HDMF 产量和菌体浓度最高,当 NaCl 质量浓度为 240 g/L 时 HDMF 产量最低。Hecquet 等(1996)在研究鲁氏酵母菌时,发现高浓度 NaCl 有利于鲁氏酵母菌合成 HDMF。经试验获得一株耐高渗透压酵母菌株 SX-21,并观察其在不同浓度 NaCl 条件下合成 HDMF 的能力。在添加 14% NaCl 的培养基中,菌种生长较慢,需发酵培养 10 d;在含有 16% NaCl 的培养基中,菌种生长被抑制。虽然高浓度的 NaCl 对 SX-21 酵母菌株合成 HDMF 有较大的促进作用,但浓度不宜过高。

##### (2)FDP 浓度

有研究发现,D-果糖、乳糖、鼠李糖都能促进 HDMF 的生成,而添加 FDP 则更有利于 HDMF 合成。Hecquet 等(1996)研究发现,FDP 是鲁氏酵母菌代谢合成呋喃酮较好的前体物质。研究外源添加 FDP 对酵母合成呋喃酮的影响发现,在含有 12% NaCl 的培养基中添加 12% FDP,其合成呋喃酮的量与添加 10% FDP 相当,说明培养基中添加 10% FDP 时呋喃酮产量已经达到最高,而超过该浓度时产量受到抑制。Hecquet 等(1996)也发现,在含有 10% FDP 的 YPD 培养基中培养酵母达 11 d 时,HDMF 的质量浓度高达 80 mg/L。与外源添加 FDP 的试验相比,HDMF 生成不能由酵母自身生成的 FDP 转化,只能由外源添加的 FDP 转化生成。由此可知,外源添加 FDP 有利于 HDMF 的合成,HDMF 的产量随 FDP 的浓度增加而增加,但当浓度超过 10% 时 HDMF 的产量受到抑制。

**2. 初始 pH 值**

各种微生物都有其生长的最适 pH 值,低于或高于最适 pH 值都会使微生物的生长受到抑制。张海林等(2009)在研究 NTG - SX - 103 酵母菌发酵产 HDMF 时发现,初始 pH 值对微生物合成 HDMF 有较大影响,在培养基起始 pH 值为 3.8 条件下酵母菌生长缓慢,而当起始 pH 值为 5.8 时生成 HDMF 的产量最高,达到 101 mg/L。当起始 pH 值为 5.8 时,与起始 pH 值为 4.6 时相比,菌体的总量相差不大,但 HDMF 产量提升了 1.7 倍。因此,起始 pH 值对酵母生成 HDMF 有较大的影响。

**3. 摇床转速**

培养菌株时 HDMF 产量随着摇床转速的升高而升高。HDMF 的产量在摇床转速为 250 r/min 时达到最大值,是在摇床转速为 0 时的 4.4 倍,产量相对较低,是摇床转速为 150 r/min 时的 1.4 倍。因此,摇床转速对菌株生成 HDMF 有着较大的影响。

**4. 发酵温度**

张海林等(2009)研究发现,其筛选的 NTG - SX - 103 酵母菌的最高耐受温度为 40 ℃,一旦温度高于 40 ℃,酵母菌的生长便会受到抑制。以添加 100 g/L FDP 和 80 g/L NaCl 的麦汁为出发培养基,考察温度对 NTG - SX - 103 生产 HDMF 的影响时发现,在不同发酵温度下发酵液中的菌体浓度基本一致,当温度为 26 ℃时,HDMF 产量最高,为 90.2 mg/L;当温度为 38 ℃时,HDMF 产量最低,为 85.5 mg/L。王鹏霄(2010)对筛选出的 P3 株菌(毕赤酵母)发酵温度对产 HDMF 的影响进行研究,发现当温度为 34 ℃时,HDMF 产量最高,为 32.46 mg/L;当温度为 38 ℃时,其产量最低,仅为 21.58 mg/L。康远军(2015)在高耐性鲁氏酵母菌高密度发酵研究中发现,鲁氏酵母菌的最佳发酵温度为 28 ℃,而最佳发酵温度既适合菌体的生长,又适合代谢产物的合成。因此,发酵温度对 HDMF 的生产有着一定的影响。

**5. 接种量**

张海林等(2009)向添加了 80 g/L NaCl 和 100 g/L FDP 麦汁的培养基中分别接入浓度为 2%、4%、6%、8% 的菌种,同时培养 7 d 后发现不同接种量的条件下,菌体浓度基本没有太大的变化。当接种量为 4% 时,最高 HDMF 产量为 92.6 mg/L,最低 HDMF 产量为 87.6 mg/L,所以接种量对 NTG - SX - 103 菌株生成 HDMF 影响较小。接种量的变化只影响前期培养的菌体浓度,基本不影响后期发酵的菌体浓度,而 HDMF 作为次级代谢产物在发酵后期生成,接种量对 HDMF 的生成影响较小。周亚男(2018)研究发现,随着酵母菌数增加,除酵母菌浓度为 $5 \times 10^7$ CFU/mL 时,生成 HDMF 含量最低为 0.74 mg/L,其他不同浓度生成 HDMF 的含量相差不大,最高为 4.93 mg/L,最低为 4.06 mg/L,最佳酵母菌浓度可选为 $5 \times 10^8$ CFU/mL,接种量为 $5 \times 10^8$ CFU/mL 时的 HDMF 含量最高。因此,不同接种量对生成 HDMF 的影响较小。

**6. 不同碳源**

张海林等(2009)以添加 80 g/L NaCl 的 13 Bé 麦汁为培养基,分别添加葡萄糖、FDP、乳糖、鼠李糖和麦芽糖,麦汁培养基为空白对照,研究不同碳源对 HDMF 产量的影响。研究发现以 FDP 为碳源时 HDMF 的产量达到 45.6 mg/L,以其他糖类为碳源时 HDMF 的产量为 14 ~ 17 mg/L。由此可知,FDP 能更好地促进 HDMF 的生成,FDP 是 HDMF 的前体物质,对 HDMF 的生成影响很大。

## 第二节　鲁氏酵母菌增香分子机制概述

### 一、鲁氏酵母菌合成呋喃酮的碳代谢机制研究

#### (一)鲁氏酵母菌胞内 EMP 碳代谢途径合成 HDMF

糖酵解途径(glycolytic pathway)是一种厌氧途径,又称 EMP 途径。在酵母代谢中糖酵解主要作用是将葡萄糖氧化成丙酮酸并伴随 ATP 和 NADH 的产生。在正常情况下,糖酵解途径需要多种酶的共同催化,这些酶作为反应的催化剂和能量调节器以及信号传导装置来应对环境的改变。糖酵解代谢涉及三种最重要的不可逆酶,分别是:己糖激酶(hexokinase, HK)、6 - 磷酸果糖激酶 1(6 - phosphofructokinase 1, PFK1)和丙酮酸激酶(pyruvate kinase, PK)。

在鲁氏酵母菌细胞中,HK 将 D - 果糖催化为 D - 果糖 - 6 - 磷酸,将培养基中的葡萄糖催化为葡萄糖 - 6 - 磷酸。葡萄糖 - 6 - 磷酸经过 G6PI 变构为果糖 - 6 - 磷酸。然后在 PFK1 的作用下磷酸化为 FDP,这步反应是不可逆的。FDP 在果糖 - 1,6 - 二磷酸醛缩酶(fructose - bisphosphate aldolase, FBA)的作用下由六碳糖裂解成为两个三碳糖:磷酸二羟基丙酮(dihydroxyacetone phosphate, DHAP)和三磷酸甘油醛(3 - phosphoglyceraldehyde, GAP)。DHAP 和 GAP 在磷酸丙糖异构酶(triosephosphate isomerase, TPI)的作用下相互转换。DHAP 被认为是 HDMF 的前体物质。PK 可在糖酵解代谢过程中调节丙酮酸的生成,糖酵解和呼吸代谢作用中主要的调节位点都受到丙酮酸的调控。

#### (二)鲁氏酵母菌胞内 PP 途径合成 HEMF

PP 途径又称单磷酸己糖支路,是鲁氏酵母菌糖代谢的重要途径之一,在满足为鲁氏酵母菌生物合成提供原料和抗氧化防御以及环境胁迫的需求方面发挥关键作用。PP 途径包括氧化过程和非氧化过程。在氧化过程中,葡萄糖 - 6 - 磷酸在葡萄糖 - 6 - 磷酸脱氢酶(glucose - 6 - phosphate dehydrogenase, G6PDH)的作用下氧化为 6 - 磷酸葡萄糖内酯,6 - 磷酸葡萄糖酸内酯经过 6 - 磷酸葡萄糖酸内酯酶(6 - phosphogluconolactonase, 6PGL)的作用水解为 6 - 磷酸葡萄糖酸,6 - 磷酸葡萄糖酸继续被 6 - 磷酸葡萄糖酸脱氢酶(6 - phosphogluconate dehydrogenase, 6PGDH)氧化为核酮糖 - 5 - 磷酸。G6PDH 和 6PGDH 是 PP 途径的不可逆酶,和细胞内的 NADPH 共同调节 PP 途径的催化效率。当 $NADPH/NADP^+$ 的数值超过一定范围时会抑制酶的活性,对 PP 途径起反馈抑制。代谢底物和产物的相对水平决定了 PP 途径非氧化反应的方向。转酮酶(transketolase, TKT)和转醛酶(transaldolase, TALDO)是介导非氧化性 PP 途径可逆反应的两种主要酶。TKT 可逆地将核酮糖 - 5 - 磷酸和木糖 - 5 - 磷酸转化为 GAP 和 7 - 磷酸景天庚酮糖(sedoheptulose 7 - phosphate, S7P)。

TALDO 将 S7P 和 GAP 转化为四磷酸赤藓糖和果糖－6－磷酸。TKT 还可以将核酮糖－5－磷酸转化为果糖－6－磷酸和 GAP。然后果糖－6－磷酸可以回到糖酵解,而 GAP 可以用于随后的糖酵解和甘油酯合成步骤。

## 二、鲁氏酵母菌合成呋喃酮的关键酶

### (一)己糖激酶(HK)

催化己糖磷酸化的酶统称为己糖激酶,是植物和其他有机体代谢活动的重要调控酶。HK 既调控植物体内贮存糖和游离糖的利用率,也调控糖酵解和磷酸戊糖途径的代谢速率。糖代谢进入细胞后的第一步就是由特定的糖激酶催化磷酸化,因此 HK 在生物体糖代谢的过程中起着重要作用。在糖代谢合成 HDMF 途径中(图 1－3),D－葡萄糖或 D－果糖在 HK 的催化下形成 6－磷酸葡萄糖或 6－磷酸果糖,是糖代谢途径的重要中间产物,广泛地存在于动植物和一些微生物体中,并且是磷酸戊糖支路的起始物。而糖酵解途径和磷酸戊糖途径参与生物合成呋喃酮途径,葡萄糖－6－磷酸和果糖－6－磷酸是重要代谢产物。因此,己糖激酶在微生物法合成 HDMF 中起到重要作用。

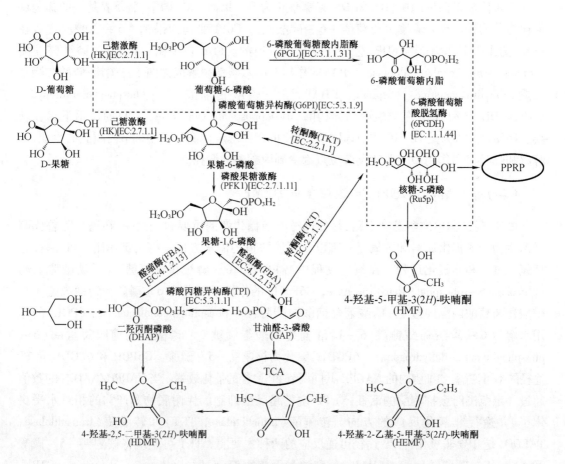

图 1－3 从葡萄糖和果糖开始的呋喃酮代谢合成路线图

## （二）醛缩酶（FBA）、6 - 磷酸果糖激酶 1（PFK1）和 6 - 磷酸葡萄糖脱氢酶（6PGDH）

前文已经阐述了糖酵解途径和磷酸戊糖途径参与生物合成呋喃酮途径，PFK1 作为 EMP 中的关键酶，将果糖 - 6 - 磷酸催化为 FDP。在 EMP 途径中的 FBA 将 FDP 可逆地转化为 DHAP 和 GAP。6PGDH 可以在 PPP 途径中催化 6 - 磷酸 - D - 葡萄糖酸，将其氧化为核酮糖 - 5 - 磷酸。对它们进行酶活的测定发现，在添加 FDP 的培养基中的 PFK1 活性在发酵 7 d 时，相对于对照组显著提高；在发酵 5 d 时，YPD + Fru 组中的 FBA 较 YPD 组显著上调 2.45 倍（$p < 0.001$）。在添加 FDP 的培养基中的 6PGDH 在发酵 5 d 和 7 d 时高于 YPD 组（$p < 0.001$）。因此，Li 等（2020）认为 PFK1、FBA 和 6PGDH 可作为 D - 果糖合成呋喃酮过程中的关键酶。

### （三）转酮酶（TKT）

转酮酶是磷酸戊糖途径中的关键酶，催化磷酸酮糖与磷酸醛糖之间的相互转移。TKT 参与了芳香族氨基酸的前体物质合成，因此是芳香化合物合成过程中的关键酶。TKT 将戊糖磷酸途径与糖酵解途径紧密地联系在一起，根据细胞代谢的需求切换反应的方向，提供不同的代谢产物，当细胞对 5 - 磷酸核糖的需求超过 NADPH 时，TKT 可与其他分子一起将糖酵解途径产生的果糖 - 6 - 磷酸和甘油醛 - 3 - 磷酸通过反向磷酸戊糖途径转化为核糖 - 5 - 磷酸，反之 TKT 可与其他分子一起将核糖 - 5 - 磷酸通过磷酸戊糖途径转化为果糖 - 6 - 磷酸和甘油醛 - 3 - 磷酸。细胞中超过 85% 的核糖 - 5 - 磷酸是由转酮酶参与产生的，而该途径是可逆的（图 1 - 3）。因此，转酮酶在微生物法合成 HDMF 中起到重要作用。

### （四）磷酸丙糖异构酶（TPI）

磷酸丙糖异构酶是糖酵解过程中重要的异构酶，催化二羟丙酮磷酸和 D - 甘油醛 - 3 - 磷酸之间的可逆转化，糖酵解途径参与生物合成 HDMF 的途径，且二羟丙酮磷酸为 HDMF 的重要前体物质（图 1 - 3），因此，磷酸丙糖异构酶在 HDMF 的生物合成途径中有着重要的作用。

### （五）6 - 磷酸葡萄糖酸内酯酶（6PGL）和磷酸葡萄糖异构酶（G6PI）

在 PPP 途径的前三个步骤中，涉及了葡萄糖 6 - 磷酸脱氢酶、6 - 磷酸葡萄糖酸内酯酶和 6 - 磷酸葡萄糖酸脱氢酶三种酶，在它们的作用下可将葡萄糖 6 - 磷酸转化为 5 - 磷酸核酮糖。核糖 - 5 - 磷酸会在 TKT 的作用下还原成果糖 - 6 - 磷酸和甘油醛 - 3 - 磷酸，而果糖 - 6 - 磷酸在 PFK1 和 FBA 的作用下可逆地裂解为 DHAP 和 GAP（图 1 - 3）。6 - 磷酸葡萄糖异构酶也是糖代谢中重要的异构酶和氧化还原酶，它催化葡萄糖 - 6 - 磷酸和果糖 - 6 - 磷酸之间相互转化。因此，在生物合成 HDMF 途径中，6PGL 和 G6PI 也有着重要作用。

### （六）乙醇脱氢酶（ADH）

甲基扭曲杆菌（*Methylobacterium extorquens*）菌株可以在草莓的培养过程中分离得到,当该菌对草莓的愈伤组织进行处理后,相比于未处理过的组织,其 HDMF 的含量明显增高。Zabetakis 等（2006）研究表明,可以从草莓愈伤组织和甲基扭曲杆菌中分别得到两种相对分子质量不同的 ADH,并探讨了两种 ADH 在合成 HDMF 过程中的作用,发现甲基扭曲杆菌分泌的 ADH 更有利于 HDMF 的合成,所以认为 ADH 在微生物合成 HDMF 中起到重要的作用。

### （七）醌氧化还原酶（QOR）

草莓氧化还原酶早期被认为是醌氧化还原酶,是一种成熟诱导的负生长素调节酶,催化草莓果实中关键风味物质 HDMF 的形成。草莓中 HDMF 的直接前体显示为 4 - 羟基 - 5 - 甲基 - 2 - 亚甲基 - 3（2$H$）- 呋喃酮（HMMF）,而草莓 QOR 被认为负责还原 HMMF 的 $\alpha$,$\beta$ - 不饱和键,形成芳香活性化合物 HDMF。QOR 在果实中积累薄壁组织,主要在果实生长和成熟的后期表达,与果实中的呋喃酮产生平行存在。QOR 对与呋喃酮生产相关的环境刺激做出反应,在黑暗中,草莓果实在 25 ℃时的 QOR 表达水平和 HDMF 产量均比 15 ℃时高,低温贮藏时,HDMF 的浓度和 QOR 蛋白丰度也显著低于室温贮藏下的水平。因此,QOR 的调节对于调控 HDMF 含量非常重要。

## 第三节　酵母基因工程菌概述

酵母作为最简单的真核生物,是理想的生理生化功能研究模式生物。因其遗传背景清晰,代谢途径特殊,遗传操作方法简单,一直作为基因克隆和表达的宿主菌被广泛应用。早在 1996 年,酿酒酵母全基因组测序工作就已完成,这也是人类第一次获得真核生物基因组的完整核苷酸序列。在后续几十年的快速发展中,酵母已经逐步成为一种重要的模式生物,也是目前了解最完整的真核生物,被广泛应用于蛋白表达、遗传学分析、合成生物学以及基因工程等众多研究领域,对生物技术产业的升级和创新起到了重要的推进作用。

### 一、酵母工程菌的研究现状

随着人们对酵母的深入了解以及基因工程技术的发展与完善,酵母菌在生物化学、遗传学和分子生物学研究等方面都担任着重要的角色,被称为真核生物中的大肠杆菌。

目前,酵母工程菌的构建主要有以下两种方式:一是调节代谢通路,上调目标途径或抑制竞争途径,以达到目标产物的大量积累;二是在酵母宿主细胞内人工构建目标产物合成途径,以实现目标产物快速、大量生产。通过基因工程技术构建具有所需特质的酵母工程菌,是当下发展的新趋势。酵母菌作为工程菌宿主菌株生产更多的生物制品表现出了极大的潜力。作为一种模式生物,酵母菌为生命科学的发展和生物技术产业的升级做出了巨大贡献,有着不可取代的地位。

## 二、酵母菌作为工程菌宿主的优势

酵母菌能够作为基因工程宿主菌被大面积应用是因为它具有几大独有的优势。首先，人们对酵母菌的研究起步较早，认识比较全面。1978 年，酵母菌遗传转化技术得以建立。1996 年酿酒酵母基因组计划（Yeast Genome Project）顺利结束，经测定，其基因组包含 16 条染色体，全长为 12 068 kb。通过以酿酒酵母为模式生物，人们在对真核生物的认识方面取得了巨大进展，推动了酵母菌生理和代谢功能的改进和工业化应用。其次，作为单细胞低等真核生物，酵母安全可靠，易于培养，生物量积累多，易于控制成本，是理想的工业生产用菌，而且还具有基因组较小、操作简便的特点。利用酵母菌建立了一系列新的技术和方法，包括酵母基因敲除技术、酵母基因定位技术、酵母功能基因芯片技术、酿酒酵母双杂交技术等。除此之外，相比大肠杆菌，酵母能够对外源蛋白进行翻译后修饰加工，因此目标产物更容易被纯化，适用于大批量发酵工艺，这也是它较大的优点之一。

## 三、酵母工程菌的应用

构建重组酵母工程菌以生产目标产物是目前研究的热点方向。应用酵母工程菌生产的各种生物制品被广泛应用到包括食品、医药、保健、生物能源精细化学品等各个方面，对科学研究和人类生活都有积极意义。

在医药领域，20 世纪 80 年代，科学家利用重组酿酒酵母菌（*Saccharomyces cerevisiae*）表达的乙型肝炎表面抗原（HBs Ag）制备了世界上第一例商品化重组疫苗——乙型肝炎疫苗，这也是最早利用重组酵母制备生物制品的成功范例。酵母工程菌株生产的重组人乳头瘤病毒（human papillomavirus，HPV）疫苗已经大面积推广使用。酵母工程菌株商业化生产胰岛素后，产量大幅提升，使得胰岛素的使用越来越广泛。同时，酵母菌也是生产抗菌肽的良好宿主菌，而且与大肠杆菌相比，通常效果更好。此外，酵母菌在异源合成天然产物方面进展迅速。植物源天然产物因其独特的生物活性（如抗氧化、抗病毒，抗肿瘤等），被广泛应用于医药、保健以及化妆品行业。传统方法直接从原植物中提取天然产物，对生物资源有极大破坏性。通过对酵母菌的改造，构建表达特定天然产物的工程菌成为新的研究方向。

因具有特殊的代谢途径和生理特征，酵母工程菌在精细和专用化学品的生产方面也有着广泛应用。应用酵母工程菌生产的化学品包括甘油、乳酸、琥珀酸等合成相对容易的化学品，以及需要多步催化合成的聚酮、萜烯类等化合物和多种酶制剂。其中，脂肪酶、果糖酶、植酸酶、木聚糖酶、甘露聚糖酶等多种酶制剂已经实现了产业化规模的生产，部分萜类化合物的产量也已接近工业化，应用潜力巨大。同时，酵母菌还是第一代燃料乙醇的主要生产来源，也是主要的工业乙醇生产来源。

# 第四节　鲁氏酵母菌发酵剂制备概述

## 一、高密度培养技术的研究进展

随着国家经济的快速发展,产品工业化生产的需求大大提升,在传统发酵食品行业中,发酵剂的应用也迅速增加。工业化发酵的最终目标是以我国传统工艺为基础,利用科研技术对不同过程,建立一个相对的高密度培养发酵模式,达到以最小的投入获得更高的效益和利润来实现工业化生产,大规模的培养工程菌和非遗传菌成为目前制备发酵剂的发展趋势。高密度培养是国际生化工程界所关注的焦点问题之一,是以提高菌体的密度为前提,尽可能多或更高效地生产目标产物,最终目标是提高细胞密度,实现工程菌和非工程菌的低成本的生产,为制备浓缩型菌体和代谢产物提供技术支持。高密度发酵是能够在单位时间、单位反应体积内,在不影响胞内产物得率的基础上,为微生物持续提供营养物质,尽可能多地积累细胞量。实现高密度发酵的方法主要是补料分批发酵,补料分批发酵作为高密度发酵的工程学基础,是指在分批发酵过程中间歇或者连续地补加新鲜培养基的方法,相应地缩小生物反应器的体积和降低生物量的分离费用,缩短生产周期,减少设备投资,从而降低生产成本。根据营养物质的补入速率不同和试验的要求不同,高密度发酵方法又可分为周期补料、恒速流加、线性流加、指数流加和对数流加等。于修鑑(2004)研究乳酸菌的高密度培养,通过三次的培养基更换(补料培养)提高发酵密度,最终乳酸杆菌的菌体密度达到 $9.3 \times 10^{12}$ CFU/mL。高密度培养技术能够有效提高菌体的比生长速率并减少整个发酵过程的资金投入,在市场上得到广泛的应用。

## 二、半数分批补料及发酵动力学研究特点

半数分批补料是在连续补料培养的基础上,对分批补料连续培养进行改革,打破批式流加发酵产物强度低的缺点。半数分批补料即当培养基营养物质耗尽时,取出 1/2 体积酵母培养液,再向发酵罐中加入同等体积的新鲜培养基,以保证充足的营养物质及连续发酵。从工业生产角度看,这种半数分批补料高密度培养方式操作容易,设备投入少,生产效率较高,达到一次接种实现多次获得高生物量鲁氏酵母菌的目的,目前我国对半数分批补料培养微生物方面的研究较少。Monod 最早提出连续发酵,并提出著名的 Monod 方程。1950年,Novick 和 Szilard 发明了连续发酵的设备并提出了恒化培养的概念。1973 年,日本学者 Yoshida 以补料分批发酵为基础建立了理论上的第一个数学模型,动力学的研究进入理论研究阶段。随后,多种补料分批发酵、连续发酵以及分批发酵模型和动力学研究得到了验证和应用,为利用分批补料方式进行酵母菌的高密度培养的进一步应用提供了理论模型和应用基础。

分批补料发酵由于消除了底物的抑制、产物的反馈抑制和分解代谢物阻遏作用,可以定期大量地获得目标菌种。同时,由于新料的每次定量补充,减少了接种操作和污染等问

题,非常适合工厂的生产和应用。采用分割对数期和 Logistic 模型是常用的酵母分批补料和动力学建模方式,但这些研究主要集中于理论研究和小样试验,不能满足工厂化生产的实际需求。国内学者尹淑琴和常泓(2015)等采用补料流加培养基对工程菌进行高密度发酵培养,最终获得发酵菌体的 $OD_{600}$(吸光度)大于50,初步建立了大量制备工程菌和外源目的蛋白的高效获得试验基础。谭忠元和张智(2015)研究补料对分批发酵工艺中的枯草芽孢杆菌产伊枯草菌素 A 的影响,得出分批补料发酵工艺产生的生物量和效价均高于分批发酵工艺。补料分批培养根据试验的目的要求进行优化微生物的发酵条件,为制备大量的菌体的产物及工程菌的制备提供理论基础。

在微生物的培养过程中,发酵动力学是优化发酵过程参数的重要基础,对发酵动力学的深入研究,能够更清楚地掌握微生物的生长周期规律和生物代谢过程,能够将复杂的发酵工艺更简单化,进而对未知和现有的发酵工艺进行优化。发酵动力学研究是利用数学模型定量地描述发酵过程中细胞的生长速率、基质的消耗速率等因素的变化,达到对发酵过程的有效控制,以及提高产品产率及降低生产成本的目的。将发酵动力学与高密度培养技术相结合能够高产量、高效率制备鲁氏酵母菌,可缩短生产周期,减少设备投资,降低生产成本,达到提高生产效率的目的,为发酵过程的控制、监测提供理论依据。

### 三、喷雾干燥法制备活性干酵母研究进展

喷雾干燥是一种历史悠久的技术,20 世纪 50 年代初吉林染料厂从苏联引进第一台喷雾干燥机,喷雾干燥技术开始进入人们的视野。随后,我国的科研工作者对喷雾干燥在工业上的应用做出了广泛深入的研究与开发。在 20 世纪 20 年代后期,喷雾干燥开始大量地在乳制品工业和洗涤液工业中应用,对乳制品的干燥已有较详细的报道。随后,喷雾干燥技术在各行业中得到应用,具有广阔的发展前景。喷雾干燥作为目前最常用的物料粉末化干燥方法之一,具有瞬间干燥、物料本身不承受高温、产品质量好、生产过程简单、控制方便、应用领域广泛、全自动化控制、可组成多级干燥等优点,最重要的是能够工业化生产。在功能上喷雾干燥技术具有干燥与制粒的双重作用,可将提取液的浓缩、干燥、粉碎等操作一步完成。喷雾干燥技术可以有效地保持制品的生物活性,使产品不需要经过强烈的热处理。张壮丽(2014)采用喷雾干燥法制备了盐酸千金藤碱,对工艺参数进行了正交试验分析,制得的微囊形态好,包封率较高,且工艺稳定可行,可连续操作。喷雾干燥作为一种比较成熟的干燥技术,尤其在粉末状成品的制造方面也取得了广泛应用,利用这种技术制备产品能够获得较高的收率和储存稳定性,具有实际应用价值。目前,我国活性发酵剂的生产主要采用真空冷冻干燥和喷雾干燥、流化床干燥。真空冷冻干燥对于保护菌种的存活率虽然有较好的效果,但也存在制备发酵剂的时间较长、费用较高、产量低、不适合批量生产等缺点,而且产品呈块状,不利于发酵使用。想要工业化的工程菌制备发酵剂,真空冷冻干燥往往不能满足工业化生产的需求。喷雾干燥是一种生产效率高、操作费用低的常用干燥技术,其应用广泛,产业化程度高,有广阔的发展前景。用喷雾干燥技术制备益生菌、乳酸双歧杆菌、醋酸菌发酵剂,最终获得发酵剂存活率均可达83%以上。在喷雾干燥过程中,进口温度过高使发酵剂内细胞脱水导致热灭活是操作难题,为使菌种存活率最大化,只有够

合理地优化喷雾干燥工艺,才可解决这一难题。

# 第五节　鲁氏酵母菌发酵剂在发酵食品中的应用概述

## 一、在肉制品中应用

我国作为肉制品产销大国,有很多如腊肉、腊肠等具有地方特色的发酵肉制品。近年来,大众对发酵香肠制品的喜爱程度也在持续飙升。经研究发现,发酵香肠的制作工艺简单且易于保存。添加发酵剂菌种的发酵香肠能够产生独特的风味,具有相应的保健作用,同时提高了发酵肉制品的档次。随着食品产业的迅速发展,人们对食品的要求也越发精细,消费者更倾向于寻找营养丰富、有保健效果或是有独特风味的新型肉制品。而发酵肉制品刚好满足人们的高端消费需要。

在国内外发酵香肠的基础上,运用先进的肉品加工技术,利用特色植物乳杆菌、清酒乳杆菌、片球菌以及葡萄球菌等微生物复配发酵剂,生产新型发酵香肠,对于进一步探索发酵香肠的加工技术及应用,探索发酵剂的多样性有一定的积极影响,同时也是一个值得深入研究的课题。在对菌种发酵剂的研究探索中,研究者大多倾向于能够产生特殊的香气成分,对发酵香肠的保藏及品质有显著影响的同种或多种微生物发酵剂菌种的复配研究,从而生产出有更多优良性状的发酵香肠,并对其影响机理进行深入研究,这对促进发酵肉制品的创新和发展有重要的意义,是未来发展的一大趋势。

国内外学者对发酵香肠的发酵剂菌种一直都有深入的研究,包括菌种的筛选、纯化和复配等,经过大量的研究,现在已经研制出了很多相对成熟的复合发酵剂。传统发酵香肠中的发酵剂相对多元化,但大多数都以乳酸菌的研究为主,而霉菌和酵母菌通常会与其复配或以其他方式混合添加进发酵香肠中。酵母菌在发酵肉制品中发挥着不可或缺的作用,酵母菌可以促进发酵肉制品颜色及风味的形成,能够抑制产品酸败,加速分解发酵香肠中的脂肪和蛋白质,缩短发酵时间,提高产品品质。酵母菌通常与其他微生物制成复配发酵剂使用。鲁氏酵母菌是豆酱和酱油酿造过程中的耐高渗增香酵母,能够产醇、糖醇及呋喃酮类风味物质,利于酱油香气的形成,能通过生成谷氨酸增加酱油的鲜味。因此,若将鲁氏酵母菌应用于发酵香肠的生产工艺中,探讨其在发酵香肠中的作用及影响,将会是一个新的研究方向。

发酵香肠具有风味特殊、食用方便以及营养保健等优点,国内外对发酵香肠的研究备受瞩目,发酵剂种类更是日益更新。如今,国内外学者已经对发酵剂菌种的筛选、鉴定及应用等进行了系统的研究,而各发酵剂菌种的性能均有所不同,因此将其进行复配综合应用,能够改善复合发酵剂的性能。目前,微生物发酵剂的研究已经从单一菌种发展至多种微生物菌种的复合发酵剂研究。Geisen 等(2008)通过在纳地青霉中导入溶葡萄球菌素(*Lysostaphin*)基因,使其产生了对金黄色葡萄球菌(*Staphylococcus aureus*)的溶菌能力,进而抑制了该致病菌的生长。李凤彩等(2002)通过对发酵香肠发酵剂菌种的筛选研究,制定了发酵香肠菌种的各项筛选标准。周建磊等从传统发酵香肠中筛选出发酵性能优异的微生物菌种进行混合培养,并将其应用于肉制品生产中,研究发现,复配生产出的肉制品具有单一菌种各自的优良性能。

迄今为止,乳酸菌一直是发酵肉制品中使用最普遍的发酵剂,这是因为乳酸菌独特的产酸性能可以降低肉制品中的 pH 值,对发酵肉制品中的腐败菌有抑制作用,同时发酵会产生乙酸和乳酸等挥发性风味物质,能够增加风味,提高产品的品质。应用于发酵肉制品的生产中最常见的酵母菌是汉逊德巴利酵母(*Dabaryomyces*)和假丝酵母(*Candida*)。酵母菌可以促进发酵香肠的呈色,改善发酵香肠的风味,有些酵母菌还能抑制腐败菌的滋生。鲁氏酵母菌除前文提到的功用外,还被应用于生产低酒精浓度的啤酒,生产谷氨酰胺酶,同克雷伯氏肺炎杆菌共培养从葡萄糖中生产 1,3 - 丙二醇等。

目前,关于添加微生物发酵剂生产发酵香肠的研究颇为广泛,主要集中在研究发酵剂在发酵香肠中发挥的作用,筛选新型菌株等方面,而从发酵制品中分离鉴定发酵菌种,并对其进行系列研究,也逐渐成了发酵剂研究的热点内容。刘春燕(2015)研究了泡菜中分离鉴定的酵母菌对泡菜风味物质的影响,发现添加酵母菌能够产生新的挥发性风味物质,可能对泡菜的品质和风味的形成有益。单艺等(2007)从云南传统糯米酒中分离筛选出米酒酵母菌种,研究发现,酵母菌 $Y_2$ 产酶能力较强,用在米酒生产中可增加酯香味。王志等(2015)从农家自制辣椒酱中分离纯化出一株耐盐酵母,通过 β - 1,3 葡聚糖酶鉴定法确定该菌为产 β - 葡聚糖酶的高耐盐鲁氏酵母菌。

## 二、在焙烤食品中应用

随着人们生活水平的不断提高和健康意识的不断增强,人们在食品的色、香、味以及口感方面均有极高的要求,当然,对发酵制品也不例外。在馒头、面包等发酵制品的制作过程中,面团发酵是其生产过程中的关键环节之一。其中酵母在面团的发酵过程中起着重要的作用,它是发酵食品中重要的发酵剂及疏松剂,并且对风味物质的形成也有着重要的作用。在传统发酵制品的制作过程中,活性干酵母和即发高活性干酵母应用较多。活性干酵母是由鲜酵母经压榨干燥脱水制成的,具有发酵速度较慢,发酵时间较长的缺点。而即发高活性干酵母虽然发酵活力高,发酵速度快,但用其制作的发酵产品风味较平淡,香味不浓郁。对于鲁氏酵母来说,它既具有能够产生风味物质的特性,又是传统发酵制品的专用酵母。将鲁氏酵母应用于面团的发酵过程中,探究鲁氏酵母对面制品中面团发酵的影响,从而确定有效参数来提高面制品的品质,以满足人们的消费需求,也是研究的热点之一。

我国许多地区以面食为主,小麦又是我国的主要粮食作物之一,对小麦进行加工得到的面粉,可以制作出风味多样的面制品。将面粉做成多种多样的食物的过程中,面团发酵就是其中最重要的一个环节,面团的发酵过程离不开酵母的作用。面团发酵就是利用酵母菌在其正常的生命活动中所产生的大量二氧化碳以及其他成分,在蒸煮时使面团受热膨胀而具有疏松多孔且富有弹性的特点,并使面制品具有口感更佳的品质。

在面团发酵的过程中,利用单糖进行呼吸与发酵作用的酵母,为了维持其正常生命活动所需的能量,通常有两种摄取能量的途径:在有氧参与的条件下,糖类进行有氧呼吸时得到能量,同时呼吸过程是能量来源的主要途径;还可以通过发酵作用来获取能量,这种方式在不需氧的条件下就可以进行。对于馒头、面包等面制品来说,影响其品质的一个关键因素就是面团的发酵过程,面团发酵质量的优劣对于成品面制品的品质有直接的影响,进而也会影响人们的口感。酵母是面团发酵的重要微生物,在制作馒头、面包等面制品时需要进行蒸煮,蒸煮过程中,酵母通过发酵作用在面团中形成的大量二氧化碳气体就会受热膨胀,这样就可以使面团体积变大,面团的质地变得疏松多孔。在适宜的条件下,酵母会更好地发挥其作用。

### 三、在豆酱中应用

作为我国的传统发酵食品,豆酱历史悠久,可以追溯到周朝时期。最初出现的酱原料多为肉类,以兽肉和鱼肉为主,随着农业的发展和社会的进步,出现了以谷物为原料的豆酱、面酱、辣酱等植物性酱类,且得到了快速发展。在北魏贾思勰所著的《齐民要术》中,运用大量篇幅对制酱方法进行了叙述,这也是我国最早完整记载传统制酱工艺的古籍资料。可见,我国在北魏时期酿造技术已相当纯熟,随着科技进步和时代发展,现代生产豆酱工艺主要以速酿为主。

#### (一)豆酱制曲工艺技术的研究

制曲是制酱过程中一个重要的环节,在此过程中霉菌孢子在适宜条件下吸水萌发,形成菌株,分泌大量的蛋白酶,将底物中的蛋白质分子分解成氨基酸。制曲一般接入曲精,现在一般使用复合曲精。所谓复合曲精主要由多种霉菌孢子混合而成,可能是多种经过优化的米曲霉孢子或是米曲霉和黑曲霉孢子混合。有研究表明,复合曲精分泌的酶系更加复杂,作用效果较单一菌种发酵更好,能够更好地利用底物,香气和风味也更好。

孔德柱和王海鹰(2010)比较研究了黄豆酱生产中的多菌种制曲与单菌种制曲对成品酱的影响。结果表明,多菌种的糖化增香曲在黄豆酱生产中的应用,不仅能产生高活性的酸性蛋白酶,还能产生糖化酶和酯化酶,整体酶系更丰富,酶系之间相互协同,成曲蛋白酶活性提高15.2%,成品的氨基酸态氮含量提高11.25%,还原糖提高19.07%,红色指数提高20.15%。产品体态表现为红润,口感更好,营养更丰富。

采用多菌种混合制曲,虽使酶系得到了丰富,但其酶活力受到竞争抑制而有所降低。孙常雁等将酶活力较高的米曲霉、黑曲霉应用到黄豆酱的制作中,采用分开制曲然后混合发酵的方法制酱取得了很好的效果。

现如今多菌种制曲已被大家广泛接受,大多数都是多菌种制曲,复杂的酶系使底物分解的更彻底,有利于发酵过程中其他微生物的利用。而分开制曲混合发酵可以解决多菌种混合制曲中各菌群互相抑制、降低酶活的缺点,但这种方法还没有被推广开,在生产中还不常见。

#### (二)豆酱发酵工艺技术的研究

我国食用豆酱的历史悠久,但长久以来我国制酱业并未实现工业化生产,几乎每家每户都会按照传统工艺制酱,也就是以小作坊的形式生产自给自足。随着科技水平的进步和人民生活水平的提高,我国的制酱形式已由原来的作坊式生产逐渐转变为规模化生产。但是传统制酱耗时长,不利于规模化生产,所以速酿技术应运而生。在此过程中,通过改进工艺条件,研究出了很多新工艺,例如,温酿固稀发酵、微火稀发酵、温酿固体发酵、温酿稀发酵等,并且开发出了许多以豆酱为基本原料,添加其他辅料制成的花式酱,如香辣酱、辣椒酱、海鲜酱、蕨菜酱、牛肉酱和豆豉酱等。

虽然我国地域和自然条件差距较大,人们的生活习惯和口味差异也比较明显,在制酱生产工艺上区别也比较大,但豆酱都是采用米曲霉为主的复合菌种进行发酵的。借鉴酱油的发酵工艺,豆酱的发酵工艺大体分为固稀发酵、低盐固态发酵和高盐稀态发酵三种,也可以按发酵温度分为低温发酵、中温发酵和高温发酵三种。但由于每个生产企业控制的工艺参数不同,所以生产的豆酱味道也不尽相同。我国豆酱由于产业发展较慢,工业化起步较晚,在添加剂、微生物和理化指标等质量方面标准参差不齐,在国际贸易上的产品竞争力远不及日本、韩国。如今,我国豆酱的发展趋势主要是利用现代培养技术,优化培养优良形状的菌种制曲,改善酱醅中的酶系和酶活,提高酱的香气和风味,保证产品品质稳定,缩短生产周期,实现豆酱的连续化、工业化生产。

### (三)豆酱增香技术的研究

随着豆酱产业工业化发展,速酿酱工艺被广泛使用,但其产品香气却不如传统制酱工艺生产的产品。为了保证速酿产品的质量和市场竞争力,满足消费者需求,需要对速酿豆酱进行人工增香处理,这样不仅可以提高产品质量,还可以控制产品质量和风味的稳定性。

除了提高蛋白质利用率增香、人工添加增香的食品添加剂、添加酵母抽提物增香的方法外,还有人工添加增香酵母的方法。冯杰(2012)对增香酵母菌埃切假丝酵母菌的增香机理进行了研究,其研究表明埃切假丝酵母增香作用明显。张巧云(2013)研究表明,人工添加多菌种发酵可以缩短发酵周期,后发酵时间由传统的30 d缩短至18 d趋于稳定,生产周期可缩短至18 d;在后发酵时添加毕赤酵母和类肠膜魏斯氏菌的豆酱酱香、酯香浓郁,无不良气味,豆酱风味显著改善。

常用的人工添加的增香酵母还有鲁氏酵母菌,其耐盐性好,适用于豆酱发酵增香,近年对鲁氏酵母菌增香的应用主要在酱油生产中,其增香能力也广泛被大家认可。李琴和杜风刚(2005)利用低盐固态发酵工艺生产酱油,在二油、三油中添加鲁氏酵母菌和球拟酵母菌进行增香,以及采用先固后稀添加鲁氏酵母菌和球拟酵母菌浇淋后酵增香,用于改善酱油风味,并取得了显著效果。贡汉坤等(2004)在传统豆酱生产中添加植物乳杆菌和鲁氏酵母菌进行人工发酵,可使传统豆酱生产工艺时间缩短2/3,产品质量符合豆酱标准。江洁等(2002)利用膨化原料和多菌发酵生产黄稀酱,发酵后期添加鲁氏酵母菌增香,添加量为5%,发酵15~20 d,与传统工艺相比,明显缩短了生产周期,提高了原料及设备利用率,并且产品质量也有所提升。

现在,利用鲁氏酵母菌在固态低盐发酵工艺条件下对豆酱增香的技术多处于研究阶段,真正应用到实际生产中的还比较少。此方法成本低,方法简单,容易控制,而且能保证产品的安全性,缩短生产周期,对于产品质量也有很好的改善作用。

# 第二章　鲁氏酵母菌通过谷胱甘肽代谢途径响应 D - 果糖胁迫的分子机制

在豆酱和酱油的发酵过程中,鲁氏酵母菌可以产生 HDMF 和其他呋喃酮类次级代谢产物,这些产物具有焦糖类的香味,在食品工业中具有良好的潜在增香应用价值。

本研究前期已经对 D - 果糖调控鲁氏酵母菌合成呋喃酮进行了正交试验,鲁氏酵母菌在 D - 果糖质量浓度为 120 g/L 和 NaCl 质量浓度为 180 g/L 的酵母浸出粉胨葡萄糖琼脂(YPD)培养基中共同发酵 5 d 的条件下,HDMF 的产量达到最高,为 6.77 mg/L。D - 果糖是一种外源性底物,可通过糖酵解途径转化为 1,6 - 二磷酸果糖,之后通过一系列反应生成各种呋喃酮。为什么在双重高渗透压环境下鲁氏酵母菌可以产生较高水平的 HDMF,其是如何抵抗这种双重高渗透压逆境的? 目前,对于 D - 果糖胁迫鲁氏酵母菌的氧化应激防御机制的研究尚无定论。多组学技术联用是研究人员探究科学问题的有效手段,其中基因测序技术由于其高通量、低成本、涵盖众多低丰度基因、测序深度和灵敏度高等特点在各个研究领域广泛应用。通过对研究对象不同生长条件的基因组进行测序分析,可有效发掘和鉴定相关新基因及相关代谢通路的调控基因。因此,从微观水平上探讨 D - 果糖胁迫对鲁氏酵母菌抵抗氧化应激相关的调控机制是非常有意义的。

本章以两种培养体系(是否添加外源 D - 果糖)的鲁氏酵母菌为研究材料,通过对 D - 果糖胁迫下鲁氏酵母菌生理生化指标、抗氧化酶活及基因表达、谷胱甘肽代谢通路的多组学研究,并对关键酶谷胱甘肽过氧化物酶(glutathione peroxidase, GSH - Px)进行生物信息学分析,应用转录 - 蛋白 - 代谢三个组学来全面解析鲁氏酵母菌谷胱甘肽代谢途径的分子机制。由表入内:表型变化到内部分子水平;由果到因:代谢物质水平变化追溯到合成途径中基因调控的机理。运用多组学技术联用方法,从不同水平来探究鲁氏酵母菌通过谷胱甘肽代谢途径响应 D - 果糖胁迫的分子机制,为理解微生物氧化应激防御系统提供更深入有效的理论基础。

## 第一节　概　　述

### 一、谷胱甘肽的性质及其生理作用

谷胱甘肽是由谷氨酸、半胱氨酸和甘氨酸构成的三肽物质。谷胱甘肽被 Hopkins 首次发现,1930 年获得了它的化学结构,之后人们利用化学方法人工合成了谷胱甘肽。在自然界中,谷胱甘肽的存在非常广泛,其中动物肝脏组织、小麦胚芽和面包酵母中的谷胱甘肽含量可以达到每 100 g 中含 100 ~ 1 000 mg。此外,许多植物中也含有谷胱甘肽,如在西红柿、洋葱、谷物和薯类等食品中。谷胱甘肽主要有两种形式,即还原型谷胱甘肽(GSH)和氧化型谷胱甘肽(GSSG),这两者可以通过酶促反应在机体中进行相互转换。一般情况下,在机体各组织中 GSH/GSSG 的比值大概为 100/1。因此,常见的谷胱甘肽是指在机体中具有生物功能的还原型谷胱甘肽。在食品的应用中,GSH 可以当作抗氧化剂、风味强化剂以及氨基酸强化剂等被加入食品中,从而对食品起到稳定剂的作用。在医学中,GSH 同样起到了很多作用,目前比较多的报道是临床研制谷胱甘肽药物,主要应用于肝、肾损害及糖尿病辅助治疗等方面。在酵母的研究中,如何筛选出高产 GSH 的酵母菌株是目前研究的热点之一。

### (一)GSH 基本性质

谷胱甘肽基本性质如表 2 - 1 所示。

表 2 - 1　谷胱甘肽基本性质

| 性质 | 参数 |
|---|---|
| 分子结构式 | |
| 分子式 | $C_{10}H_{17}O_6SN_3$ |
| 相对分子质量 | 307.33 |
| 熔点 | 189 ~ 193 ℃ |
| 等电点 | 5.93 |
| 颜色、质地 | 无色透明晶体、细长拉状 |
| 水溶性 | 溶于水、烯醇、液氨和二甲基甲酰胺,但不溶于醇、醚和丙酮等有机溶剂 |
| 氧化性 | 固体状态时比较稳定,但溶于水后在空气中容易被氧化 |
| 结构特点 | 含有特殊的 γ-肽键,该肽键由 L-谷氨酸的 γ-COOH 与 L-半胱氨酸的 α-NH₂ 缩合而成,它不同于其他蛋白质分子中的普通肽键,而是拥有特定的生物活性 |

### (二)GSH 的生理作用

GSH 最主要的生理作用是抗氧化功能。GSH 是谷胱甘肽过氧化物酶作用的底物,消耗机体内因氧化应激产生的自由基,从而保护细胞膜,抑制机体脂质过氧化,保障机体健康。谷胱甘肽可以作为多种酶的辅酶以及辅基,可以保护组成机体结构的蛋白质的正常生理活性。其次,GSH 可以保护细胞内一些酶的活性,比如含有疏基结构的酶(如 ATP 酶),保护其不会因为疏基氧化失去活性。GSH 的生物学功能取决于其分子结构,比如分子中的疏基基团具有中和氧自由基和解毒功能,GSH 分子中的 γ-谷氨酰胺键可以保持分子稳定性等。

## 二、国内外研究进展

鲁氏酵母菌是很多传统发酵产品的一类生产菌株。国内外对鲁氏酵母菌的研究主要集中于其耐盐机理和产香机理方面。鲁氏酵母菌的添加与传统发酵食品风味的形成紧密相关,主要原因是鲁氏酵母菌代谢合成大量甘油、乙醇、异丁醇、异戊醇及阿拉伯糖醇等醇类物质。在发酵过程中,这些次级代谢产物有的就是发酵食品的风味物质,有的还是其他重要风味物质的前体组成成分。近年来,人们对鲁氏酵母菌发酵过程中代谢途径的研究越来越多。目前对于鲁氏酵母菌代谢途径中的高级醇代谢途径和酯类合成途径已完全明确。但对高糖胁迫环境下的研究还仅限于在胁迫环境下细胞自身响应机制所产生宏观物质的信息采集,而对细胞自身生理状态以及微观下的基因表达调控还没有完全的解析。

组学技术可以从多方面来解释胁迫环境下细胞内部的微观水平,从基因水平下的“细胞内可能发生什么”推导到细胞蛋白质水平下的“正在进行什么”,最后到细胞中代谢物质的直观体现。随着组学技术的深入发展,研究人员对鲁氏酵母菌研究的聚焦点不仅仅在代谢途径上,也对发酵过程中鲁氏酵母菌的生理特性展开研究。目前,已经有报道对于高糖胁迫环境下的鲁氏酵母菌的基因组学和蛋白质组学进行分析,结果发现在高糖胁迫下有大量的基因表达模式发生改变,并且发现编码 Kar2p 的基因可以显著影响鲁氏酵母菌的生长。从基因表达调控的角度来看,鲁氏酵母菌是一种常见的耐盐酵母菌,其耐盐机理已完全明确。而国内对微生物抗氧胁迫机理的研究只是局限于分子水平,通过研究发现酵母可以产生海藻糖、甘油和有机酸等胞外相容性物质,这与酵母菌抗氧化能力有一定的相关性,但对于鲁氏酵母菌通过谷胱甘肽代谢途径响应 D - 果糖胁迫的分子机制并没有完全揭示。国内外迄今未见把谷胱甘肽酶学机制与其基因水平、蛋白水平以及代谢水平相联系的相关报道。

## (一)高糖胁迫条件下酵母细胞的自我生理调控作用

高渗胁迫环境下,细胞会产生对细胞膜有损害作用的活性氧(ROS),这些 ROS 会引起机体内氧化胁迫并影响细胞的生长。研究结果显示,抗氧化酶系统中的谷胱甘肽过氧化物、超氧化物歧化酶(superoxide dismutase, SOD)、过氧化氢酶(catalase, CAT)以及过氧化物酶(peroxidase, POD)在清除 ROS 方面有着重要作用。近年来,对于高渗胁迫环境下酵母细胞抵御氧化应激的生理机制研究较多。目前,大多数研究都集中在盐或葡萄糖形成的单一高渗环境中。熊雅兰等(2014)对酿酒酵母突变菌株 MF1002 进行了高糖胁迫环境下生理特性变化的研究,发现细胞内抗氧化相关酶(SOD、CAT 和 POD)活性均显著上升。彭郦和曾新安(2011)对酿酒酵母 AWRI R2 在低温、高糖环境中进行生理特性研究,发现高糖环境能够显著促进细胞海藻糖的积累,使细胞具有抵御高渗胁迫的能力。李晓军等(2009)对高糖情况下酿酒酵母 FCC2146 的代谢流进行分析,发现细胞的碳流量向生成乙醇途径进行而偏离了 TCA 循环,并且胞外甘油和海藻糖的含量也高于对照组。董欣福等(2010)对高糖环境下啤酒酵母胞外有机酸的分泌机制进行了研究,发现酵母在高浓度糖培养的环境下 TCA 循环断裂,而培养一段时间后 TCA 循环又重新闭合。此外,酵母细胞还能够调整自身细胞形态来抵抗高渗环境。苗军(2009)对酿酒酵母高糖环境下的耐受性进行研究,发现糖含量在细胞对数生长期时消耗较快,在稳定生长期时消耗平稳,pH 值的趋势与对照组相比为先下降后平稳,海藻糖和甘油含量也高于对照组。胞内、外蛋白的代谢水平发生变化,特别是胞外蛋白部分出现较多差异的蛋白条带。4种胞外有机酸(苹果酸、柠檬酸、乳酸和 α − 酮戊二酸)的代谢也出现了差异性的变化。刘功良等(2019)对高糖环境下蜂蜜接合酵母的细胞形态和繁殖方式进行了探究,结果表明,在 300 ~ 550 g/L 的高糖环境中菌株可以出芽生殖,但是其代谢生成的乙醇、甘油、海藻糖和有机酸等物质的含量都比常规培养下的高;除此之外,还发现了高糖培养基对 TCA 代谢合成的中间产物具有重要的影响。

### (二)多组学技术在微生物中的应用现状

近年来,多组学技术联用受到了越来越多研究人员的关注,并且在生物学试验的应用中发展十分迅速。多组学技术联用可以快速获得研究对象的所有基因表达、蛋白或代谢物的宏量数据,并对研究对象进行多层面分析,更全面地解决科学问题。组学技术的研究基础是基因、mRNA、蛋白质和代谢产物等生物系统的组成成分,通过对以上成分进行分析,全面研究生物基因、转录、蛋白和代谢水平,可以对研究对象进行全面解析。在组学的研究发展中,核酸组学揭示了生命现象的底层因子,它将预示可能发生什么;蛋白组学揭示了生命现象的表层因子,它将提醒即将发生什么;而代谢组学揭示了生命现象的最终结果,它体现的是正在发生什么。首先基因在 miRNA 的作用下,进行转录合成 mRNA,之后 mRNA 进行翻译修饰形成蛋白质。而代谢物质是机体进行生命活动的最终产物,是可以体现出生命活动的物质。由此可见,单一组学所构建的生命活动网络虽然具有重要的意义,但是并不能全面地展示生命现象的特征。因此,将不同层次的组学结果整合,是实现从因到果、从表入内的深层次挖掘生命现象的本质。

目前,已经通过转录组学和代谢组学的联合分析对鲁氏酵母菌通过糖酵解和磷酸戊糖途径中生成 HDMF 的分子机制进行了研究,结果发现 EMP 途径中的果糖二磷酸醛缩酶可以介导 HDMF 的前体物质磷酸二羟基丙酮的积累,而 6 − 磷酸葡萄糖 − 1 − 脱氢酶可以调控 4 − 羟基 − 2(5) − 乙基 − 5(2) − 甲基 − 3(2H) − 呋喃酮(HEMF)的前体 5 − 磷酸核酮糖的积累。与此同时,通过建立鲁氏酵母菌的比较转录组学方法,对 D − 果糖调控下鲁氏酵母菌的基因表达、生理特性和有关氧化应激的基因进行研究,明确了鲁氏酵母菌细胞抵抗氧化应激的酶学机制。此外,Wang 等(2019)基于转录组学和生理特性两方面研究了鲁氏酵母菌对盐胁迫的响应机制,结果表明,鲁氏酵母菌细胞内部发生了抵抗盐胁迫的调控机制。生理数据分析表明,盐胁迫导致甘油和海藻糖的积累,以及不饱和脂肪酸比例的增长。转录组数据分析表明,参与细胞代谢和合成核糖体的有关基因表现出不同的表达模式。Xia 等(2019)采用了多组学策略揭示了酿酒酵母对低氧胁迫中甘油磷脂代谢途径反应的作用。Martino 等(2016)对干酪中分离得到的屎肠球菌(*Enterococcus faecium*)菌株进行研究,通过基因组学结合代谢组学鉴定了菌株发酵过程的产香机理。方献平等(2019)利用蛋白组学和代谢组学联合分析发现水杨酸介导的抗病信号通路是葡萄叶片抵抗灰葡萄孢菌侵染的有效手段。Liu 等(2015)将表型特征与基因序列相结合,创建了一种可以快速鉴定菌株发酵性能的方法。

综上所述,单一组学仅代表基因 − 蛋白 − 代谢中单个层次的研究成果,但是要真正地解析科学问题需要将各个组学水平进行整合分析。随着组学检测成本的降低,使用多组学技术实时监测发酵过程中微生物的动态变化、差异基因表达和代谢物的组成势必成为解决科学问题的主要研究手段。

### (三)谷胱甘肽代谢途径在酵母细胞抗氧胁迫系统中的作用

目前国内外对真核微生物中 GSH 代谢系统的功能研究主要以酿酒酵母为研究对象。通过查阅文献可知,GSH 和相关代谢酶共同组成一道抗氧胁迫防线,相关代谢酶主要由 γ-谷氨酰半胱氨酸合成酶(γ-glutamate-cysteine ligase, GCL)、谷胱甘肽合成酶(glutathione synthetase, GS)、谷胱甘肽还原酶(glutathione reductase, GR)和 GSH-Px 组成。除此之外, γ-谷氨酰半胱氨酸合成酶基因的表达不仅受到 GSH 的反馈抑制,还受到两个调节因子 Yap1p 和 Skn7p 控制,而谷胱甘肽合成酶不受其他因子调控。GSH-Px 是一种具有多种底物结合的抗氧化酶,主要存在于细胞质、线粒体以及内质网的结构中,其可以催化 GSH 和 $H_2O_2$ 反应达到保护机体免受氧化损伤。研究结果表明,当酵母细胞受到氧化胁迫时,体内 GSH-Px 的活性处于上升趋势。除此之外,在微生物细胞受到热应激、pH 值胁迫和氨基酸饥饿等其他因素刺激的情况下,发酵体系中谷胱甘肽的含量明显增加,代谢系统中相关代谢酶也会呈现激烈的应答反应。因此,GSH 代谢途径在酵母细胞抗氧胁迫系统中具有重要作用。

# 第二节 材料与方法

## 一、试验材料

### (一)菌株与培养基

鲁氏酵母菌(编号:32899)为冷冻干燥粉,购于中国工业微生物菌种保藏管理中心。YPD 培养基购于青岛高科技工业园海博生物技术有限公司。

### (二)主要试剂

试验中所用主要试剂如表 2-2 所示。

表 2-2 主要试验试剂

| 试剂名称 | 级别 | 生产厂家 |
| --- | --- | --- |
| 氯化钠 | 分析纯 | 天津市东丽区天大化学试剂厂 |
| D-果糖 | 分析纯 | 天津市东丽区天大化学试剂厂 |
| 次甲基蓝 | 分析纯 | 上海榕柏生物技术有限公司 |
| 硫代巴比妥酸 | 分析纯 | 天津市东丽区天大化学试剂厂 |

表 2 – 2（续）

| 试剂名称 | 级别 | 生产厂家 |
|---|---|---|
| 三氯乙酸 | 分析纯 | 国药集团化学试剂有限公司 |
| EDTA | 分析纯 | 天津市永大化学试剂有限公司 |
| DTT | 分析纯 | 天津市永大化学试剂有限公司 |
| Tris | 分析纯 | 天津市永大化学试剂有限公司 |
| 浓盐酸 | 分析纯 | 天津市永大化学试剂有限公司 |
| 考马斯亮蓝 G – 250 | 分析纯 | 合肥博美生物科技有限责任公司 |
| 无水乙醇 | 分析纯 | 辽宁泉瑞试剂有限公司 |
| Trizol | 分析纯 | 北京索莱宝科技有限公司 |
| 氯仿 | 分析纯 | 辽宁泉瑞试剂有限公司 |
| 异丙醇 | 分析纯 | 辽宁泉瑞试剂有限公司 |
| 琼脂糖 | 分析纯 | 上海创赛科技有限公司 |
| *Taq* DNA 聚合酶 | 分析纯 | 广州东盛生物科技有限公司 |
| SYBR® Green Realtime PCR Master Mix | 分析纯 | 东洋纺生物科技有限公司 |
| 逆转录试剂盒 | 生化试剂 | 东洋纺生物科技有限公司 |
| 过氧化物酶（POD）试剂盒 | 生化试剂 | 南京建成生物工程研究所 |
| 总超氧化物歧化酶（T – SOD）试剂盒 | 生化试剂 | 南京建成生物工程研究所 |
| 过氧化氢酶（CAT）试剂盒 | 生化试剂 | 南京建成生物工程研究所 |
| 抗超氧阴离子自由基试剂盒 | 生化试剂 | 南京建成生物工程研究所 |
| 谷胱甘肽过氧化物酶（GSH – Px）试剂盒 | 生化试剂 | 南京建成生物工程研究所 |

## （三）主要仪器设备

试验所用到的主要仪器设备如表 2 – 3 所示。

表 2 – 3　主要仪器设备

| 仪器设备名称 | 型号 | 生产厂家 |
|---|---|---|
| 可见光分光光度计 | 722 型 | 上海奥谱勒仪器有限公司 |
| 超净工作台 | SW – CJ – 1CU 型 | 上海博讯实业有限公司医疗设备厂 |
| 电热恒温水浴锅 | HH. S11 – 2 型 | 上海博讯实业有限公司医疗设备厂 |
| 磁力加热搅拌器 | 79 – 1 型 | 常州荣华仪器制造有限公司 |
| 电子天平 | ME204E 型 | 梅特勒 – 托利多仪器有限公司 |
| 高压蒸汽灭菌锅 | MLS – 3781 – PC 型 | 松下健康医疗器械株式会社 |
| 紫外凝胶成像仪 | BIO – RAD Gel Doc XR + 型 | 美国 Bio – Rad 公司 |
| 酶标仪 | MULTISKAN MK3 型 | 美国 Thermo 公司 |

表 2 – 3（续）

| 仪器设备名称 | 型号 | 生产厂家 |
|---|---|---|
| 基因定量仪 | ABI 9700 型 | 美国基因仪器公司 |
| 超声波破碎仪 | VCX600 型 | 美国 Sonics & Materials Inc. 公司 |
| 生物显微镜 | Motic BA210 型 | 北京汗盟紫星仪器仪表有限公司（山东） |
| 电导率仪 | DDS – 11A/30 型 | 上海济成分析仪器有限公司 |
| 低温离心机 | 5403 R 型 | Eppendorf 生命科技有限公司 |
| 实时荧光定量 PCR 仪器 | CFX96 型 | 美国 Bio – Rad 公司 |
| 生物显微镜 | XBM – 8C 型 | 重庆光学仪器厂 |
| 全温振荡器 | HZQ – QX 型 | 哈尔滨市东联电子技术开发有限公司 |
| 电热恒温鼓风干燥箱 | BGG – 9070A 型 | 上海一恒科学仪器有限公司 |
| 制冰机 | XB70KS 型 | 格兰特（美国）公司 |

## 二、试验方法

### （一）鲁氏酵母菌的扩培及试验设计

鲁氏酵母菌的扩培：将 5 g YPD 溶于 100 mL 的蒸馏水中，在 121 ℃、15 min 的条件下高压灭菌。之后在超净工作台中将鲁氏酵母菌冻干粉取微量加入灭菌好的培养基中。在全温振荡器中进行恒温发酵，发酵参数为 28 ℃、180 r/min，发酵时间为 3～4 d，在此过程中监测细胞总数，当细胞总数达到 $1.0 \times 10^8$ CFU/mL 时，停止发酵。取扩培后的种子液 5%，加入 100 mL 的 YPD 培养基中进行二次发酵（发酵条件同上），发酵时间为 30～36 h。并在此过程中同样进行监测，当细胞总数达到 $1.0 \times 10^8$ CFU/mL 时，保留发酵菌液以备后用。

试验设计：经过二次活化后的菌种取 5%，分别加入 100 mL 灭菌后的对照组和处理组中，对照组培养基为 YPD + NaCl 培养基（5 g YPD，18 g NaCl，称为 YPD 组），处理组培养基为 YPD + NaCl + D – 果糖培养基（5 g YPD，18 g NaCl，12 g D – 果糖，称为 YPD + Fru 组）。发酵时间设置为 0 d、1 d、3 d、5 d 和 7 d，试验重复三次。

### （二）生长曲线及形态观察

#### 1. 生长曲线的测定

测定细胞活菌数方法：血球计数法。从每个锥形瓶中收集发酵菌液 1 mL 进行计数，收集过程在超净工作台中进行。用无菌的去离子水洗涤发酵菌液，洗涤次数为 2 次，再用去离子水进行重悬。使用次甲基蓝染色剂对细胞染色，染色后显微镜下无色的鲁氏酵母菌细胞为活菌，蓝色的细胞为死菌。

#### 2. 显微镜观察鲁氏酵母菌细胞形态

取适量 YPD 组和 YPD + Fru 组各种发酵时间的鲁氏酵母菌细胞发酵液，放置于无菌塑料小管中,将各个时间段的酵母细胞稀释至约为 $1.0 \times 10^6$ CFU/mL,之后进行显微镜拍照。取稀释好的发酵液至干净的载玻片中心,滴加次甲基蓝染色溶液,盖上盖玻片,吸干载玻片上多余液体,然后用生物显微镜(Motic BA210 型)进行拍照记录并测量细胞面积。

3. 抗氧化酶、丙二醛和细胞膜相对电导率的测定

(1)细胞粗酶液的制备和蛋白含量的测定

细胞粗酶液的制备:取不同发酵时间的鲁氏酵母菌发酵液 45 mL 进行低温离心,离心参数为 4 ℃、10 000 r/min,时间为 10 min,将上清液舍弃,收集沉淀在离心管下的菌体。菌体用 100 mmol/L 的 pH 值为 7.4 的 Tris - HCl 缓冲液洗涤,洗涤 2 次后,再向离心管中加入相同的缓冲液 20 mL,使之重新悬浮等待破碎。

超声波破碎条件:将超声波仪器的探头放置于菌悬液液面下 1 cm 处,功率为 455 W,超声 10 s,间隔 5 s,总时间为 30 min,温度为 0~4 ℃。将破碎的细胞溶液在 4 ℃、5 000 r/min 条件下离心 15 min,收集离心管中上清液并放置在 4 ℃ 条件下,用于测定酶活和蛋白浓度。

蛋白含量的测定:采用考马斯亮蓝 G - 250 试剂染色法。取不同发酵时间的 0.3 mL 粗酶液,加入 1.5 mL 考马斯亮蓝试剂,放置 2 min 后在 595 nm 下测吸光值,通过标准曲线得到蛋白质含量。

标准曲线的绘制:取 6 支试管,按表 2 - 4 加入试剂,摇匀,并放置 5 min,备用。以 0 号试管为对照组,在 595 nm 下测吸光值,以蛋白含量为横坐标,以吸光值为纵坐标绘制蛋白标准曲线。

表 2 - 4 考马斯亮蓝法蛋白标准曲线各试剂用量

| 试管号 | 0 | 1 | 2 | 3 | 4 | 5 |
|---|---|---|---|---|---|---|
| 标准蛋白/mL | 0.00 | 0.06 | 0.12 | 0.18 | 0.24 | 0.3 |
| 蒸馏水/mL | 0.30 | 0.24 | 0.18 | 0.12 | 0.06 | 0.00 |
| 考马斯亮蓝 G - 250/mL | 1.50 | 1.50 | 1.50 | 1.50 | 1.50 | 1.50 |
| 蛋白含量/μg | 0 | 20 | 40 | 60 | 80 | 100 |

(2)抗超氧阴离子自由基测定

利用试剂盒法测定,具体操作步骤参照说明书进行。每个时间点进行 3 次重复测定,计算方法见公式(2 - 1)。

$$抗超氧阴离子活力单位(U/g\ prot) = \frac{(对照\ OD\ 值 - 测定\ OD\ 值)}{(对照\ OD\ 值 - 标准\ OD\ 值)} \times$$

$$标准品质量浓度(0.15\ mg/mL) \times 1\ 000\ mL \div$$

$$待测样品蛋白质量浓度(g\ prot/mL) \qquad (2 - 1)$$

(3)超氧化物歧化酶(T - SOD)活性测定

利用试剂盒法测定,具体操作步骤参照说明书进行 。每个时间点进行 3 次重复测定,计算方法见公式(2 - 2)。

$$总\ T - SOD\ 活力(U/mg\ prot) = \frac{(对照\ OD\ 值 - 测定\ OD\ 值)}{对照\ OD\ 值} \div 50\% \times$$

反应体系的稀释倍数÷

待测样品蛋白浓度（mg prot/mL）　　　　　　　　（2-2）

（4）过氧化物酶（POD）活性测定

利用试剂盒法测定，具体操作步骤参照说明书进行。每个时间点进行3次重复测定，计算方法见公式（2-3）。

$$总 POD 活力（U/mg\ prot）= \frac{（测定\ OD\ 值-对照\ OD\ 值）}{12×比色光径（1\ cm）}×\frac{反应液总体积}{取样量}÷$$

$$反应时间（30\ min）÷匀浆蛋白浓度（mg\ prot/mL）×$$

$$1\ 000 \tag{2-3}$$

（5）过氧化氢酶（CAT）活性测定

利用试剂盒法测定，具体操作步骤参照说明书进行。每个时间点进行3次重复测定，计算方法见公式（2-4）。

$$CAT 活力（U/mg\ prot）=（对照\ OD\ 值-测定\ OD\ 值）×271×\frac{1}{60×取样量}÷$$

$$待测样品蛋白浓度（mg\ prot/mL） \tag{2-4}$$

（6）谷胱甘肽过氧化物酶（GSH-Px）活性测定

利用试剂盒法测定，具体操作步骤参照说明书进行。每个时间点进行3次重复测定，计算方法见公式（2-5）。

$$GSH-Px 活力（U/mg\ prot）=\frac{（非酶管\ OD\ 值-酶管\ OD\ 值）}{（标准\ OD\ 值-空白\ OD\ 值）}×标准品浓度×$$

$$稀释倍数÷反应时间÷（蛋白浓度×取样量） \tag{2-5}$$

（7）丙二醛含量测定

使用硫代巴比妥酸（TBA）法进行鲁氏酵母菌丙二醛含量测定。取各个时间段的鲁氏酵母菌发酵液15 mL，在4 ℃低温离心机下离心，离心参数为3 000 r/min，时间为3 min。洗涤2次后，加入1 mL无菌蒸馏水重悬酵母细胞，加入2 mL的0.6% TBA溶液，摇匀，沸水浴加热15 min，结束后立即放入冷水浴中冷却，之后进行离心，参数为1 000 r/min、5 min，取上清液于OD 450 nm、OD 535 nm和OD 600 nm条件下测定光吸收值。计算方法见公式（2-6）。

$$C（μmol/L）=6.45×（A_{535}-A_{600}）-0.56×A_{450} \tag{2-6}$$

（8）细胞膜相对电导率的测定

取各个时间段的鲁氏酵母菌发酵液20 mL，在4 ℃低温离心机下进行离心，离心参数为5 000 r/min，时间为10 min，倒掉上清液，保留鲁氏酵母菌菌体，用去离子水洗涤2次。加入20 mL去离子水重新悬浮菌体。在室温下，测定菌悬液的电导率为$C_1$，去离子水电导率为$C_0$；然后将样品放入沸水中煮沸10 min，冷却后在同样的条件下进行测量。测定煮沸后的菌悬液的电导率为$C_2$，煮沸后的去离子水电导率为$C'_0$，记录数据并进行数据处理。计算方法见公式（2-7）。

$$相对电导率=\frac{（C_1-C_0）}{（C_2-C'_0）×100\%} \tag{2-7}$$

**4. D－果糖胁迫下鲁氏酵母菌细胞转录组测序分析**

按照鲁氏酵母菌细胞扩培方法,当细胞总数达到 $2 \times 10^8$ CFU/mL 时,将活化好的 5% 菌种分别加入 YPD 组和 YPD ＋ Fru 组培养基中进行发酵。分别选取 YPD 组和 YPD ＋ Fru 组的四个发酵时间点收获样品用于 RNA 测序:0 d、3 d、5 d 和 7 d。每个时间点进行 3 次生物学重复保存样品,液氮快速冷冻后置于 －150 ℃ 冰箱中保存备用。使用 Illumina Hi Seq6000 测序仪(San Diego,CA,USA)对获取的 24 个样品进行测序,这项工作由上海中科新生命生物科技有限公司完成。测序流程如图 2－1 所示。

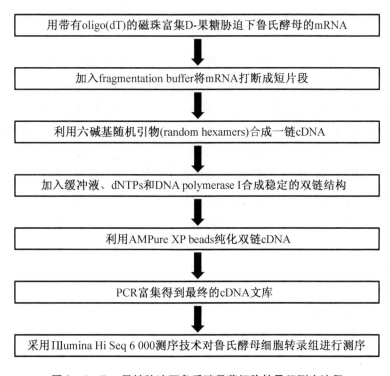

用带有oligo(dT)的磁珠富集D-果糖胁迫下鲁氏酵母的mRNA

↓

加入fragmentation buffer将mRNA打断成短片段

↓

利用六碱基随机引物(random hexamers)合成一链cDNA

↓

加入缓冲液、dNTPs和DNA polymerase I合成稳定的双链结构

↓

利用AMPure XP beads纯化双链cDNA

↓

PCR富集得到最终的cDNA文库

↓

采用Illumina Hi Seq 6 000测序技术对鲁氏酵母细胞转录组进行测序

**图 2－1　D－果糖胁迫下鲁氏酵母菌细胞转录组测序流程**

**5. D－果糖胁迫下鲁氏酵母菌无标记定量蛋白质组学分析**

对获取的 24 个样品进行分析鲁氏酵母菌无标记定量蛋白质组学,无标记蛋白质组学定量分析流程包括:蛋白质分离、溶解、胰蛋白酶消化、液相色谱和质谱分析、数据处理、蛋白质鉴定、无标记定量、功能注释和生物信息学分析。这项工作由上海中科新生命生物科技有限公司完成。

**6. D－果糖胁迫下鲁氏酵母菌谷胱甘肽合成途径中间代谢产物的测定**

按照鲁氏酵母菌细胞扩培方法,当细胞总数达到 $2 \times 10^8$ CFU/mL 时,将活化好的 5% 菌种分别加入 YPD 组和 YPD ＋ Fru 组培养基中进行发酵。分别选取 YPD 组和 YPD ＋ Fru 组的五个时间点获取样品:0 d、1 d、3 d、5 d 和 7 d。将获取的样品于 4 ℃、12 000 r/min 条件下离心 10 min,上清液置于 －80 ℃ 冰箱保存备用,每个时间点进行 3 次生物学重复。这项工作由上海阿趣生物科技有限公司完成。

7. 荧光定量 PCR 验证差异表达基因

(1)总 RNA 提取及 cDNA 合成

总 RNA 的提取：由于 RNA 很容易受到环境中的 RNA 酶的影响而发生降解，因此提取 RNA 所用器材要用千分之一浓度的 DEPC 水进行处理并用高压灭菌锅进行灭菌。用于进行细胞破碎的研钵和锤子需要进行干热灭菌，干热灭菌的参数为 180 ℃，时间为 3 h。此外，超净工作台要用紫外线照 2 h 并且提取 RNA 的过程中不要开风。

提取 RNA 用 Trizol 法，具体操作流程如下：

①将 YPD 组和 YPD + Fru 组发酵好的鲁氏酵母菌悬液在 4 ℃ 低温离心机下进行离心，参数为 12 000 r/min，时间为 3 min。将上清液用移液枪吸出丢弃，收集留在离心管底部的菌体沉淀。

②将离心管迅速插入液氮中使其尽快冷却下来，用灭菌好的研钵和锤子将菌体研磨成粉末状。

③将菌体分装到 EP 管中，加入 1 mL Trizol，轻轻地弹离心管使破碎好的菌体溶解在 Trizol 中，室温静置 5 min，多余样品用封口膜进行封口，放置于 –150 ℃ 冰箱中保存备用。

④向 EP 管中加入 200 μL 的氯仿，剧烈振荡 15 s，室温放置 3 min，这个过程中禁止使用旋涡振荡器，防止基因组 DNA 发生断裂，影响提取效果。氯仿的目的是去除细胞内的蛋白质。

⑤将静置后的离心管在 4 ℃ 低温离心机下进行离心，离心参数为 12 000 r/min，时间为 15 min。离心后的样品会分成 3 层，即无色的水相(上层)、中间层和粉红色有机相(下层)。而提取的 RNA 主要存在于无色的水相中。

⑥将水相中的 RNA 移至于新的 EP 管中，加入 500 μL 的异丙醇，混匀后室温放置 5 min。加入异丙醇的目的是沉淀核苷酸。

⑦将静置后的离心管在 4 ℃ 低温离心机下进行离心，离心参数为 12 000 r/min，时间为 10 min。离心结束后将上清液丢弃，管底的沉淀物质为 RNA。

⑧向离心管中加入 1 mL 无水乙醇，温和振荡让沉淀悬浮。加入无水乙醇的目的是洗涤 RNA。

⑨将离心管在 4 ℃ 低温离心机下进行离心，离心参数为 8 000 r/min，时间为 5 min。之后尽量弃上清液，留沉淀物质。

⑩在超净工作台中晾干 RNA，注意不要开风，自然晾干，当离心管中的 RNA 为无色时，用 50 μL 的 DEPC 水溶解 RNA，分装成小管放置于 –150 ℃ 冰箱中保存备用。

⑪采用 1.5% 琼脂糖凝胶电泳检测总 RNA 完整性，并通过 NanoDrop 2000c (Thermo Scientifc, Waltham, MA, USA) 测定提取 RNA 样品的浓度。

cDNA 合成：利用 ReverTra Ace qPCR RT Master Mix with gDNA Remover 试剂盒合成 cDNA。

(2)引物设计

从 D – 果糖胁迫下鲁氏酵母菌细胞转录组数据中筛选出 SOD、CAT、POD、GSH – Px、GDH、SHMT、Csase、TA、GCL、GS 和 GR 共 11 个具有代表性的差异表达基因序列。前四个为鲁氏酵母菌氧化应激相关基因，后七个为涉及谷胱甘肽代谢途径的关键酶基因，利用 Primer 5.0 软件设计引物，目的片段参数设置为 200 ~ 300 bp。查阅文献以 GAPDH 作为内参基因，引物如表 2 - 5 所示。

表 2 - 5 引物序列设计

| 基因名 | 序列(5′ to 3′) | 温度/℃ | 位置 |
|---|---|---|---|
| *SOD* up | TTGGTGCCCTTGAACCTCAC | 55 | 95 ~ 114 |
| *SOD* dn | GCAGGTGCCAAATTCTTCCA | 55 | 335 ~ 354 |
| *CAT* up | GCCGTGGCTTGTATGAGTCC | 55 | 152 ~ 171 |
| *CAT* dn | GCAGGGCTGAAAGCAGATTG | 55 | 377 ~ 396 |
| *POD* up | GTTTCCCTGCAACCAGTTCG | 55 | 183 ~ 202 |
| *POD* dn | AGAACCCCATCGTCCAAACA | 55 | 432 ~ 452 |
| *GSH - Px* up | ACGCCGGATTAGAGGACCTT | 55 | 263 ~ 282 |
| *GSH - Px* dn | CCCCCAGTTACCGGACTTTT | 55 | 495 ~ 514 |
| *GDH* up | GGACCAGACACCGATGTTCC | 55 | 439 ~ 458 |
| *GDH* dn | ACACGCTTGCCCTTGAAAGA | 55 | 677 ~ 696 |
| *SHMT* up | GCTGGTGTCATCCCATCTCC | 55 | 685 ~ 704 |
| *SHMT* dn | GGGCAGTCGCTAGAGCAGAA | 55 | 919 ~ 938 |
| *Csase* up | TTGCACGCTGGTCAAGAAGA | 55 | 28 ~ 47 |
| *Csase* dn | TGCACCAACACCACCTTCAA | 55 | 240 ~ 259 |
| *TA* up | TGCTTCCATTGGTGATGCTG | 55 | 105 ~ 124 |
| *TA* dn | CTGGCACCACCATAGCCTGT | 55 | 349 ~ 368 |
| *GCL* up | CCCGTCGTGGTGAGAAAGTC | 55 | 599 ~ 618 |
| *GCL* dn | GCTTGGAAGGTTGCTTGCAG | 55 | 800 ~ 819 |
| *GS* up | CATTGGCAACAGCAGTGGAG | 55 | 584 ~ 603 |
| *GS* dn | CGGCAATTTCTTGACCACTCTT | 55 | 817 ~ 838 |
| *GR* up | TGGCCCATCACAATTTCACA | 53 | 1077 ~ 1096 |
| *GR* dn | TCTTCAGGACCCGCACAAAC | 53 | 1304 ~ 1323 |
| *GAPDH* up | AGACTGTTGACGGTCCATCC | 55 | 1259 ~ 1278 |
| *GAPDH* dn | CCTTAGCAGCACCGGTAGAG | 55 | 1360 ~ 1379 |

（3）qRT - PCR 扩增

通过使用 SYBR® Green Realtime PCR Master Mix 进行 qRT - PCR 反应。反应体系如表 2 - 6 所示。

表 2 - 6 反应体系表

| 试剂 | 使用量 |
|---|---|
| SYBR® Green Realtime PCR Master Mix | 10.0 μL |
| 引物 F(100 μmol/L) | 0.6 μL |
| 引物 R(100 μmol/L) | 0.6 μL |
| dd H$_2$O | 7.8 μL |
| cDNA 模板 | 1.0 μL |

在 CFX96 实时 qPCR 系统上进行 PCR 反应:程序为 95 ℃变性 5 s。运用两步法 PCR,变性 5 s,55 ℃处理 30 s,两步法共 39 个循环,最后加上溶解曲线程序。试验前摸索 cDNA 的浓度和循环数之间的关系,保证基因的 $Ct$ 值为 18～30。每次实时定量 PCR 要设没有模板的阴性对照和加有内参的阳性对照。每个基因相对于同一个模板的定量 PCR 重复三次。将所得的 $Ct$ 值导出,按照相对定量法对基因的表达量进行计算。在 qRT - PCR 之后立即使用溶解曲线分析,排除引物二聚体和多个产物形成。

8. $GSH - Px$ 全长基因的生物信息学分析方法

具体分析方法如表 2 - 7 所示。

表 2 - 7  生物信息学分析方法

| 分析工具 | 网址 | 功能 |
| --- | --- | --- |
| Blast | www. ncbi. nlm. nih. gov/blast/ | 进行 $GSH - Px$ 基因相似性比对 |
| ORF finder | www. ncbi. nlm. nih. gov/gorf/orfig. cgi | 寻找开放读码框并推导出可编码蛋白序列 |
| Cdd | www. ncbi. nlm. nih. gov/Structure/cdd/wrpsb. cgi | 分析预测保守域 |
| Protparam | https://web. expasy. org/protparam/ | 分析蛋白氨基酸组成、相对分子质量、理论等电点、消光系数、脂肪系数等基本理化性质 |
| ProtScale | https://web. expasy. org/protscale | 预测氨基酸疏水性和亲水性 |
| TMHMM | http://www. cbs. dtu. dk/services/TMHMM - 2. 0/ | 预测跨膜区 |
| SignalP | http://www. cbs. dtu. dk/services/SignalP/ | 预测信号肽剪切位点 |
| SOPMA | http://npsa - pbil. ibcp. fr/cgi - bin/npsa_automat. pl? page = npsa_sopma. html | 蛋白二级结构预测 |
| SWISS - MODEL | http://swissmodel. expasy. org/ | 蛋白三级结构预测 |

9. 数据分析处理

试验数据通过 Excel 软件和 SPSS 20.0 软件进行分析统计,所有数值以平均值±标准误差的形式表示。运用新复极差法(DUN - can)和单因素方差分析(ANOVA)比较不同处理间的差异显著性,$p < 0.05$ 时有统计学意义。

## 三、技术路线(图2-2)

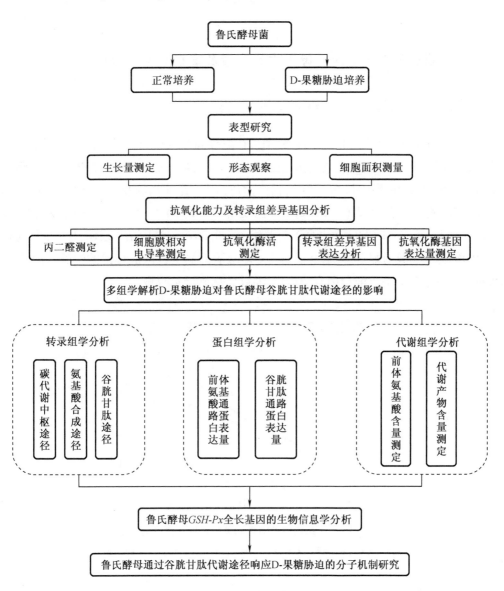

图2-2 技术路线

<h1 style="text-align:center">第三节　结果与分析</h1>

## 一、D-果糖胁迫对鲁氏酵母菌生长曲线及细胞形态的影响

### (一)D-果糖胁迫对鲁氏酵母菌生长曲线的影响

在发酵 0 d、1 d、3 d、5 d 和 7 d 时,分别进行取样和监测鲁氏酵母菌活菌数(图2-3)。在发酵 0 d 时,由于初始接种菌数是从相同的数量开始接种的,YPD 组和 YPD + Fru 组的菌数无明显差异;在发酵 1 d 时,与 YPD 组相比,YPD + Fru 组添加的 D-果糖对鲁氏酵母菌生长造成胁迫,使其菌数降低($p < 0.001$);但发酵 3 d 时,YPD + Fru 组的菌数增加($p < 0.05$);发酵 5 d 和 7 d 时的菌数也高于对照组($p < 0.001$)。试验结果表明,D-果糖对鲁氏酵母菌的细胞生长具有显著影响,在发酵 1 d 时显著抑制了鲁氏酵母菌的生长。因此,D-果糖的添加在早期对鲁氏酵母菌有胁迫作用,导致细胞增殖减慢。

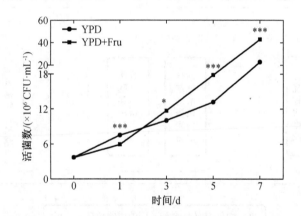

图2-3　D-果糖胁迫对鲁氏酵母菌生长曲线的影响

注:*代表差异显著($p < 0.05$);＊＊＊代表差异极显著($p < 0.001$)。

### (二)D-果糖胁迫对鲁氏酵母菌细胞形态的影响

鲁氏酵母菌细胞形态可以直观地反映出外源添加 D-果糖对其产生的影响。在显微镜下观察 YPD 组和 YPD + Fru 组的酵母细胞形态并进行测定,同时测量不同发酵时期酵母细胞面积,显微镜的观察结果如图2-4所示。从图中鲁氏酵母菌的生长状态可知,用亚甲基蓝溶液进行染色的 YPD 组,酵母细胞在选定的视野中表现为椭圆形或圆形,并且死细胞较少。发酵 1 d 时,YPD + Fru 组的酵母细胞逐渐聚集并且死菌数较多;发酵 3 d 时,两组生长状态相似;发酵 5 d 和 7 d 时,YPD + Fru 组中的死菌数较 YPD 组减少。另外,从图2-5鲁氏酵母菌的面积测量结果可知,YPD + Fru 组的酵母细胞在发酵 1 d 和 3 d 的细胞面积显著低于对照组($p < 0.01$),而 5 d 和 7 d 的细胞面积高于对照组($p < 0.001$)。细胞面积的结果

与显微镜观察的结果一致,当细胞受到氧胁迫时,酵母细胞开始收缩变小。

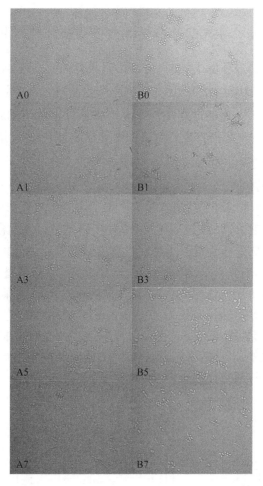

**图 2 - 4　经 D - 果糖处理后鲁氏酵母菌细胞亚甲基蓝染色观察**

注:A 为 YPD 组;B 为 YPD + Fru 组;数字 0 ~ 7 为发酵时间(d)。

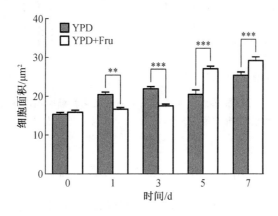

**图 2 - 5　D - 果糖胁迫对鲁氏酵母菌细胞面积的影响**

注: * * 代表差异非常显著($p < 0.01$); * * * 代表差异极显著($p < 0.001$)。

## 二、D-果糖胁迫对鲁氏酵母菌抗氧化能力以及抗氧化酶基因的表达分析

### (一)D-果糖胁迫对鲁氏酵母菌丙二醛含量和细胞膜相对电导率的影响

酵母细胞处在高渗胁迫环境下,细胞内会积累大量的丙二醛(MDA),对细胞膜以及细胞内物质会造成损害,TBARS(硫代巴比妥酸反应性物质)的测定量是衡量由 D-果糖胁迫而引起的膜损伤和脂质过氧化的指标,由 MDA 的含量可以看出细胞遭受损害的程度。鲁氏酵母菌通过添加外源 D-果糖产生的胁迫作用可导致 MDA 的含量升高[图 2-6(a)],与 YPD 组相比,YPD + Fru 组在发酵 1 d 时增加 76.1%($p < 0.001$),3 d 时增加 26.7%($p < 0.001$),5 d 时增加 33.0%($p < 0.01$),7 d 时增加 45.5%($p < 0.001$)。相比之下,YPD + Fru 组的 MDA 含量均高于 YPD 组,并且在发酵 1 d 时比其他发酵时期更敏感。这说明鲁氏酵母菌细胞在 D-果糖胁迫下,促进了其膜脂过氧化作用,导致 MDA 含量升高。

鲁氏酵母菌的细胞膜通透性可以通过细胞膜相对电导率来反映,并且两者呈现正相关的关系。在发酵过程中,YPD + Fru 组的鲁氏酵母菌细胞膜的相对电导率增加,细胞膜的渗透性逐渐升高[图 2-6(b)]。结果表明,在 D-果糖胁迫期间,细胞膜结构变得疏松,流动性增加。细胞膜相对电导率的试验结果与上述 MDA 含量结果类似。因此,可以推断外源添加 D-果糖对鲁氏酵母菌细胞可以产生氧化应激反应并改变了细胞中的 MDA 和细胞膜相对电导率的水平。此外,以前的研究报道表明,细胞膜结构变得疏松,流动性增加与细胞膜的相对电导率和脂质过氧化作用有关。

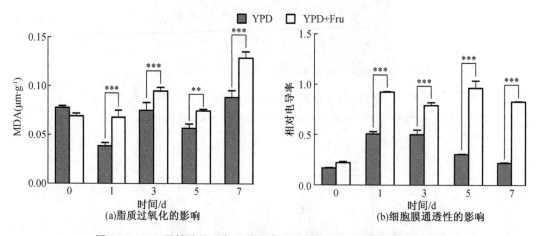

图 2-6　D-果糖胁迫对鲁氏酵母菌脂质过氧化和细胞膜通透性的影响

注:＊＊代表差异非常显著($p < 0.01$);＊＊＊代表差异极显著($p < 0.001$)。

### (二)D-果糖胁迫对鲁氏酵母菌抗超氧阴离子自由基的影响

超氧阴离子自由基($O_2^{-\cdot}$)在微生物体系中普遍存在,除好氧微生物和耐氧生物外,部分专性厌氧菌如硫酸盐还原菌中也存在超氧阴离子自由基。它具有很强的氧化性,与羟自由基具有相同的作用,可以与生物大分子(氨基酸、蛋白质、脂类等)发生氧化反应,在生化

和生理反应中起重要作用。由图2-7可知,与YPD组相比,YPD+Fru组中抗超氧阴离子自由基的活性在发酵1 d时显著下降47.5%($p < 0.001$),并且在发酵第3 d时持续下降67.9%($p < 0.001$),发酵第5 d和第7 d时分别下降76.5%($p < 0.001$)和10.6%($p < 0.01$)。试验结果表明,D-果糖的胁迫作用可以导致鲁氏酵母菌细胞超氧阴离子自由基的增加,并且细胞内部可能发生氧化应激反应来减少自由基损害细胞。

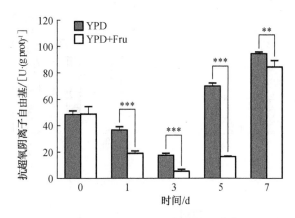

**图2-7　D-果糖胁迫对鲁氏酵母菌抗超氧阴离子自由基的影响**

注:＊＊代表差异非常显著($p < 0.01$);＊＊＊代表差异极显著($p < 0.001$)。

### (三)D-果糖胁迫对鲁氏酵母菌GSH-Px、CAT、SOD和POD酶活的影响

为了获得D-果糖胁迫下鲁氏酵母菌细胞氧化应激与细胞内防御反应的相关性,在0 d、1 d、3 d、5 d和7 d五个发酵时间段内测定鲁氏酵母菌抗氧化酶系统中GSH-Px、CAT、SOD和POD的活性。

GSH-Px是一种含巯基的过氧化物酶,可以清除机体内的$H_2O_2$、有机氢过氧化物以及脂质过氧化物,阻断ROS自由基对机体的进一步损伤,保护细胞膜的结构及功能。由图2-8(a)可知,GSH-Px酶活在D-果糖处理后的第1 d、5 d和7 d显著提高。特别是与YPD组相比,YPD+Fru组在发酵1 d时的GSH-Px活性提高约174.4%($p < 0.001$),在5 d时提高约139.3%($p < 0.001$),在7 d时提高约667.8%($p < 0.001$)。此外,在发酵3 d时,GSH-Px酶活比对照组下降83.7%($p < 0.001$)。由测定结果可以看出,D-果糖的胁迫作用可能导致GSH-Px发挥作用并保护细胞免受ROS自由基的损伤。

CAT是酵母细胞体内活性氧清除系统中一系列抗氧化酶反应的终点,其催化能力很强。使用CAT试剂盒可测定鲁氏酵母菌细胞CAT酶活变化。如图2-8(b)所示,鲁氏酵母菌细胞经D-果糖胁迫处理后,CAT酶活发生了显著提高,在发酵第3 d和第5 d时分别提高18.0%($p < 0.05$)和792.8%($p < 0.001$)。这说明胁迫后的酵母需要依靠自身的CAT酶进行反应来减轻过量的氧造成的危害。

SOD可以通过超氧自由基催化$H_2O_2$和$O_2$的形成,从而消除活性氧对细胞的损害。如图2-8(c)所示,YPD+Fru组的SOD活性在发酵3 d时比YPD组提高198.4%($p < 0.001$),在发酵5 d和7 d时分别比YPD组下降84.2%($p < 0.001$)和97.3%($p < 0.001$)。SOD活性在发酵0 d和1 d时没有显著影响。

POD是一种ROS清除剂,催化过氧化氢和有机过氧化物氧化成各种有机和无机物质,

防止细胞因膜脂过氧化造成损害。由图 2-8(d)可以看出,POD 活性变化与 SOD 具有相似的趋势,D-果糖处理初期可促进 POD 酶的活性,在发酵第 3 d 时比对照组提高 115.3%($p <$ 0.01),在 5 d 和 7 d 时分别比对照组下降 76.8%($p < 0.001$)和 30.0%($p < 0.01$)。

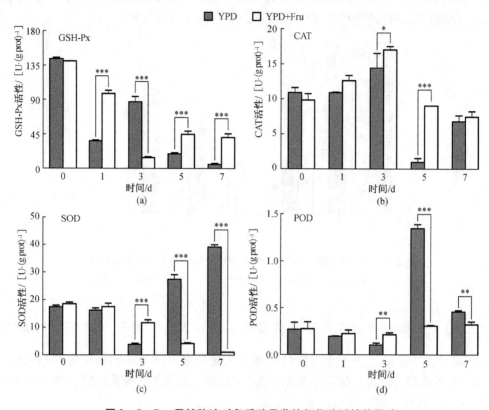

**图 2 - 8　D - 果糖胁迫对鲁氏酵母菌抗氧化酶活性的影响**

注:＊代表差异显著($p < 0.05$);＊＊代表差异非常显著($p < 0.01$);＊＊＊代表差异极显著($p < 0.001$)。

### (四)D - 果糖胁迫下鲁氏酵母菌转录组测序差异表达基因分析

为了获得有关 D - 果糖胁迫下鲁氏酵母菌差异基因表达的更多信息,针对 YPD + Fru 组(B)和 YPD 组(A)的酵母细胞进行了转录组分析。表 2 - 8 给出了 YPD + Fru 组和 YPD 组差异表达的基因。在初始时间(B0 vs A0)只有 3 个基因差异表达($p < 0.001$),并且 3 个基因都为上调基因,0 个基因为下调基因。发酵 3 d 时(B3 vs A3),共有 7 469 个基因差异表达($p < 0.001$),其中 3 731 个基因为上调基因,3 738 个基因为下调基因。在发酵 5 d 时(B5 vs A5)统计差异表达的基因共 4 611 个($p < 0.001$),其中 2 216 个基因为上调基因,2 395 个基因为下调基因。在发酵第 7 d(B7 vs A7)时,有 8 611 个差异表达基因($p <$ 0.001),其中 4 354 个基因为上调基因,4 257 个基因为下调基因。以上结果表明添加外源 D - 果糖处理会导致鲁氏酵母菌细胞差异基因表达。

表 2 - 8　响应 D - 果糖胁迫的转录组测序差异表达基因

| 基因数目 | B0 vs A0 | B3 vs A3 | B5 vs A5 | B7 vs A7 |
|---|---|---|---|---|
| 表达上调 | 3 | 3 731 | 2 216 | 4 354 |
| 表达下调 | 0 | 3 738 | 2 395 | 4 257 |
| 总计 | 3 | 7 469 | 4 611 | 8 611 |

Gene Ontology(简称 GO，http：www. geneontology. org)是基因功能国际标准分类体系。它旨在建立一个适用于各种物种的，对基因和蛋白质功能进行限定和描述的，并能随着研究不断深入而更新的语言词汇标准。GO 分析分为分子功能(molecular function)、生物过程(biological process)和细胞组成(cellular component)三个部分。由于氧化应激反应涉及的有关酶为 GO 分析中的分子功能部分，因此这里对分子功能部分的差异表达基因进行分析。结果表明 D - 果糖处理后的第 3 d、5 d 和 7 d 差异基因表达发生了显著变化($p < 0.05$)。尽管在 B7 与 A7 处存在大量差异表达基因，但在第 3 d 时检测到更显著表达的 GO 富集分析。响应于 D - 果糖胁迫的主要变化发生在氧化还原酶活性、磷酸果糖激酶活性、受体活性和翻译因子活性之间，如图 2 - 9 所示。

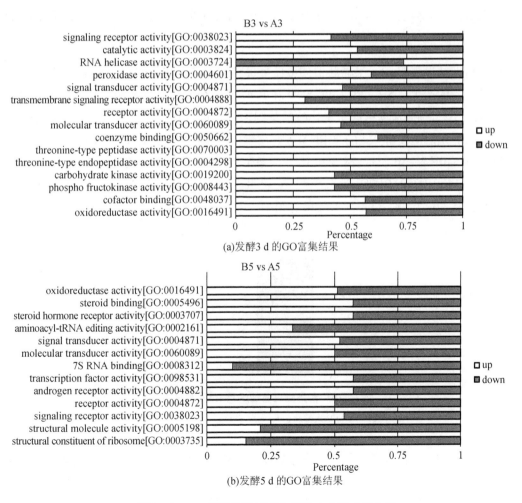

(a)发酵3 d 的GO富集结果

(b)发酵5 d的GO富集结果

图 2 - 9　D - 果糖胁迫下 GO 富集中分子功能分析

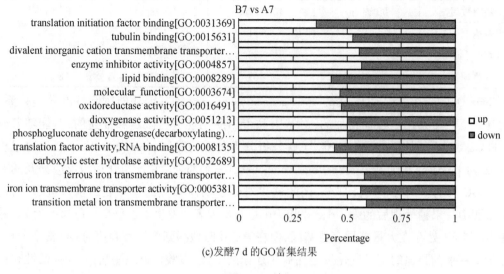

(c)发酵7 d 的GO富集结果

**图 2 - 9(续)**

（五）D - 果糖胁迫对鲁氏酵母菌 *GSH - Px*、*CAT*、*SOD* 和 *POD* 基因表达量的影响

试验前期结果表明,D - 果糖胁迫使鲁氏酵母菌细胞产生超氧阴离子自由基,从而导致氧化应激反应的产生,GSH - Px、CAT、SOD 和 POD 这四个抗氧化系统相关酶活出现上升的趋势,可能由酵母细胞应激引起抗氧化酶的基因表达上调所致。于是进行抗氧化酶相关基因表达量的测定。对发酵 0 d 的总 RNA 进行质量监测,对 RNA 进行 1.5% 的琼脂糖凝胶电泳检测,结果如图 2 - 10 所示,28 S 和 18 S 两条带较清晰,且亮度比接近 2∶1。经核酸蛋白仪检测,RNA 的 OD260/OD280 为 1.8 ~ 2.0,表明提取的总 RNA 完整性较好,质量较好,可用于后续试验,其他组别 RNA 提取效果与图中一致。

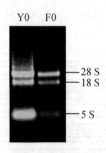

**图 2 - 10　鲁氏酵母菌细胞总 RNA 电泳图**
注:Y0 为 YPD 组发酵 0 d;F0 为 YPD + Fru 组发酵 0 d。

一个基因的表达模式通常与其生物学功能密切相关。鉴定 D - 果糖胁迫应答基因对揭示鲁氏酵母菌的氧化应激防御机制具有重要意义。在本研究中,通过 qRT - PCR 分析方法验证了 4 个基因( *GSH - Px*、*CAT*、*SOD* 和 *POD*)的表达情况,结果表明 *GSH - Px* 基因在发酵

0 d 和 1 d 时较 YPD 组上调表达,*POD* 基因在发酵 1 d 时高度表达。此外,值得注意的是,*SOD* 和 *GSH - Px* 基因在第 3 d 时显著上调,只有 *POD* 基因在第 5 d 时显著上调。在发酵的第 7 d,所有氧化应激酶活基因的表达水平均显著上调(图 2 – 11)。

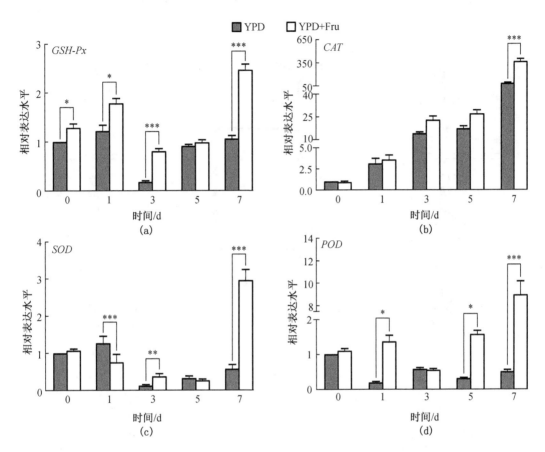

图 2 - 11　D – 果糖胁迫条件下鲁氏酵母菌抗氧化酶基因的相对表达水平

注:＊代表差异显著($p < 0.05$);＊＊代表差异非常显著($p < 0.01$);＊＊＊代表差异极显著($p < 0.001$)。

### 三、D – 果糖胁迫对鲁氏酵母菌谷胱甘肽代谢途径的影响

#### (一)D – 果糖胁迫对鲁氏酵母菌碳代谢中枢通路相关基因编码酶表达的影响

D – 果糖通过糖酵解和磷酸戊糖途径合成甘油酸 – 3 – 磷酸。甘油酸 – 3 – 磷酸是合成 L – 丝氨酸的起始物质,L – 丝氨酸可以合成 GSH 前体氨基酸中的半胱氨酸和甘氨酸。因此,要研究谷胱甘肽代谢途径响应 D – 果糖胁迫的分子机制,有必要研究鲁氏酵母菌合成 L – 丝氨酸的代谢通量。为了说明 D – 果糖向 L – 丝氨酸合成的代谢通量,在单个基因尺度上探索了相关途径中的差异表达(图 2 – 12)。在 D – 果糖胁迫条件下,糖酵解途径中的 6 – 磷酸果糖激酶 1 基因(*PFK1*)、果糖二磷酸醛缩酶基因(*FBA*)和磷酸三糖异构酶基因(*TPI*)下调。但是检测到磷酸戊糖途径中编码转醛缩酶基因(*TAL*)发生上调。由甘油酸 – 3 – 磷酸通过磷酸甘油酸脱氢酶(3PGDH)合成 3 – 磷酸羟基丙酮酸(PHP),之后 PHP 通过磷酸丝

氨酸转氨酶(PSAT)合成 3 - 磷酸丝氨酸(PSer),最后 PSer 通过磷酸丝氨酸磷酸酶(PSP)合成 L - 丝氨酸。在整个途径中,*3PGDH* 和 *PSP* 均为上调基因,尽管 *PSAT* 为下调基因,但在发酵 0 d 和 3 d 时仅下降了 7% 和 9% 。以上结果表明,在发酵初期添加外源 D - 果糖会促进 L - 丝氨酸的合成。

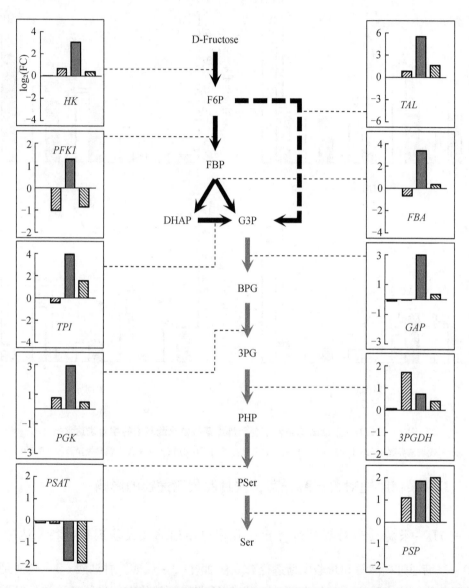

**图 2 - 12　鲁氏酵母菌碳代谢中心通路相关基因[ $\log_2$( FC ) ]的表达**

注:FC 表示倍数( YPD + Fru 组/YPD 组),作图数据来源于转录组测序数据。其中,▢表示 0 d;▨表示 3 d;▧表示 5 d;▨表示 7 d。黑色箭头代表糖酵解途径;黑色虚线箭头代表磷酸戊糖途径;灰色箭头代表合成 L - 丝氨酸途径。

（二）D－果糖胁迫对鲁氏酵母菌谷氨酸、半胱氨酸和甘氨酸合成关键基因表达量的影响

谷氨酸脱氢酶（GDH）可以通过 NADP 的连锁作用利用 α－酮戊二酸和铵催化合成谷氨酸。L－丝氨酸可以通过半胱氨酸合成酶（Csase）和丝氨酸转羟甲基酶（SHMT）合成半胱氨酸和甘氨酸。除此之外，苏氨酸可以通过苏氨酸醛缩酶（TA）合成甘氨酸。通过 qRT－PCR 验证合成谷胱甘肽前体氨基酸的关键酶 GDH、Csase、SHMT 和 TA 基因表达量的变化。结果如图 2－13 所示，与 YPD 组相比，添加外源 D－果糖诱导了 GDH 基因 mRNA 表达水平显著高表达（$p < 0.05$）。Csase 基因表达量也明显增加（$p < 0.05$），SHMT 基因的表达量仅在发酵 1 d 和 7 d 时增加（$p < 0.05$），而 TA 基因表达量在发酵 3 d、5 d 和 7 d 时均大幅度上调（$p < 0.05$）。

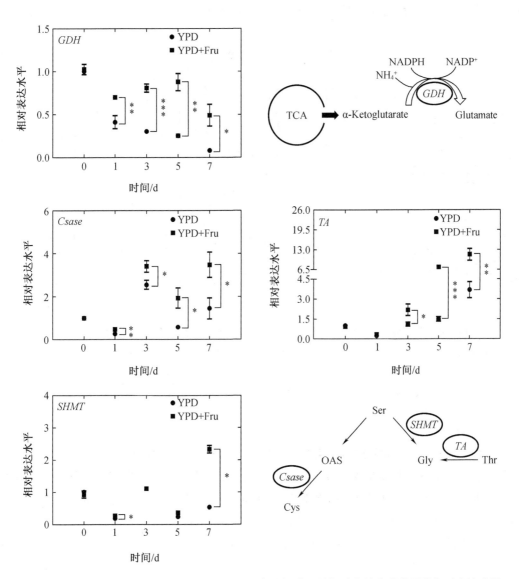

**图 2－13　D－果糖胁迫下鲁氏酵母菌谷氨酸、半胱氨酸和甘氨酸关键合成基因的相对表达水平**

注：＊代表差异显著（$p < 0.05$）；＊＊代表差异非常显著（$p < 0.01$）；＊＊＊代表差异极显著（$p < 0.001$）。

（三）D-果糖胁迫对鲁氏酵母菌合成及代谢谷胱甘肽关键基因表达量的影响

D-果糖胁迫合成鲁氏酵母菌,对参与合成及代谢谷胱甘肽过程中的关键基因的表达水平进行 qRT-PCR 验证,如图 2-14 所示。由谷胱甘肽前体氨基酸合成 GSH 涉及两个需要 ATP 的酶促步骤:第一个酶促步骤是通过 GCL 将谷氨酸和半胱氨酸合成 γ-谷氨酰半胱氨酸。第二个酶促步骤是由 GS 进行催化,将 γ-谷氨酰半胱氨酸和甘氨酸合成谷胱甘肽。细胞内有氧代谢产生的 $H_2O_2$ 可通过细胞质和线粒体中的 GSH-Px 以及 POD 进行催化反应从而进行代谢。GSSG 可以通过 GR 以 NADPH 的形式还原为 GSH,从而形成氧化还原循环。通过添加外源 D-果糖处理,$GCL$ 和 $GS$ 的表达量均高于 YPD 组($p < 0.01$),尤其是在发酵 1 d 时。此外,与 YPD 组相比,YPD + Fru 组的 $GSH-Px$ 的表达量在 0 d 和 1 d 时增加($p < 0.05$),而 $GR$ 的表达量一直低于 YPD 组($p < 0.05$)。

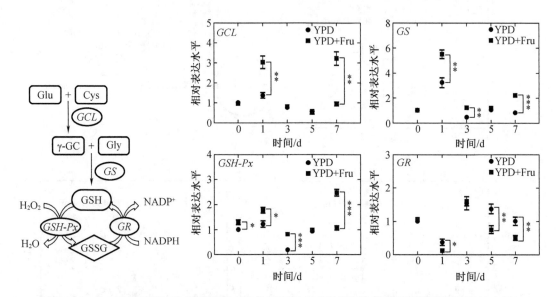

**图 2-14　D-果糖胁迫下鲁氏酵母菌中与谷胱甘肽合成及代谢有关的关键酶的相对表达水平**

注:*代表差异显著($p < 0.05$);＊＊代表差异非常显著($p < 0.01$);＊＊＊代表差异极显著($p < 0.001$)。

（四）D-果糖胁迫对鲁氏酵母菌参与合成谷胱甘肽代谢通路中蛋白表达量的影响

为了进一步证实添加外源 D-果糖可以促进谷胱甘肽的合成,通过无标记定量蛋白质组学对参与合成谷胱甘肽通路中关键蛋白的表达水平进行分析。除 SHMT 外,YPD + Fru 组中 GDH、Csase 和 TA 的蛋白表达水平比 YPD 组高,如图 2-15(a)所示。此外,与 YPD 组相比,GS 和 GSH-Px 的蛋白表达水平呈先上升后下降的趋势,而负责编码谷胱甘肽还原酶 GR 的蛋白质表达水平在发酵 5 d 和 7 d 时低于 YPD 组[图 2-15(b)]。

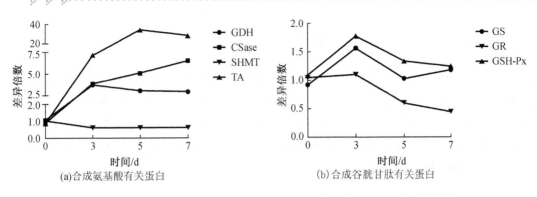

(a)合成氨基酸有关蛋白　　　　　　　　(b)合成谷胱甘肽有关蛋白

**图2-15 D-果糖胁迫对鲁氏酵母菌参与谷胱甘肽合成蛋白质表达的影响**

注:差异倍数是指YPD+Fru组/YPD组倍数变化。

### (五)D-果糖胁迫对鲁氏酵母菌谷胱甘肽代谢途径的主要中间代谢产物的影响

试验还测定了在外源D-果糖胁迫下,鲁氏酵母菌谷胱甘肽代谢途径相关中间代谢产物含量的变化。详细信息如表2-9所示。YPD+Fru组中的D-果糖含量一直高于YPD组,并且随着发酵时间的增加,D-果糖含量下降。在发酵1 d时,D-果糖1,6-二磷酸、L-丝氨酸、L-谷氨酸、氧化型谷胱甘肽和L-苏氨酸的含量较高。随后这些物质呈现下降的趋势。但是,在这个过程中,它们的含量低于YPD组。此外,谷胱甘肽代谢途径中最重要的中间代谢产物——γ-谷氨酰半胱氨酸和谷胱甘肽酰胺的含量始终高于YPD组。

**表2-9 参与谷胱甘肽合成的主要中间代谢产物分析**

| 序号 | 质荷比 | 保留时间 | 代谢物英文名称 | 代谢物中文名称 | 倍数变化(1 d) | 倍数变化(3 d) | 倍数变化(5 d) | 倍数变化(7 d) |
|---|---|---|---|---|---|---|---|---|
| 1 | 239.08 | 266.74 | D-Fructose | D-果糖 | 8.79 | 2.49 | 1.77 | 0.91 |
| 2 | 320.97 | 34.29 | D-Fructose 1, 6-bisphosphate | D-果糖1, 6-二磷酸 | 2.86 | 1.48 | 0.82 | 4.82 |
| 3 | 168.03 | 377.30 | L-Glutamate | L-谷氨酸 | 1.25 | 0.77 | 0.49 | 0.69 |
| 4 | 104.04 | 358.01 | L-Serine | L-丝氨酸 | 1.39 | 0.75 | 0.49 | 0.69 |
| 5 | 214.01 | 376.54 | O-Acetyl-L-serine | O-乙酰-L-丝氨酸 | 1.57 | 0.69 | 1.28 | 0.92 |
| 6 | 178.07 | 391.16 | L-Threonine | L-苏氨酸 | 1.39 | 0.62 | 0.44 | 0.71 |
| 7 | 611.14 | 473.25 | Glutathione disulfide | 氧化型谷胱甘肽 | 1.21 | 0.67 | 0.49 | 0.57 |
| 8 | 249.06 | 318.57 | Gamma-Glutamylcysteine | γ-谷氨酸-半胱氨酸 | 1.02 | 1.24 | 1.14 | 2.34 |
| 9 | 341.06 | 179.15 | Glutathione amide | 谷胱甘肽酰胺 | 12.17 | 3.91 | 2.04 | 4.85 |

## 四、*GSH - Px* 全长基因的生物信息学分析

*GSH - Px* 即编码谷胱甘肽过氧化物酶的基因,其编码的酶可使 GSH 生成 GSSG,从而保护细胞膜的结构及功能不受过氧化物的干扰及损害。通过对 NCBI 数据库的 Nucleotide 鲁氏酵母菌 *GSH - Px* 基因(XM_002498879.1)及编码蛋白质进行生物信息学分析,了解其基本结构特征,为进一步揭示鲁氏酵母菌通过谷胱甘肽代谢途径响应D - 果糖胁迫的分子机制提供分子生物学依据。

### (一)*GSH - Px* 基因序列分析

BLAST 分析结果表明,*GSH - Px* 与多个物种的 *GSH - Px* 基因同源,其中与 Torulaspora delbrueckii hypothetical protein(TDEL0B03940),partial mRNA 的同源性最高,其登录号为 XM_003679686.1,相似度达 75.5%。ORF Finder 获得其开放阅读框编码氨基酸序列,该基因全长 624 bp,1 个 ORF,编码区为 1~624 bp,编码 207 个氨基酸(图 2-16),起始密码子 ATG,终止密码子 TGA。CCD 分析发现有 *GSH - Px* 保守域,保守域位置在氨基酸 48~207。

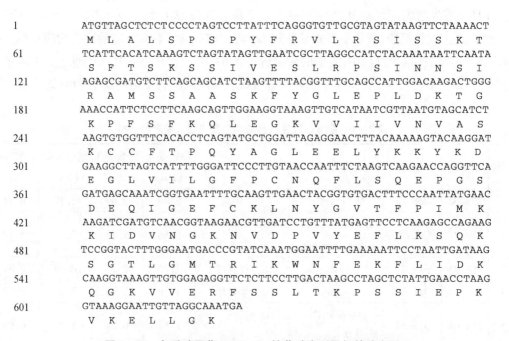

```
1     ATGTTAGCTCTCTCCCCTAGTCCTTATTTCAGGGTGTTGCGTAGTATAAGTTCTAAAACT
      M  L  A  L  S  P  S  P  Y  F  R  V  L  R  S  I  S  S  K  T
61    TCATTCACATCAAAGTCTAGTATAGTTGAATCGCTTAGGCCATCTACAAATAATTCAATA
      S  F  T  S  K  S  S  I  V  E  S  L  R  P  S  I  N  N  S  I
121   AGAGCGATGTCTTCAGCAGCATCTAAGTTTTACGGTTTGCAGCCATTGGACAAGACTGGG
      R  A  M  S  S  A  A  S  K  F  Y  G  L  E  P  L  D  K  T  G
181   AAACCATTCTCCTTCAAGCAGTTGGAAGGTAAAGTTGTCATAATCGTTAATGTAGCATCT
      K  P  F  S  F  K  Q  L  E  G  K  V  V  I  I  V  N  V  A  S
241   AAGTGTGGTTTCACACCTCAGTATGCTGGATTAGAGGAACTTTACAAAAAGTACAAGGAT
      K  C  C  F  T  P  Q  Y  A  G  L  E  E  L  Y  K  K  Y  K  D
301   GAAGGCTTAGTCATTTTGGGATTCCCTTGTAACCAATTTCTAAGTCAAGAACCAGGTTCA
      E  G  L  V  I  L  G  F  P  C  N  Q  F  L  S  Q  E  P  G  S
361   GATGAGCAAATCGGTGAATTTTGCAAGTTGAACTACGGTGTGACTTTCCCAATTATGAAC
      D  E  Q  I  G  E  F  C  K  L  N  Y  G  V  T  F  P  I  M  K
421   AAGATCGATGTCAACGGTAAGAACGTTGATCCTGTTTATGAGTTCCTCAAGAGCCAGAAG
      K  I  D  V  N  G  K  N  V  D  P  V  Y  E  F  L  K  S  Q  K
481   TCCGGTACTTTGGGAATGACCCGTATCAAATGGAATTTTGAAAAATTCCTAATTGATAAG
      S  G  T  L  G  M  T  R  I  K  W  N  F  E  K  F  L  I  D  K
541   CAAGGTAAAGTTGTGGAGAGGTTCTCTTCCTTGACTAAGCCTAGCTCTATTGAACCTAAG
      Q  G  K  V  V  E  R  F  S  S  L  T  K  P  S  S  I  E  P  K
601   GTAAAGGAATTGTTAGGCAAATGA
      V  K  E  L  L  G  K
```

**图 2-16 鲁氏酵母菌 *GSH - Px* 核苷酸序列及氨基酸序列**

### (二)GSH - Px 蛋白的基本性质分析

GSH - Px 蛋白的基本性质如表 2-10 所示。

表 2 - 10　GSH - Px 蛋白的基本性质

| 性质 | 参数 |
| --- | --- |
| 蛋白分子式 | $C_{1051}H_{1670}N_{266}O_{304}S_7$ |
| 最高含量氨基酸残基 | 赖氨酸(Lys)和丝氨酸(Ser)残基:12.1% |
| 最低含量氨基酸残基 | 色氨酸:0.5% |
| 原子数 | 3 298 |
| 预测蛋白相对分子质量 | 23 120.84 u |
| 理论等电点 | pI = 9.50 |
| 脂肪系数 | 80.92 |
| 溶液中的不稳定系数 | 35.80 |
| 是否为稳定蛋白 | 是 |
| 当甲硫氨酸在 N 端时,半衰期时间预测 | 哺乳动物网织红细胞:30 h<br>酵母(体内):>20 h<br>大肠杆菌(体内):>10 h |
| 带负电荷的残基总数(Asp + Glu) | 20 |
| 带正电荷的残基总数(Arg + Lys) | 31 |
| 当蛋白质量浓度为 1 g/L,所有的半胱氨酸残基形成二硫键时的吸光指数(ABS)以及在水中 280 nm 摩尔消光指数 | ABS:0.694<br>摩尔消光指数:16 055 |
| 所有的半胱氨酸残基不形成二硫键时的吸光指数(ABS)以及在水中 280 nm 摩尔消光指数 | ABS:0.689<br>摩尔消光指数:15 930 |
| 总亲水性平均疏水性指数 | - 0.282 |
| 是否为亲水蛋白 | 是 |

（三）GSH - Px 蛋白亲/疏水性、信号肽、跨膜结构域预测

利用 ExPASy 中的 ProtScale 分析鲁氏酵母菌 GSH - Px 蛋白的亲/疏水性,结果如图 2 - 17 所示,GSH - Px 蛋白质的氨基酸残基中 119 位的亲水性最强(MIN: - 2.344),76 位的疏水性最强(MAX:2.589),且亲水性的氨基酸数量多于疏水性的氨基酸数量,故推断该蛋白为亲水性蛋白。采用 SignalP 4.1 分析预测鲁氏酵母菌 GSH - Px 编码氨基酸序列中没有信号肽。TMHMM 预测 GSH - Px 蛋白,提示并无跨膜区,为非膜蛋白。

（四）GSH - Px 蛋白的二、三级结构预测

用 SOPMA 软件进行 GSH - Px 蛋白二级结构预测,如图 2 - 18 所示。图中 h 代表 α - 螺旋(alpha helix);e 代表延伸链(extended strand);c 代表无规则卷曲(random coil)。预测结果表明,GSH - Px 蛋白的氨基酸序列由 18.84% 的 α - 螺旋、53.14% 的无规则卷曲、28.02% 的延伸链构成,无规则卷曲为 GSH - Px 蛋白的主要折叠形式。用 SWISS MODEL 对 GSH - Px 编码氨基酸的三级结构进行预测(置信度 100%),结果如图 2 - 19 所示。

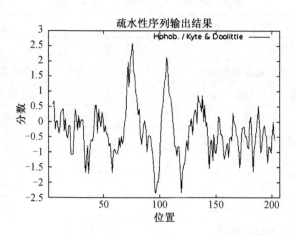

图 2－17　GSH－Px 蛋白的亲/疏水性

```
        10        20        30        40        50        60        70
         |         |         |         |         |         |         |
MLALSPSPYFRVLRSISSKTSFTSKSSIVESLRPSTNNSIRAMSSAASKFYGLEPLDKTGKPFSFKQLEG
cccccccccceeeeecccccccccccceeeeccccccchhhhhhhhhhhhccccccccccccchhhhhcc
KVVIIVNVASKCGFTPQYAGLEELYKKYKDEGLVILGFPCNQFLSQEPGSDEQIGEFCKLNYGVTFPIMK
ceeeeeeecccccccccccchhhhhhhhcccceeeeecccccccccccccccceeeeccceeeeceee
KIDVNGKNVDPVYEFLKSQKSGTLGMTRIKWNFEKFLIDKQGKVVERFSSLTKPSSIEPKVKELLGK
eeeecccccccceeeeecccccceechhhhhhhhhhhhhhcccceeeeecccccccccceeeeeeeec
```

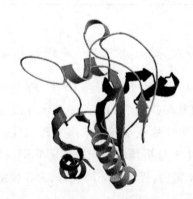

图 2－18　GSH－Px 蛋白的二级结构

图 2－19　GSH－Px 蛋白的三级结构

# 第四节  结  论

## 一、D－果糖胁迫对鲁氏酵母菌生长曲线及形态的影响

查阅其他文献可知，高糖胁迫下酿酒酵母中 ROS 的产量急剧增加会导致氧化胁迫。ROS 如果没有及时清除，会对酵母体内多种生物分子造成损伤，从而导致细胞的脂质过氧化。因此，酵母细胞内部会产生抵抗氧化应激的适应性反应，有助于维持细胞内部稳态。研究结果表明，将 120 g/L D－果糖和 180 g/L NaCl 添加至 YPD 培养基中，在高盐环境下又增加了高糖条件，可能对鲁氏酵母菌细胞造成更强的高渗胁迫。在发酵初期，D－果糖导致细胞增殖缓慢，并且细胞出现聚集现象，细胞形态发生变化，细胞变小且死亡比例增加。发酵后期胁迫现象消失。因此，外源 D－果糖在发酵初期对鲁氏酵母菌有胁迫作用，它在发酵 1 d 时可减慢细胞的增殖，之后胁迫作用强度逐渐减小，D－果糖不再是鲁氏酵母菌的胁迫物质，成了促进鲁氏酵母菌生长的营养物质。

## 二、D－果糖胁迫对鲁氏酵母菌抗氧化能力以及抗氧化酶基因的表达分析

以往的研究表明，GSH 和 GSH－Px 酶系统可能是酿酒酵母针对 $H_2O_2$ 介导氧胁迫损害的主要防线。之后，CAT 和 SOD 在防御系统中开始发挥抵抗氧化应激的作用。时桂芹等（2019）的研究结果表明，CAT 和 GSH－Px 酶可能对高糖胁迫更为敏感。研究结果表明，D－果糖胁迫导致细胞丙二醛含量、细胞膜相对电导率和超氧阴离子自由基增加，说明细胞膜损伤严重。酶活测定结果显示 YPD＋Fru 组的 CAT 酶活始终高于对照组。在发酵 1 d 时仅发现 GSH－Px 活性显著提高（$p < 0.001$）。在发酵 3 d 时，GSH－Px 酶活降低可能的原因是其他三个酶活提高。在 D－果糖的长期胁迫发酵下，鲁氏酵母菌的 SOD 活性在发酵 5 d 时开始下降，在此过程中氧自由基的大量增加可能导致 CAT 活性提高，从而消除了机体的过氧化。另外，由于 POD 和 CAT 的功能相关性，POD 酶的活性开始降低。当发酵进行第 7 d 时，仅 GSH－Px 酶活显著提高（$p < 0.001$）。

研究证实，D－果糖胁迫处理会导致鲁氏酵母菌细胞内基因差异表达。抗氧化酶活基因是影响应激反应途径的关键因子，可以应对不同的非生物胁迫，如热、盐和渗透胁迫。在本试验中，大多数氧化应激酶活基因，特别是 *GSH－Px* 基因，在 D－果糖胁迫处理下基因表达水平高于 YPD 组。

结合基因表达水平和酶活测定，*CAT* 基因和酶活具有相似的表达模式。无论是 qRT－PCR 的分析结果还是酶活测定结果，YPD＋Fru 组的测定结果均高于 YPD 组。因此，CAT 酶是抗氧胁迫系统中的持续防御酶。GSH－Px 酶在发酵初期起着最重要的作用，是整个发酵过程的主要防御酶。尽管其他基因及其酶活水平不一致，但是研究表明，酶活不能直接反映代谢通量，但它们却为细胞中相应酶的反应提供了定量的证据。因此，酶活可以更直观地反映鲁氏酵母菌抵抗高渗胁迫的能力。

### 三、D-果糖胁迫对鲁氏酵母菌谷胱甘肽代谢途径的影响

试验证实,GSH-Px 酶是鲁氏酵母菌抵抗氧化应激胁迫的主要防御酶。因此,可以推断出谷胱甘肽代谢途径在氧化应激防御系统中起着重要的作用。

甘油酸-3-磷酸是 L-丝氨酸合成的起始物质,在 D-果糖胁迫下,鲁氏酵母菌的糖酵解途径受到抑制。由于 *PFK1*、*FBA* 和 *TPI* 在早期为下调基因,导致通向甘油酸-3-磷酸的代谢通量减少。然而,在磷酸戊糖途径中的编码转醛缩酶的基因 *TAL* 为上调基因,补偿了糖酵解途径中甘油酸-3-磷酸通量减少的基因表达变化(图2-12)。查文献可知,酿酒酵母中编码 *TAL* 的基因已经被确定为戊糖磷酸途径中催化从果糖-6-磷酸向3-磷酸甘油醛的转移的关键酶。尽管 *PSAT* 为下调基因,但是 *3PGDH* 催化了 PHP 的合成,它是合成 L-丝氨酸的关键酶,来控制碳流入 L-丝氨酸分支途径。

此外,关于鲁氏酵母菌前体氨基酸组成对谷胱甘肽合成的影响,研究验证了在 D-果糖胁迫下,鲁氏酵母菌谷氨酸、半胱氨酸和甘氨酸生物合成途径的关键基因被上调(图2-13)。GCL 是合成 GSH 的限速酶,负责将谷氨酰胺和半胱氨酸转化为 γ-谷氨酰半胱氨酸。与 YPD 组相比,在 YPD+Fru 组发酵的第 1 d 时,*GCL* 基因表达量大约增加 1.21 倍($p <$ 0.01)。GSH 被氧化成 GSSG,之后 GSSG 以 NADPH 为代价被 GR 还原成 GSH。在目前的试验中,*GR* 和 *GSH-Px* 基因表达呈现相反的趋势。以上结果表明,GSH-Px 将 GSH 氧化成 GSSG 以抵抗氧化应激。

除 *SHMT* 基因外,其他基因的蛋白质组学数据与 qRT-PCR 结果一致。SHMT 可以将 L-丝氨酸和甘氨酸可逆转化。TA 可以将苏氨酸分解成甘氨酸和乙醛。这类酶补充了 SHMT 催化的主要合成甘氨酸途径。因此,即使细胞内 SHMT 的蛋白表达水平为下调状态,鲁氏酵母菌仍可以通过高表达的 TA 合成甘氨酸。Csase 催化 O-乙酰基-L-丝氨酸(OAS)和硫化氢形成 L-半胱氨酸,这是合成半胱氨酸的最后步骤。Csase 的蛋白质水平上调。研究证实,半胱氨酸对发酵过程中合成 GSH 有很大的影响。它是 GSH 合成过程中的限速氨基酸,可以增强细胞内 GSH 的积累。尽管在蛋白质组学中未检测到 GCL 的差异蛋白含量,但是检测出 GS 的差异蛋白含量,其相对含量高于 YPD 组。尽管认为 GS 在调节 GSH 合成中不重要,但是越来越多的证据表明,GS 对于某些组织在胁迫条件下合成 GSH 的能力是十分重要的。以上研究数据表明,鲁氏酵母菌受到高浓度的 D-果糖胁迫后,细胞内代谢途径朝着合成谷胱甘肽抵抗氧化应激的方向发展,然后通过 GSH-Px 催化反应使生物体达到清除自由基平衡。

代谢组学分析结果表明,YPD+Fru 组在发酵 1 d 时合成谷胱甘肽的中间体和衍生物均高于对照组。值得注意的是,微生物代谢网络的复杂性,尤其是存在多种氨基酸转化途径,很难在体内积累氨基酸。例如,MliHara 等阐述了半胱氨酸脱硫酶的作用机理,该酶可将 L-半胱氨酸分解为丙酮酸、$NH_3$ 和 $H_2S$。苏氨酸可以通过苏氨酸脱水酶分解成丙酸和 α-氨基丁酸。L-丝氨酸脱水酶可将 L-丝氨酸还原为丙酮酸。因此,在发酵后期,L-谷氨酸、L-丝氨酸、L-苏氨酸和 O-乙酰基-L-丝氨酸的含量呈下降趋势。γ-谷氨酰半胱氨酸是 L-谷氨酸和 L-半胱氨酸通过谷氨酸-半胱氨酸连接酶的下游产物,而谷胱甘肽

酰胺被确定为谷胱甘肽的衍生物。除此之外,谷胱甘肽酰胺同样具有抗氧化作用,反应式如下:2 谷胱甘肽酰胺 + $H_2O_2 \rightleftharpoons$ 谷胱甘肽酰胺二硫化物 + 2 $H_2O$。综上所述,YPD + Fru 组的谷胱甘肽含量增加。唐亮等(2015)也表明,适当的环境刺激可以促进微生物细胞合成谷胱甘肽以抵抗外部胁迫条件,从而增加谷胱甘肽的合成并促进谷胱甘肽向细胞外分泌。

### 四、GSH - Px 全长基因的生物信息学分析

生物信息学是一门由计算机学、数学、生物学等学科交叉形成的新兴学科,用以分析基因、蛋白等生物大分子的功能和结构,并进行加工分析,以了解它们的生物学意义。GSH - Px 是谷胱甘肽代谢途径中的一个重要调控酶,其含量和活性是鲁氏酵母菌抵抗氧化应激的主要因素,对理解微生物氧化应激防御系统具有重要意义。对 NCBI 数据库中鲁氏酵母菌 GSH - Px 的基因序列进行生物信息学分析。通过 BLAST 比对分析发现其与其他物种有同源性,且基因编码的蛋白与已报道的微生物具有相同的酶催化活性。通过对鲁氏酵母菌二、三级结构进行预测分析可为全面解析 GSH - Px 其他生物学功能提供依据。

### 五、展望

为了更加深入地探索鲁氏酵母菌基于谷胱甘肽代谢途径响应 D - 果糖胁迫的分子机制,研究了 D - 果糖胁迫下鲁氏酵母菌细胞抗氧化相关酶的变化规律,采用 Illumina Hi Seq 6000 测序技术对细胞进行了转录组测序分析,主要对外源果糖处理下的鲁氏酵母菌进行氧化应激酶活及合成谷胱甘肽通路的关键基因进行了全面解析与验证。并对关键酶基因 *GSH - Px* 进行了生物信息学分析,初步探索鲁氏酵母菌抵抗活性氧的机制。主要研究结果如下:

(1)通过表型观察发现 D - 果糖抑制细胞生长,在发酵初期对鲁氏酵母菌有胁迫作用,后期成了促进鲁氏酵母菌生长的营养物质。

(2)D - 果糖处理对鲁氏酵母菌产生氧化应激,引起膜脂过氧化破坏细胞膜的结构。D - 果糖处理下的鲁氏酵母菌涉及一系列的抗氧化酶调控作用适应性反应。转录组学测序分析表明在 D - 果糖处理下,鲁氏酵母菌的基因表达存在明显差异。进一步生理生化分析和抗氧化酶活测定及 qRT - PCR 分析表明,酵母细胞中 SOD 和 POD 酶活性的影响为先升高后降低。GSH - Px 是 D - 果糖胁迫的主要防御酶,而 CAT 是 D - 果糖胁迫的持续防御酶。大多数的氧化还原酶活性基因,特别是 *GSH - Px* 基因的表达水平比 YPD 组高。由此可以看出,在 D - 果糖胁迫下,鲁氏酵母菌细胞通过启动或增强氧化应激系统的抗氧化物酶的表达,使抗氧化应激酶 SOD、POD、CAT 和 GSH - Px 对高糖胁迫产生快速应答,导致这几种抗氧化酶的活性先后发生时序性的提高。

(3)从基因组学—蛋白组学—代谢组学测定 D - 果糖胁迫下合成谷胱甘肽前体氨基酸以及中间代谢产物含量的变化,结果表明,合成谷胱甘肽前体氨基酸和中间相关酶的基因和蛋白表达水平发生上调。除此之外,最重要的中间代谢物,即 γ - 谷氨酰半胱氨酸和谷胱甘肽酰胺的含量始终高于 YPD 组。YPD + Fru 组中合成谷胱甘肽的代谢通量增加。细胞代

谢途径向合成谷胱甘肽的方向进行来抵抗氧化应激,并且通过 GSH – Px 催化反应使生物体达到清除自由基平衡。

(4)对 *GSH – Px* 基因的同源性分析以及编码蛋白的基本性质分析得到,其基因全长624 bp,编码区具有207 个氨基酸,蛋白相对分子质量预测为23 120.84 u,为亲水蛋白,无跨膜区,无信号肽,理论等电点为9.50,脂肪系数为80.92。谷胱甘肽过氧化物酶作为谷胱甘肽代谢过程中的关键酶,可使 GSH 生成 GSSG,保证机体不受 ROS 损害。

总之,鲁氏酵母菌通过谷胱甘肽代谢途径响应 D – 果糖胁迫的分子机制是一个复杂的过程。在初次接种添加外源 D – 果糖对鲁氏酵母菌产生氧化应激,抑制了细胞的生长。同时,引起了合成谷胱甘肽前体氨基酸和中间相关酶的基因与蛋白质表达水平的一系列上调,YPD + Fru 组中谷胱甘肽合成的代谢通量增加。这为研究 D – 果糖胁迫下鲁氏酵母菌的微生物氧化应激防御机制提供了更深入、有效的理论支持。

多组学技术联用在生物学试验的应用中发展十分迅速。该技术可以快速获得研究对象的所有基因表达、蛋白或代谢物的宏量数据,并对研究对象进行多层面分析,更全面地解决科学问题。从转录组学—蛋白组学—代谢组学的角度探讨鲁氏酵母菌通过谷胱甘肽代谢途径响应 D – 果糖胁迫的分子机制。

# 第三章 外源 D - 果糖促进鲁氏酵母菌合成呋喃酮碳代谢的分子机制

## 第一节 概 述

糖代谢涉及许多酶的催化,其中己糖激酶、磷酸果糖激酶(PFK)和丙酮酸激酶为糖酵解代谢途径中三种最重要的不可逆酶。在 EMP 途径中,酵母菌细胞中的 HK 催化葡萄糖/果糖磷酸化。其中,果糖被催化为果糖 - 6 - 磷酸,经 PFK 不可逆作用磷酸化为 FBP。醛缩酶(FBA)将 FBP 六碳糖裂解为两个三碳糖——DHAP 和 GAP,成为呋喃酮合成前体物质。因此,理论上醛缩酶 FBA 对调控 DHAP 和 GAP 累积与 HDMF 大量合成起到关键的催化作用。真菌中的 FBA 主要为 Ⅱ 型醛缩酶(FBAⅡ),该酶蛋白上的组氨酸残基从 FBP 上攫取一个质子得到烯醇负离子,该结合体在 $Zn^{2+}$ 辅助下对醛体进行亲和配位,该催化机制在牛、羊和胡杨中已有报道,但在鲁氏酵母菌中未见相关研究。鲁氏酵母菌是已知最重要的代谢合成 HDMF 菌种,荚膜毕赤氏酵母菌和瑞士乳酸杆菌也能代谢产生 HDMF,但产量较低。因此,鲁氏酵母菌是研究呋喃酮代谢酶调控分子机制和挖掘保高产呋喃酮关键基因的理想供体。

PP 途径主要包括氧化过程和非氧化过程,为生物合成提供还原力 NADPH。在 PP 途径氧化过程中,葡萄糖 - 6 - 磷酸脱氢酶(G6PDH)将葡萄糖 - 6 - 磷酸氧化为 6 - 磷酸葡萄糖内酯,在内酯酶(6PGL)作用下转变为葡萄糖酸 - 6 - 磷酸,6 - 磷酸葡萄糖酸脱氢酶(6PGDH)又将葡萄糖酸 - 6 - 磷酸氧化生成 Ru5P,催化这两步反应的 G6PDH 和 6PGDH 都是该途径的限速酶。当 NADPH/$NADP^+$ 比率过高时,就会抑制 G6PDH 和 6PGDH 的活性,所以 NADPH 过多时会对 PP 途径起反馈抑制。转酮酶(TKT)和转醛酶(TALDO)是介导非氧化性 PP 可逆反应的两种主要酶,代谢底物和产物的相对水平决定了 PP 非氧化反应的方向。TKT 可逆地将 Ru5P 和木糖 5 - 磷酸(Xu5P)转化为 GAP 和 7 - 磷酸(S7P),而 TALDO 将 C3 单元从 S7P 转移到 GAP,生成 ER4 - 磷酸乙酯(E4P)和果糖 - 6 - 磷酸(F6P)。TKT 还可以将 Ru5P 转化为果糖 - 6 - 磷酸和 GAP,然后果糖 - 6 - 磷酸可以回到糖酵解,而 GAP 则用于随后的糖酵解和甘油酯合成步骤。综上所述,探索 D - 果糖经系列酶催化转化为呋喃酮前体物的全代谢过程,有助于充分理解和掌握碳代谢的酶学调控分子机制。

目前,关于鲁氏酵母菌利用 D - 果糖合成呋喃酮前体物酶学分子机制的研究主要存在以下问题:①在从葡萄糖/D - 果糖开始的 TCA、EMP 和 PP 途径中,调控合成呋喃酮 DHAP、GAP 和 Ru5P 等前体物的关键酶变化情况如何? ②调控呋喃酮前体物合成的基因变化尚未揭示。前期,人们已经利用蛋白质组学、转录组学和代谢组学方法初步探索了鲁氏酵母菌利用 D - 果糖的氧化还原酶、基因和细胞生长特性,为进一步揭示 D - 果糖中心碳代谢的酶学响应和基因变化提供了研究基础。

# 第二节 材料与方法

## 一、试验材料

### (一)菌种、培养基和引物

鲁氏酵母菌购自中国普通微生物菌种保藏管理中心,菌种保藏编号为 No. 32899。YPD 培养基(20.0 g/L 蛋白胨、20.0 g/L 葡萄糖和 10.0 g/L 酵母提取物)购自青岛新希望生物科技有限公司。使用 Primer 5.0 软件设计引物,以 *GAPDH* 作为内参基因,由生工生物工程(上海)股份有限公司合成引物。引物序列设计如表 3 - 1 所示。

表 3 - 1 引物序列设计

| 引物名称 | 序列(5′ to 3′) | 温度/℃ | 位置 |
|---|---|---|---|
| HK – F | TGGCTATCGATTTGGGTGGT | 55 | 248～267 |
| HK – R | CCTTGGGATGCTGGGTAAGA | 55 | 472～491 |
| G6PI – F | TATCGGTGGTTCCGATTTGG | 55 | 498～517 |
| G6PI – R | TCACCACCAGCATGTTCCAG | 55 | 715～734 |
| 6PGDH – F | TTGGCCGTTATGGGTCAAAA | 55 | 28～47 |
| 6PGDH – R | ACCAGCCTTGACCAAAAGCA | 55 | 212～231 |
| 6PGL – F | GCCCTACCGTTTTTGCCATT | 55 | 323～342 |
| 6PGL – R | ACGGTCACTTGGTGGTTTGG | 55 | 542～561 |
| FBA – F | GCTGTCGCTGCTGCTCAATA | 55 | 259～278 |
| FBA – R | CCATAGCGGCCATTCTCTTG | 55 | 505～524 |
| TPI – F | CTCCGTCGACCAAATCAAGG | 55 | 234～253 |
| TPI – R | GCGGCTTGCAATTGTCTTTC | 55 | 449～468 |
| PFK – F | GGTGATGCTCCCGGTATGAA | 55 | 613～632 |
| PFK – R | GGGCACCCTTCAATCTACCC | 55 | 850～869 |
| TKT – F | GTTCGTGTTTGCTGGTGACG | 55 | 464～483 |
| TKT – R | CCGGATTCCTCGGAGTTACC | 55 | 666～685 |
| GAPDH – F | AGACTGTTGACGGTCCATCC | 55 | 1 259～1 278 |
| GAPDH – R | CCTTAGCAGCACCGGTAGAG | 55 | 1 360～1 379 |
| PC – F | AGCTCGTTCTTCCTTTGGTAACG | 55 | 621～643 |
| PC – R | GTCTTTGCCAATTTCACAGCATC | 55 | 854～876 |
| CS – F | ATTCGCCAAGGCTTATGCCCA | 55 | 552～572 |

表 3 – 1（续）

| 引物名称 | 序列（5′ to 3′） | 温度/℃ | 位置 |
|---|---|---|---|
| CS – R | GGTGAGTGGTGTGAGCGGAA | 55 | 819 ~ 838 |
| NAD$^+$ – F | AAGTTACCGACTCCGTTGTCTCC | 55 | 431 ~ 453 |
| NAD$^+$ – R | TTCTTTCCTCAAAGCAACGTTCA | 55 | 634 ~ 656 |
| NADP – F | TTTCCTAAAGGCGGCGGTGTG | 55 | 146 ~ 165 |
| NADP – R | ACCCAAATCCTTGAGCGACGA | 55 | 351 ~ 370 |
| AH – F | TGAGATTGTCAAGAGCAGATTGA | 55 | 144 ~ 166 |
| AH – R | CACAGTGAACAGTAACTGGCTTG | 55 | 324 ~ 367 |

## （二）主要试剂

试验所用主要试剂如表 3 – 2 所示。

表 3 – 2　主要试验试剂

| 试剂名称 | 生产厂家 |
|---|---|
| 氯化钠 | 天津大茂化学试剂公司 |
| D – 果糖 | 上海源叶生物技术公司 |
| HDMF 标品 | 美国 sigma 公司 |
| HEMF 标品 | 美国 sigma 公司 |
| 色谱级甲醇 | 天津星马克科技发展有限公司 |
| 色谱级乙腈 | 天津星马克科技发展有限公司 |
| 色谱级甲酸 | 天津市科密欧化学试剂有限公司 |
| TRIzol | 美国 Invitrogen 公司 |
| 氯仿 | 辽宁泉瑞试剂有限公司 |
| 异丙醇 | 辽宁泉瑞试剂有限公司 |
| 考马斯亮蓝 G – 250 | 合肥博美生物科技有限责任公司 |
| RNA 逆转录试剂盒 | 日本东洋纺公司 |
| SYBR 酶 | 日本东洋纺公司 |
| 果糖 – 1,6 – 二磷酸醛缩酶酶活试剂盒 | 苏州格瑞思生物科技有限公司 |
| 6 – 磷酸葡萄糖酸脱氢酶酶活试剂盒 | 苏州格瑞思生物科技有限公司 |
| 磷酸果糖激酶酶活试剂盒 | 苏州格瑞思生物科技有限公司 |
| 甲醇 | 德国 CNW 公司 |
| 乙腈 | 德国 CNW 公司 |
| 乙酸氨 | 德国 CNW 公司 |

表 3 - 2(续)

| 试剂名称 | 生产厂家 |
|---|---|
| 氨水 | 德国 CNW 公司 |
| L - 2 - 氯苯丙氨酸 | 上海恒柏生物科技有限公司 |

### (三)主要仪器设备

试验所用主要仪器设备如表 3 - 3 所示。

表 3 - 3　主要仪器设备

| 仪器设备名称 | 生产厂家 |
|---|---|
| 754 紫外可见分光光度计 | 上海光谱仪器有限公司 |
| 生物显微镜 | 重庆光学仪器厂 |
| HZQ - QX 全温振荡器 | 哈尔滨市东联电子技术开发有限公司 |
| 电热恒温鼓风干燥箱 | 上海一恒科学仪器有限公司 |
| LDZM 立式压力蒸汽灭菌锅 | 上海申安医疗器械厂 |
| R2140 型分析天平 | 瑞士梅特勒 - 托利多仪器有限公司 |
| Centrifuge 5430R 型高速冷冻离心机 | 德国艾尔德股份公司 |
| SW - CJ - 2G 型超净工作台 | 苏州净化设备有限公司 |
| MULTISKAN MK3 型酶标仪 | 美国 Thermo 公司 |
| CFX96TM 实时荧光定量 PCR 仪器 | 美国 Bio - Rad 公司 |
| 显微镜 | 重庆光学仪器厂 |
| FE28 - S 型 pH 计 | 瑞士梅特勒 - 托利多仪器有限公司 |
| 1290 UHPLC 型超高效液相 | 美国 Agilent 公司 |
| Triple TOF 6600 型高分辨质谱 | 美国 AB Sciex 公司 |
| 明澈 D24 UV 型纯水仪 | 德国 Merck Millipore 公司 |
| PS - 60AL 型超声仪 | 深圳市雷德邦电子有限公司 |

## 二、试验方法

### (一)鲁氏酵母菌的培养与活化

挑取鲁氏酵母菌冻干粉进行活化,样品加入 100 mL 灭菌 YPD 液体培养基中,在无菌室中操作,放入全温振荡器,28 ℃、180 r/min 条件下培养,发酵 3 d。测定细胞总数,达到 $2.5 \times 10^8 \sim 3.5 \times 10^8$ CFU/mL 备用。取活化后的种子液 5% 加入 100 mL 的 YPD 培养基中进行二次培养(培养条件同上),发酵时间为 27 h。

取活化后的种子液5%,分别加入100 mL灭菌后的对照组和处理组中,对照组培养基为YPD + NaCl(5 g YPD,18 g NaCl,称为YPD组),处理组培养基为YPD + NaCl + D - 果糖(5 g YPD,18 g NaCl,12 g D - 果糖,称为YPD + Fru组),每个三个平行样。28 ℃、180 r/min条件下进行摇床培养,分别在0 d、3 d、5 d和7 d进行取样。对YPD培养基进行pH梯度培养,调节pH值分别为6.0、5.5、5.0、4.5、4.0、3.5和3.0,121 ℃灭菌,15 min后pH值相应变化为5.7、5.3、4.9、4.5、4.0、3.5和3.0。

### (二)酵母菌活菌数测定方法及细胞干重含量测定

发酵液中菌数测定:血球计数法。

细胞干重测定:吸取10 mL菌悬液于提前干燥并称重的离心管中,8 000 r/min离心10 min,倒掉上清液。超纯水洗涤2次,放入80 ℃的烘箱中干燥至恒重,称量菌体质量。

### (三)细胞光密度与pH值测定

取10 mL菌液4 800 r/min离心15 min,弃去上清液,用蒸馏水洗涤2次,将离心后的菌体用YPD培养基定容至10 mL,将混匀后的菌液倒入1 cm的比色皿中,在600 nm下检测其OD值。将3个平行样菌悬液进行混合,用pH计进行pH值的测定。

### (四)鲁氏酵母菌转录组文库的构建及测序

保证测序所用的RNA具有同一性及完整性,转录组测序所需的RNA由上海中科新生命生物科技有限公司进行提取。提取后的RNA样品通过A - T互补配对方式合成真核生物的mRNA。将mRNA进行破碎获得短片段结构,将破碎得到的短片段mRNA合成模板,通过六碱基随机引物(random hexamers)进行单链cDNA的合成,加入buffer、dNTPs及DNA聚合酶I进行混合,进而合成二链cDNA,将合成得到的二链cDNA通过AMPure XP磁珠进行纯化得到双链cDNA。将上述得到的双链cDNA的末端进行修复,加A尾并连接测序接头,通过AMPure XP Beads对设计得到的片段进行大小选择后进行PCR扩增,得到cDNA文库。

### (五)基于RNA - Seq技术的转录组学分析

通过高通量测序获得的原始数据经CASAVA碱基识别(base calling)进行调整,转化得到原始序列(raw reads),对其进行过滤得clean reads作为后续的研究基础。通过HISAT软件对原始序列进行基因组定位分析。在RNA - seq的分析中,基因表达差异大小可以利用基因组区域定位或基因外显子区的测序序列的计数进行评估。使用FPKM值对基因表达水平进行评估。将差异倍数Fold Change $\geqslant$ 2并且Q - value $\leqslant$ 0.001的基因定义为DEGs。根据不同研究的需求对DEGs进行生物信息学分析,其中包含KEGG Pathway及GO富集等。当FDR $\leqslant$ 0.05时,代表Pathway中的DEGs具有显著差异性,因此通过KOBAS 2.0软件进行Pathway富集分析。计算公式为

$$p = 1 - \sum_{i=0}^{m-1} \frac{\binom{M}{i}\binom{N-M}{n-i}}{\binom{N}{n}}$$

式中　$N$——所有基因中具有 Pathway 注释的基因数目；

　　　$n$——$N$ 中 DEGs 的数目；

　　　$M$——所有基因中注释为某特定 Pathway 的基因数目；

　　　$m$——注释为某特定 Pathway 的 DEGs 数目。

（六）总 RNA 的提取、反转录以及验证

1. 总 RNA 提取

（1）Trizol 法提取

将发酵好的鲁氏酵母菌悬液于 4 ℃、12 000 r/min 条件下离心 3 min，弃上清液，将装有菌体的离心管放入液氮中，待菌体凝固后倒入预冷好的研钵中进行研磨，将菌体研磨为白色粉末，并转移到 1.5 mL Eppendorf 管中。然后使用 Trizol 法进行 RNA 提取。研钵和铲子用锡纸裹住在 180 ℃干灭 3 h。

（2）总 RNA 质量的初步鉴定

将提取好的 RNA 用琼脂糖凝胶电泳进行检测，查看其降解和污染程度。使用 Nanodrop 2000 检测提取的 RNA 样品浓度。

2. RNA 反转录

（1）RNA 反转录

将提取到的酵母 RNA 使用 ReverTra Ace qPCR RT Master Mix with gDNA Remover 试剂盒进行反转录，所有反应液在冰上配制，反转录体系如表 3 - 4 所示。

表 3 - 4　RNA 反转录体系

| 组分 | 体积/μL |
|---|---|
| 4 × DN Master Mix | 2 |
| RNA template | 1 |
| Nuclease - free Water | 5（在 37 ℃条件下温育 5 min） |
| 5 × RT Master Mix Ⅱ | 2 |
| Total | 10 |

将反应液轻轻地搅拌均匀后，放入 PCR 仪器中按表 3 - 5 进行反应。

**表 3-5 逆转录 PCR 反应条件**

| 温度/℃ | 时间/min |
| --- | --- |
| 37 | 15 |
| 50 | 5 |
| 98 | 5 |
| 4 | ∞ |

反应结束后，反应液在 4 ℃或 -20 ℃条件下保存，qRT-PCR 时，作为模板直接或稀释后添加。

(2) cDNA 验证

为了保证后期 qRT-PCR 的质量，对上一步得到的 cDNA 进行普通 PCR 验证，选择 *GAPDH* 作为内参基因，按照表 3-6 配制 PCR 体系，将混合好的体系离心后进行 PCR，反应条件如表 3-7 所示。

**表 3-6 cDNA PCR 体系**

| 组分 | 体积/μL |
| --- | --- |
| 灭菌蒸馏水 | 5.9 |
| 2 × *Taq* | 7.5 |
| 引物 F | 0.3 |
| 引物 R | 0.3 |
| cDNA 溶液 | 1.0 |
| 总计 | 15.0 |

**表 3-7 cDNA PCR 反应条件**

| 温度/℃ | 时间 |
| --- | --- |
| 95 | 5 min |
| 30 cycles: 95 | 30 s |
| 30 cycles: 60 | 30 s |
| 30 cycles: 72 | 30 s |
| 72 | 10 min |
| 4 | ∞ |

(3) 实时荧光定量 PCR 验证分析

将反转录过的 cDNA 使用 THUNDERBIRD SYBR® qPCR Mix 试剂盒按照仪器说明进行 qRT-PCR 反应，如表 3-8 所示。

表 3 - 8    配制 qRT - PCR 的反应体系

| 组分 | 体积/μL |
| --- | --- |
| 灭菌蒸馏水 | 3.4 |
| THUNDERBIRD SYBR® qPCR Mix | 10.0 |
| 引物 F | 0.3 |
| 引物 R | 0.3 |
| 50 × ROX reference dye | 5.0 |
| RNA 溶液 | 1.0 |
| 总计 | 20.0 |

PCR 程序设置为 95 ℃预变性 10 min,95 ℃变性 15 s,55 ℃退火 30 s,共 39 个循环。设定 YPD 组中 0 d 的 GAPDH 表达量为 1,分别测定转录组挖掘的碳代谢通路待测基因表达量,每次测试设三个生物学重复,三个技术性重复。采用 $2^{-\Delta\Delta Ct}$ 计算相对表达量。分别在发酵 3 d、5 d 与 7 d 后取样,测定基因的表达水平。

(七)呋喃酮合成关键酶的测定

1. 粗酶液的提取

将发酵 0 d、3 d、5 d 和 7 d 的菌体在 4 ℃、7 000 r/min 的条件下离心 10 min,将上清液倒掉,并用 pH 值为 7.4 的 100 mmol/L Tris - HCl 缓冲液(每升缓冲液中含 1 mmol/L EDTA 和 2 mmol/L DTT)洗涤两次倒掉上清液。使用液氮研磨菌体。

2. 酶活性的测定

FBA 酶活测定原理:FBA 可催化 FDP 生成 GAP 和 DHAP,在酶促复合物的相继作用下催化 NADH 和磷酸二羟丙酮生成 NAD 和 α - 磷酸甘油,在紫外分光光度计 340 nm 处检测 NADH 的下降速率,通过计算即可得出 FBA 活性的高低。

6PGDH 的酶活测定原理:根据 6PGDH 在 450 nm 处有最大吸收峰的有色物质,通过检测该有色物质在 450 nm 的增加速率,进而计算出 6PGDH 酶活性的大小。

PFK1 酶活测定原理:根据 PFK1 催化果糖 - 6 - 磷酸和 ATP 生成 FDP 和 ADP,丙酮酸激酶和乳酸脱氢酶进一步依次催化 NADH 生成 $NAD^+$,在 340 nm 下检测 NADH 下降速率,即可反映 PFK1 活性大小。所有酶活性测定方法均按苏州格锐思生物科技有限公司购买的试剂盒说明书执行。

3. 蛋白质含量的测定

蛋白质含量测定的方法参考 Bradford 法:取 0.3 mL 上清液于离心管中,再加入 1.5 mL 考马斯亮蓝溶液,摇匀,放置 2 min 后在 595 nm 下测吸光值,通过标准曲线查蛋白质含量。

考马斯亮蓝溶液:称取 10 mg 考马斯亮蓝 G - 250,溶于 25 mL 90% 的乙醇中,加入 10 mL 850 g/L 的磷酸中,用蒸馏水定容至 100 mL,转移到棕色瓶中储存。

蛋白质标准曲线的绘制:称取牛血清蛋白 12.5 mg,蒸馏水定容至 50 mL,抽取 20 mL 溶液稀释至 50 mL,在 6 支离心管中分别加入 0 mL、0.2 mL、0.4 mL、0.6 mL、0.8 mL 和 1.0 mL 标准蛋白液,按照蛋白质含量测定的方法操作并绘制标准曲线,结果如图3-1所示。

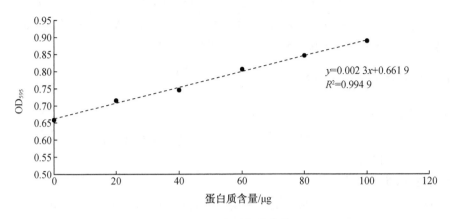

图3-1 蛋白质标准曲线

（八）LC-MS/MS 分析

**1. 代谢物提取**

取 100 μL 样本,加入 400 μL 含有 2-氯苯丙氨酸的提取液,涡旋 30 s;超声 5 min(冰浴);-20 ℃沉淀 1 h;4 ℃、12 000 r/min 离心 15 min;吸取 425 μL 上清液移至 EP 管中;将提取物放入真空浓缩器中干燥,加入 100 μL 蒸馏水复溶并重复涡旋以后的步骤;将上清液(60 μL)转移到 2 mL 进样瓶,每个样本各取 10 μL 混合成 QC(quality control)样本,取60 μL 进行上机检测 QC。

**2. 液相色谱质谱条件**

色谱柱:UPLC BEH Amide(1.7 μm,2.1 mm×100 mm),进样体积为 1.5 μL,流动相条件如表3-9所示。

表3-9 流动相条件

| 时间/min | 流速 /($\mu$L · min$^{-1}$) | A% 水(25 mmol/L 乙酸铵及 25 mmol/L 氨水) | B% 乙腈 |
|---|---|---|---|
| 0 | 500 | 5 | 95 |
| 0.5 | 500 | 5 | 95 |
| 7 | 500 | 35 | 65 |
| 8 | 500 | 60 | 40 |
| 9 | 500 | 60 | 40 |
| 9.1 | 500 | 5 | 95 |
| 12 | 500 | 5 | 95 |

AB Sciex Triple TOF6 600 质谱仪通过 Analyst TF 1.7 AB Sciex 软件对质谱数据进行一

级、二级区分采集,在每个数据过程中,筛选出对应的二级质谱数据。质谱条件:轰击能量为30 eV,15张二级谱图每50 ms。ESI离子源参数设置:雾化气压(GS1)为60 psi①,辅助气压为60 psi,气帘气压为35 psi,温度为600 ℃,喷雾电压为5 000 V(正离子模式)或-4 000 V(负离子模式)。本项工作由上海阿趣生物科技有限公司完成。

### (九)鲁氏酵母菌呋喃酮检测

**1.鲁氏酵母菌发酵液待检测样品的制备**

用移液枪精确量取菌液2 mL,8 000 r/min条件下离心10 min,取上清液过0.22 μm滤膜后,进行HPLC分析。

**2.呋喃酮标准溶液的配制**

将1 mg/mL的HDMF标准液分别稀释制成2 mg/L、5 mg/L、15 mg/L、20 mg/L、40 mg/L和80 mg/L的HDMF标准溶液。将1 mg/mL的HEMF标准溶液分别稀释成20 mg/L、40 mg/L、60 mg/L、80 mg/L和100 mg/L的HEMF标准溶液。

**3.呋喃酮标准品检测条件优化**

(1)检测波长的影响

呋喃酮常用的HPLC检测波长为280~320 nm。故用HDMF和HEMF标准品进样,改变DAD紫外检测器的波长,选择最适波长用于试验中样品的分析。

(2)色谱柱的影响

选择常用分析呋喃酮的C18色谱柱。

(3)进样量的影响

进样量的大小可以改变峰型,分别选择10 μL、20 μL和5 μL进行对比试验,选取最合适的进样量。

(4)洗脱条件的影响

流动相的组成成分的确定:根据呋喃酮的出峰情况进行优化,即选择杂质分离效果好,峰型较完整的流动相。将没有效率的部分去掉,减少试验时长。

### (十)生物信息学分析

**1.材料**

通过美国国家生物技术信息中心(NCBI,https://www.ncbi.nlm.nih.gov)数据库在线检索鲁氏酵母菌醛缩酶FBA的基因序列获取核酸登录号与蛋白质登录号(表3-10)。

**表3-10 鲁氏酵母菌醛缩酶FBA的NCBI登录号**

| 基因名称 | 核酸AC | 蛋白质ID | 染色体位置 | 基因组位置 |
| --- | --- | --- | --- | --- |
| *FBA* | XM_002499162.1 | GAV49611.1 | E染色体 | 494 514~495 599 |

---

① 1 psi = 6.895 kPa

2. 生物信息学方法

采用的生物信息学分析内容及网址如表 3 - 11 所示。

表 3 - 11　FBA 的生物信息学分析

| 分析内容 | 网址 |
| --- | --- |
| 蛋白质保守域预测 | www. ncbi. nlm. nih. gov/Structure/cdd/wrpsb. cgi |
| 基因的 CpG 岛预测 | www. ebi. ac. uk/Tools/seqstats/emboss_cpgplot/ |
| 氨基酸理化性质 | https：//web. expasy. org/protparam/ |
| 蛋白质潜在磷酸位点 | http：//www. cbs. dtu. dk/services/NetPhos/ |
| 信号肽预测 | http：//www. cbs. dtu. dk/services/SignalP/ |
| 蛋白质跨膜区的预测 | http：//www. cbs. dtu. dk/services/TMHMM - 2. 0/ |
| 蛋白质亚细胞定位预测 | http：//psort1. hgc. jp/form. html |
| 蛋白质二级结构预测 | https//npsa - prabi. ibcp. fr/cgi - bin/npsa_automat. pl？ page = npsa_sopma. html |
| 氨基酸三级结构 | http：//www. Sbg. bio. ic. ac. uk/phyre2/html/page. cgi？ id = index |

利用美国国家生物技术信息中心（NCBI, www. ncbi. nlm. nih. gov/）的基本局部比对搜索工具（BLAST, www. ncbi. nlm. nih. gov/）进行相似性比对。利用 MEGA 5. 1 进行多序列比对，与相似性较高的物种进行同源性分析并构建系统发育树。

## 三、数据处理

利用 IBM SPSS Statistic 20 软件进行数据统计分析，采用独立样品 T 检验（Independent - Samples T Test.），通过最小显著性差异（LSD）检验对两组进行比较。$p < 0.05, p < 0.01$ 或 $p < 0.001$ 表示数据具有统计学意义。利用 WPS EXCEL 2016 进行数据计算，Prism 8 软件作图。

## 四、技术路线(图 3 – 2)

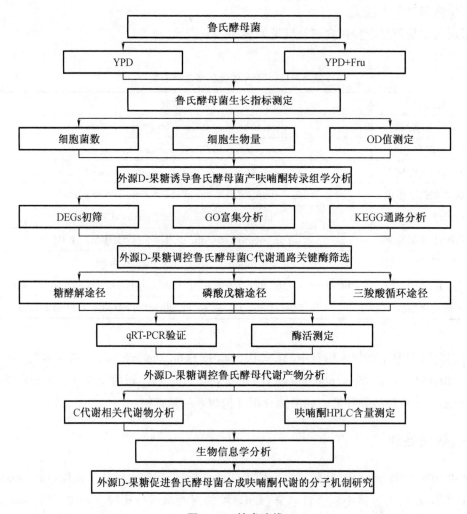

图 3 – 2 技术路线

# 第三节 结果与分析

## 一、D – 果糖对鲁氏酵母菌细胞生长的影响

### (一)添加 D – 果糖对鲁氏酵母菌生物量的影响

通过测量 YPD + Fru 组和 YPD 组在发酵 0 d、3 d、5 d 以及 7 d 时生物量的变化来评价添加 D – 果糖对鲁氏酵母菌生物量的影响。添加 D – 果糖的鲁氏酵母菌生物量要显著高于 YPD 组($p < 0.001$),在发酵 7 d 时,YPD + Fru 组培养基中生长的酵母细胞生物量是 YPD 组

培养基中生长的酵母细胞生物量的 2.5 倍(图 3 - 3)。由试验结果可知,添加 D - 果糖可以促进鲁氏酵母菌的生长。

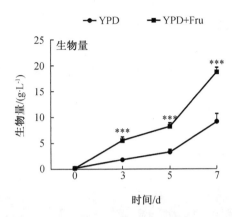

**图 3 - 3　添加 D - 果糖对鲁氏酵母菌生物量的影响**

注:＊＊＊代表 $p < 0.001$。

## (二)添加 D - 果糖对鲁氏酵母菌细胞菌数以及 OD 值的影响

对添加 YPD 和 YPD + Fru 的鲁氏酵母菌进行生长指标的测定,结果如图 3 - 4 所示。鲁氏酵母菌在添加了 D - 果糖的培养基中生长情况要优于 YPD 中的,随着发酵时间的延长,鲁氏酵母菌的细胞菌数以及 OD 值显著高于 YPD 组($p < 0.001$),说明向 YPD 培养基中添加 D - 果糖有利于鲁氏酵母菌的生长。鲁氏酵母菌细胞菌数在发酵 3 d 时显著高于 YPD 组。姜威等(2012)研究也表明,当果糖为碳源时,有利于酵母生长,代谢产物增多。

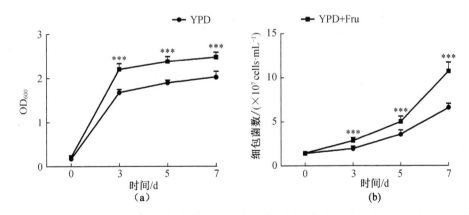

**图 3 - 4　添加 D - 果糖对鲁氏酵母菌细胞 OD 值以及细胞菌数的影响**

注:＊＊＊代表 $p < 0.001$。

## (三)添加 D - 果糖对鲁氏酵母菌菌落生长情况的影响

分别在 YPD + Fru 组和 YPD 组培养基上连续三次画线培养后发现添加了 D - 果糖的

YPD + Fru 组菌落生长状态较好,汇总如表 3 – 12 所示。培养 3 d 时,YPD + Fru 组菌落开始生长,菌落比较小,培养 5 d 时 YPD 组开始生长,菌落较小。当培养到第 7 d 时 YPD + Fru 组中的菌落较为密集且生长情况要明显多于 YPD 组。这可能是因为 YPD + Fru 组营养物质较多,所以菌落生长情况较好(图 3 – 5)。

表 3 – 12  鲁氏酵母菌在不同发酵时间的菌落生长情况

| 组别 | 0 d | 3 d | 5 d | 7 d |
| --- | --- | --- | --- | --- |
| YPD | 无 | 无 | 有 | 有 |
| YPD + Fru | 无 | 有 | 有 | 有 |

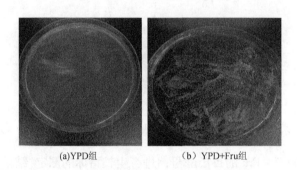

(a)YPD组　　　　　　　(b)YPD+Fru组

图 3 – 5  鲁氏酵母菌生长 7 d 菌落表型比较

## 二、呋喃酮高效液相色谱检测优化

### (一)HDMF 检测波长的选择

同一种物质在不同的波长下,检测到吸收值不同,会导致色谱图中的峰面积发生改变。通常情况,选用检测物质的最大吸收波长作为试验波长。王鹏霄(2010)选择 285 nm 作为检测波长,周亚男(2018)选择 287 nm 作为检测波长,有外文文献选择 320 nm 作为检测波长。当选择在 285 ~ 320 nm 做波长检测时,发现在 287 nm 时样品峰面积最大,但是在 318 nm 时样品峰型最好,因此本试验选择 318 nm 作为试验波长。

### (二)色谱柱的选择

选用 C18 色谱柱对呋喃酮进行检测,比较了 ZORBAX Eclipse XDB – C18(5 μm, 250 mm × 4.6 mm)和 Hypersil ODS2 C – 18(5 μm, 250 mm × 4.6 mm)两根 C18 柱 HPLC 结果,发现用 Hypersil ODS2 C – 18(5 μm, 250 mm × 4.6 mm)色谱柱时,峰型不好看,保留时间延后。改用 ZORBAX Eclipse XDB – C18(5 μm, 250 mm × 4.6 mm)后,保留时间提前到 9.1 min 左右,且峰型较好,因此后续试验选用 ZORBAX Eclipse XDB – C18(5 μm, 250 mm × 4.6 mm)色谱柱。

## （三）进样量的选择

一般情况下，进样量会对保留时间造成影响。进样量大会使出峰时间提前，峰宽增加，峰型不稳定，进样量过少会使出峰时间后移。通过结果比较发现，当进样量为 20 μL 时，会出现过载现象，导致峰型不好看，并且出现拖尾和双峰的现象。当进样量为 5 μL 时，进样量过小，灵敏度降低，基线不稳定。当进样量为 10 μL 时，峰型较好，分离度较高，故后续试验选择 10 μL 作为试验进样量。

## （四）洗脱条件的优化

阅读文献发现，选用 0.5% 或 5% 的甲酸，对两种条件的洗脱条件进行试验时，5% 的甲酸会出现分峰的情况，如图 3-6 所示，因此后续试验选择 0.5% 的甲酸。另发现按照表 3-13 中的条件进行试验，峰型较好，基线稳定，但是时间较长，因此缩短时间，确定了流动相的最佳条件，如表 3-14 所示。根据表中数据进行试验，分别得到标准品与样品出峰谱图，如图 3-7 所示。由图可以看出基线稳定，无分峰和峰前延的现象。通过查阅文献与实际操作确定表 3-15 为最佳 HEMF 梯度洗脱条件，在此洗脱条件下标准品与样品出峰谱图如图 3-8 所示。

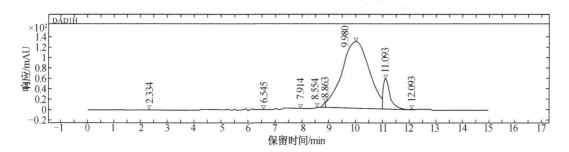

**图 3-6　5%甲酸条件下 HDMF 标准品色谱图**

**表 3-13　HDMF 检测梯度洗脱条件**

| 时间/min | A 0.5%甲酸 | B 乙腈 |
| --- | --- | --- |
| 0 | 95% | 5% |
| 10 | 80% | 20% |
| 30 | 0% | 100% |

**表 3-14　HDMF 检测梯度洗脱条件（优化后）**

| 时间/min | A 0.05%甲酸 | B 乙腈 |
| --- | --- | --- |
| 0 | 95% | 5% |
| 10 | 80% | 20% |
| 15 | 0% | 100% |

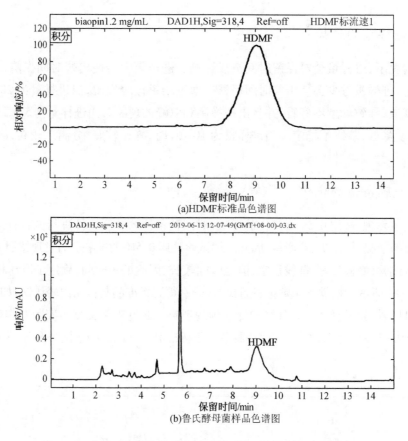

(a)HDMF标准品色谱图

(b)鲁氏酵母菌样品色谱图

**图 3 - 7　表 3 - 14 梯度洗脱条件下 HDMF 标准品和样品色谱图**

**表 3 - 15　HEMF 检测梯度洗脱条件(优化后)**

| 时间/min | A 超纯水 | B 乙腈 |
|---------|---------|--------|
| 0 | 70% | 30% |
| 10 | 40% | 60% |

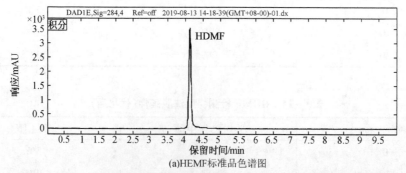

(a)HEMF标准品色谱图

**图 3 - 8　表 3 - 15 梯度洗脱条件下 HEMF 标准品和鲁氏酵母菌样品色谱图**

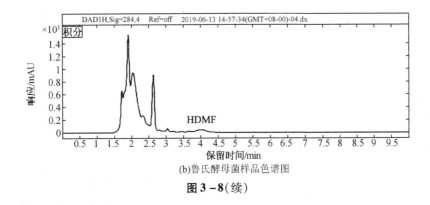

(b)鲁氏酵母菌样品色谱图

图3-8(续)

（五）标准曲线的绘制

对不同浓度的 HDMF 和 HEMF 标准溶液进行定量测量,绘制出 HDMF 浓度 – 峰面积标准曲线[图 3 – 9(a)]和 HEMF 浓度 – 峰面积标准曲线[图 3 – 9(b)]。HDMF 的线性回归方程为 $y = 32.397x + 3.904$,标准品在 2～80 mg/L 浓度范围内峰面积与浓度的线性关系良好($R^2 = 0.999\ 7$)。HEMF 的线性回归方程为 $y = 24.742x - 6.829\ 2$,标准品在 20～100 mg/L 浓度范围内峰面积与浓度的线性关系良好($R^2 = 0.999\ 8$)。

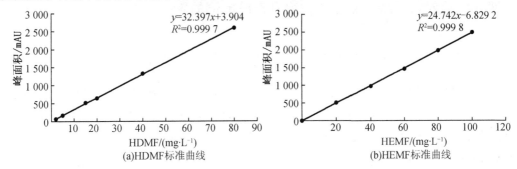

图 3 – 9　HDMF 和 HEMF 的标准曲线

## 三、添加 D – 果糖对 HDMF 和 HEMF 产量的影响

前期研究了发酵时间对呋喃酮产生的影响,发酵 5 d 以后呋喃酮的含量开始平缓地下降,并基于对工厂生产效率以及产量的考虑,试验以 7 d 为一个周期,测量呋喃酮的含量,结果如图 3 – 10 所示。YPD + Fru 组中 HDMF 和 HEMF 的含量分别在发酵 3 d、5 d 和 7 d 时显著高于 YPD 组($p < 0.001$),且 HDMF 和 HEMF 的含量呈现先上升后下降的趋势。0 d 时 HDMF 含量显著高于对照组($p < 0.01$),可能是因为高温灭菌导致的美拉德反应生成了较多的 HDMF,王鹏宵(2010)通过探究美拉德反应对 HDMF 含量的影响证实了这一观点,当果糖与培养基分开灭菌时 HDMF 含量要低于将果糖与培养基混合时产生的 HDMF。在发酵 5 d 时,YPD + Fru 组中生成的 HDMF 达到 98 mg/L,与张海林(2019)的报告相似。HEMF 在发酵第 5 d 时达到 25 mg/L。HDMF 和 HEMF 的产量在发酵 7 d 时随着底物消耗而逐渐

降低,李志江等(2018)向豆酱中添加鲁氏酵母菌后也发现呋喃酮的含量在发酵第 7 d 时下降。

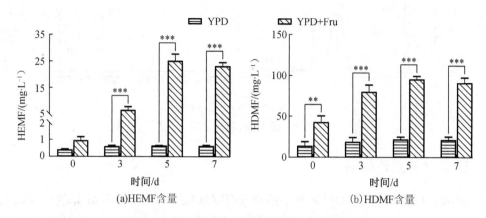

图 3-10  添加 D-果糖对呋喃酮含量的影响

注:**代表 $p < 0.01$;***代表 $p < 0.001$。

## 四、pH 值对鲁氏酵母菌生长情况及产呋喃酮的影响

### (一)添加 D-果糖对鲁氏酵母菌发酵液 pH 值的影响

测定了外源添加 D-果糖对鲁氏酵母菌发酵液 pH 值的影响,如图 3-11 所示。在发酵初期添加了 D-果糖的鲁氏酵母菌发酵液 pH 值低于 YPD 组。陈润生等(2002)认为,可能是因为蛋白胨的中性氨基酸与糖的中性 HCHO 基起作用后,$-NH_2$ 变为 $-N=CH_2$,使 YPD+Fru 组在 0 d 时 pH 值显著低于 YPD 组。余芬等(2015)认为培养基经过灭菌后会破坏培养基成分,导致培养基 pH 值下降。随着发酵时间的进行,YPD+Fru 组一直显著低于 YPD 组,5~7 d 时基本趋于稳定。过高的 pH 值对鲁氏酵母菌的生长有抑制作用,这与生长结果相一致。培养液中的 pH 值会对原生质膜的渗透性造成影响,以致使某些重要离子的吸收程度发生改变。YPD+Fru 组中的 pH 值呈先快后慢的下降趋势,由于有机酸等酸类物质在鲁氏酵母菌代谢中的不断产生,从而使 pH 值降低,因此酸类物质种类和含量增加。

### (二)pH 值对鲁氏酵母菌 OD 值的影响

鲁氏酵母菌的最适 pH 值是 3.5~5.0,在高糖高盐的环境下耐受性更好,范围更广。因此,选择 3.0~5.7 的 pH 值进行测定。有研究表明,在添加了 FDP 为底物的培养基中,当 pH 值在 4.1~5.5 时,除了 pH 值为 5.5 时,最后细胞趋近于相同数目。对 YPD 组进行了调节初始 pH 值对鲁氏酵母菌细胞生长的试验,结果如图 3-12 所示。鲁氏酵母菌 OD 值总体呈现上升的趋势,发酵 5 d 后生长情况开始平缓。发酵 3 d 时 P4 的细胞 OD 值最高,对照组 YD 的细胞 OD 值较低;发酵 5 d 时 P2、P5 的细胞 OD 值相近且高于其他组;发酵 7 d 时的细胞数目趋近于相同,无明显差距。在前期发酵中,较高的 pH 值会对鲁氏酵母菌的生长起到

抑制作用。

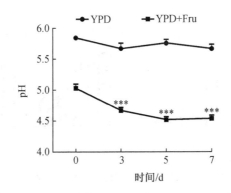

**图 3 – 11　添加 D – 果糖对鲁氏酵母菌 pH 值的影响**

注:＊＊＊代表 $p < 0.001$。

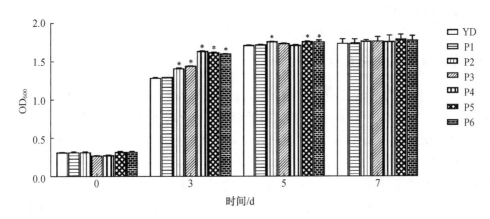

**图 3 – 12　pH 值对鲁氏酵母菌 OD 值的影响**

注:YD 的初始 pH 值为 5.7;P1 的初始 pH 值为 5.3;P2 的初始 pH 值为 4.9;P3 的初始 pH 值为 4.5;P4 的初始 pH 值为 4.0;P5 的初始 pH 值为 3.5;P6 的初始 pH 值为 3.0;＊表示 $p < 0.05$。

## (三)pH 值对鲁氏酵母菌产 HDMF 的影响

Hauck 等(2003)研究了在含有 FDP 的培养基中,pH 值对鲁氏酵母菌产 HDMF 的影响,发现调整 pH 值可以使 HDMF 的产量提高,最适 pH 值为 5.1。在试验前期已验证了这一说法,向 YPD 培养基中添加 D – 果糖,经过高压灭菌后 pH 值为 5.1,得到了较高的呋喃酮产量。因此,试验通过对未添加 D – 果糖的培养基调节 pH 值来探究产 HDMF 的影响。如图 3 –13所示,由图可知,较低的 pH 值会对鲁氏酵母菌产呋喃酮产生抑制作用,各组总体呈现递减的趋势。YPD 组的 HDMF 产量最高,因此,没有 D – 果糖的培养基,调节 pH 值并不能起到 HDMF 增产的作用。

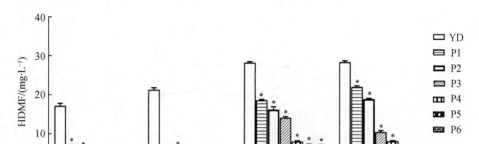

**图 3 – 13　pH 对鲁氏酵母菌产 HDMF 的影响**

注:YD 的初始 pH 值为 5.7;P1 的初始 pH 值为 5.3;P2 的初始 pH 值为 4.9;P3 的初始 pH 值为 4.5;P4 的初始 pH 值为 4.0;P5 的初始 pH 值为 3.5;P6 的初始 pH 值为 3.0; * 表示 $p < 0.05$。

## 五、转录组学分析

### (一)转录组测序及初步分析

对 YPD 组和 YPD + Fru 组进行高通量测序,结果如表 3 – 16 所示。YPD 组发酵 0 d 时的样品得到 50 033 888 个 raw reads,经过过滤后得到 49 601 552 个高质量 clean reads;YPD 组发酵 3 d 时的样品得到 46 073 212 个 raw reads,经过过滤后得到 45 087 746 个高质量 clean reads;YPD 组发酵 5 d 时的样品得到 46 637 560 个 raw reads,经过过滤后得到 45 642 058 个高质量 clean reads;YPD 组发酵 7 d 时的样品得到51 727 620个 raw reads,经过过滤后得到 49 935 426 个高质量 clean reads。YPD + Fru 组发酵 0 d 时的样品得到 48 554 636 个raw reads,经过过滤后得到 47 652 994 个高质量 clean reads;YPD + Fru 组发酵 3 d 时的样品得到 52 819 120 个 raw reads,经过过滤后得到 51 368 652 个高质量 clean reads;YPD + Fru 组发酵 5 d 时的样品得到 43 970 556 个 raw reads,经过过滤后得到 42 731 664 个高质量 clean reads;YPD + Fru 组发酵 7 d 时的样品得到 44 690 618 个 raw reads,经过过滤后得到43 170 000 个高质量 clean reads。

**表 3 – 16　测序质量评估**

| 样品 | raw reads | clean reads | 错误率 |
|---|---|---|---|
| YPD – 0 | 50 033 888 | 49 601 552 | 0.03% |
| YPD – 3 | 46 073 212 | 45 087 746 | 0.04% |
| YPD – 5 | 46 637 560 | 45 642 058 | 0.04% |
| YPD – 7 | 51 727 620 | 49 935 426 | 0.04% |
| YPD + Fru – 0 | 48 554 636 | 47 652 994 | 0.04% |
| YPD + Fru – 3 | 52 819 120 | 51 368 652 | 0.03% |

表 3 - 16(续)

| 样品 | raw reads | clean reads | 错误率 |
|---|---|---|---|
| YPD + Fru - 5 | 43 970 556 | 42 731 664 | 0.04% |
| YPD + Fru - 7 | 44 690 618 | 43 170 000 | 0.03% |

## (二)差异表达基因分析

添加了 D - 果糖的鲁氏酵母菌发酵差异基因表达数目分析如表 3 - 17 所示。发酵 3 d 时,7 514 个基因的基因水平发生显著变化($p < 0.001$),其中,上调基因 3 731 个,下调基因 3 783 个。在发酵进行到第 5 d 时,4 611 个基因水平发生显著变化($p < 0.001$),其中,2 216 个上调基因,2 395 个下调基因。发酵 7 d 时,8 611 个基因发生了差异变化($p < 0.001$),其中,4 354 个基因上调,4 257 个基因下调。

表 3 - 17 差异基因表达数目

| 天数/d | 表达上调/个 | 表达下调/个 | 合计/个 |
|---|---|---|---|
| 3 | 3 731 | 3 783 | 7 514 |
| 5 | 2 216 | 2 395 | 4 611 |
| 7 | 4 354 | 4 257 | 8 611 |

## (三)GO 富集分析

对 YPD 组和 YPD + Fru 组发酵 0 d、3 d、5 d 和 7 d 时的样品数据进行整理和分析,将筛选出的 DEGs 进行 GO 富集分析,可以明确 DEGs 在基因功能上的作用。GO 富集分析描述了基因的分子功能、细胞组分与生物过程,可以体现 DEGs 所代表的生物学功能。

通过对 DEGs 进行 GO 富集分析,得到了发酵 3 d、5 d 和 7 d 时的差异基因 GO 富集柱状图(图 3 - 14),挑选了最显著的 30 个 GO term 在图中展示。如图 3 - 14(a)所示,与对照组比较,在发酵 3 d 时,YPD + Fru 组中鲁氏酵母菌 MF(分子功能)组中,催化还原功能有 1 401 个上调基因,1 249 个下调基因;氧化还原酶活性有 306 个上调基因,233 个下调基因。CC(细胞分组)组中,膜蛋白复合物有 129 个上调基因,107 个下调基因;线粒体有 83 个上调基因,63 个下调基因。BP(生物过程)组中,涉及单个有机体代谢过程的差异表达基因最多,有 718 个基因上调表达,578 个基因下调表达。发酵到 5 d 时,MF 组核糖体结构中有 22 个上调基因,123 个下调基因;细胞分子活性中 43 个上调基因,163 个下调基因。CC 组中细胞有 470 个上调基因,623 个下调基因;细胞组分有 470 个上调基因,623 个下调基因。BP 组中,涉及生物合成过程的差异表达基因最多,有 402 个上调基因,580 个下调基因。发酵第 7 d 时,MF 组中氧化还原酶活性有 51 个上调基因,85 个下调基因;二价无机阳离子跨膜转运活性有 50 个上调基因,40 个下调基因。CC 组中转录因子复合物有 45 个上调基因,31

个下调基因；ATP 酶复合物有 32 个上调基因和 43 个下调基因。BP 组中涉及差异表达基因最多的是 DNA 模板，转录起始，有 62 个上调基因，54 个下调基因。当发酵进行到 3 d 时，分子功能方面涉及的基因变化是最明显的；发酵进行到 5 d 时，与细胞组分相关的基因变化最明显；发酵进行到 7 d 时，受底物浓度和鲁氏酵母菌自身代谢的影响，DEGs 数目减少，与生物过程相关的基因变化最明显。

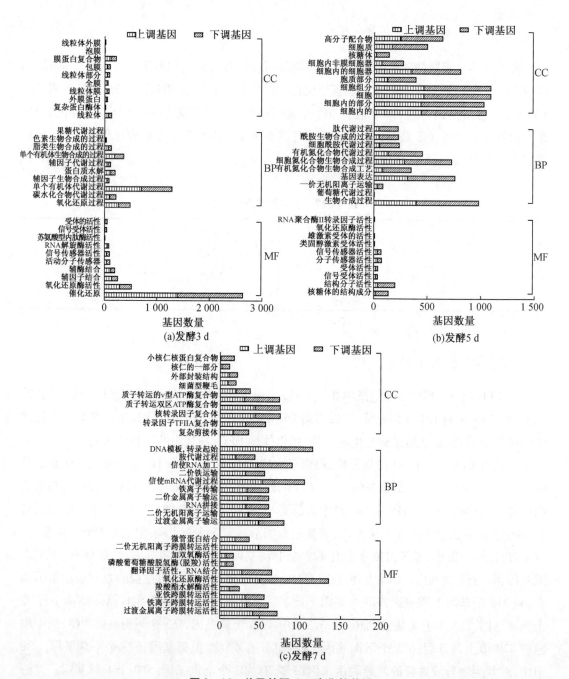

图 3-14　差异基因 GO 富集柱状图

## （四）KEGG Pathway 富集分析

KEGG 是包含基因功能和基因组信息的数据库。通过对 KEGG Pathway 富集分析能明确 DEGs 参与的最主要生化代谢途径和信号转导途径。差异基因 KEGG Pathway 结果如表3-18所示，发酵第3 d 和第7 d 富集到两个相同的代谢通路，即生物素代谢和氨酰基-tRNA 的生物合成。发酵5 d 时富集到的代谢通路较多，选取了排名前十的显著性富集通路，这些 DEGs 主要涉及的通路包括：次级代谢产物的生物合成，丙酮酸代谢、氨基糖和核苷酸糖代谢、果糖甘露糖代谢等。鲁氏酵母菌代谢过程中很多风味物质，如呋喃酮和甲酸乙酯等，都属于鲁氏酵母菌的次级代谢产物。糖类物质与氨基酸代谢可以帮助鲁氏酵母菌进行风味化合物的合成。

表3-18　差异基因 KEGG pathway

| 发酵时间 | KEGG 路径编号 | 途径 | 差异表达基因数/个 |
|---|---|---|---|
| 3 d | zro00780 | 生物素代谢 | 15 |
| | zro00970 | 氨酰基-tRNA 的生物合成 | 368 |
| 5 d | zro01100 | 代谢路径 | 1 166 |
| | zro01110 | 次级代谢产物的生物合成 | 460 |
| | zro03013 | RNA 转运 | 152 |
| | zro04111 | 细胞周期 | 207 |
| | zro00620 | 丙酮酸代谢 | 73 |
| | zro00051 | 果糖甘露糖代谢 | 27 |
| | zro00520 | 氨基糖和核苷酸糖代谢 | 46 |
| | zro00562 | 磷酸肌醇代谢 | 26 |
| | zro00260 | 甘氨酸、丝氨酸和苏氨酸的代谢 | 54 |
| | zro03050 | 蛋白酶体 | 70 |
| 7 d | zro00780 | 生物素代谢 | 15 |
| | zro00970 | 氨酰基-tRNA 的生物合成 | 375 |

## （五）KEGG 途径的 DEGs 分析

在 KEGG 途径中发现了与呋喃酮合成相关的 DEGs，两组在不同的发酵时间显示出了17个 DEGs（图3-15）。KEGG 分析表明，呋喃酮合成的最重要途径是 EMP（zro00010）和 PP（zro00030）。基于 FKPM 的值发现，D-果糖的添加影响呋喃酮合成过程中基因表达水平的变化。*HK*、*FBA*、*TPI*、*PFK1*、*6PGDH*、*G6PI*、*TPI* 和 *TKT* 基因的 FKPM 值在发酵第5 d 时大于第3 d 和第7 d 时。

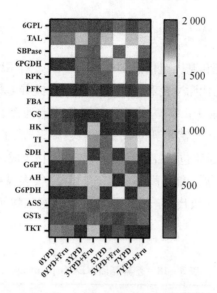

图 3-15　KEGG 途径中与 HDMF 和 HEMF 的生物合成有关的 DEGs

注:0YPD、3YPD、5YPD 和 7YPD 是在 YPD 中发酵 0 d、3 d、5 d 和 7 d 的样品;0YPD + Fru、3YPD + Fru、5YPD + Fru 和 7YPD + Fru 是在 YPD + Fru 中发酵 0 d、3 d、5 d 和 7 d 的样品。

## 六、RNA 样品的制备、处理以及引物验证

### (一)鲁氏酵母菌 RNA 提取

对不同培养条件下的鲁氏酵母菌进行 RNA 提取,将提取之后的 RNA 进行凝胶电泳检测,结果如图 3-16 所示。RNA 提取质量较好,RNA 的三条带分区较为明显,分别为 28 S、18 S 和 5 S。同时,为了确保提取的 RNA 可以用于后续的试验,使用超微量分光光度计检测 RNA 纯度,其中 OD 260/280 的值为 1.9,RNA 无污染。结合以上测得的 RNA 浓度结果,提取的 RNA 纯度较高,可以用于后续试验。

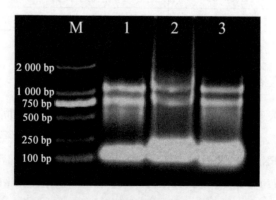

图 3-16　鲁氏酵母菌 RNA 电泳图

注:M 为 Marker 2000;1~3 为 RNA 提取样品。

## （二）鲁氏酵母菌反转录 cDNA 模板 PCR 验证

将提取的 RNA 进行反转录，反转体系参照表3－4。反转录成功后将得到的 cDNA 作为模板，以 *GAPDH* 为内参基因进行 PCR，利用凝胶电泳检测，结果如图3－17所示。图中最左侧为 2 000 bp 的 Marker，从左到右依次为发酵 0 d、3 d、5 d 和 7 d 时的样品，且内参基因可以很好地扩增出来，片段大小准确。通过对 RNA 浓度测试发现，RNA 浓度不同，从 2 000 到 5 000 不等。为了寻找最合适的 RNA 浓度，对 cDNA 模板进行了稀释，当稀释倍数为 4 倍时，电泳条带依然具有很高的亮度，如图3－18所示。通过多次试验确定浓度 3 000 多的 RNA 模板可稀释 2 倍，浓度 5 000 多的 RNA 模板可稀释 4 倍作为后期 qRT－PCR 模板。

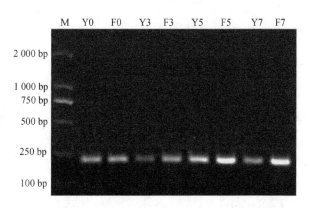

**图 3－17　鲁氏酵母菌反转录 cDNA 模板 PCR 产物电泳图**

注：M 为 Marker 2000；Y0、Y3、Y5、Y7 为 YPD 组发酵 0 d、3 d、5 d 和 7 d 的样品；F0、F3、F5、F7 为 YPD + Fru 组发酵 0 d、3 d、5 d 和 7 d 的样品。

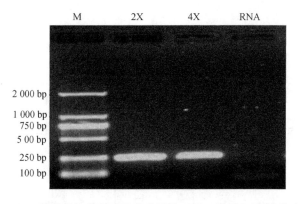

**图 3－18　稀释后的鲁氏酵母菌反转录 cDNA 模板 PCR 产物电泳图**

注：M 为 Marker 2000；2X 为稀释 2 倍的 cDNA 模板；4X 为稀释 4 倍的 cDNA 模板；RNA 为提取后的 RNA 样品。

## 七、呋喃酮合成相关基因的相对表达情况

### （一）呋喃酮合成相关基因在 EMP 和 PP 途径中的瞬时过表达

通过结果可知，在 EMP 和 PP 途径中呋喃酮合成筛选出的基因，具有较强的特异性，可

用于上机检测,结果如图 3 – 19 所示。图中显示了 *HK*、*PFK1*、*FBA*、*TPI*、*G6PI*、*6GPL*、*6PGDH* 和 *TKT* 基因相对基因表达水平。YPD + Fru 中的 *HK*、*FBA* 和 *PFK1* 基因在 EMP 途径中显著上调($p < 0.01$),而 *TPI* 基因在发酵 3 d 时显著下调($p < 0.001$)。在 PP 途径中,在发酵第 3 d 时,*6GPL* 和 *6PGDH* 基因均上调,*TKT* 基因上调了 2.75 倍。在发酵第 5 d 时,*FBA*、*6GPL* 和 *6PGDH* 基因的表达水平几乎增加了 1 倍($p < 0.001$),*TPI* 基因增加了 0.75 倍($p < 0.001$)。同时,YPD + Fru 中的 *G6PI* 和 *TKT* 基因显著下调($p < 0.001$)。在发酵第 7 d 时,YPD + Fru 中这些 DEGs 的表达水平显著高于 YPD 中的,除 *TKT* 外,所有 EMP 和 PP 途径中基因均上调。这些结果可能表明 D – 果糖可以作为呋喃酮生物合成的正调节剂。

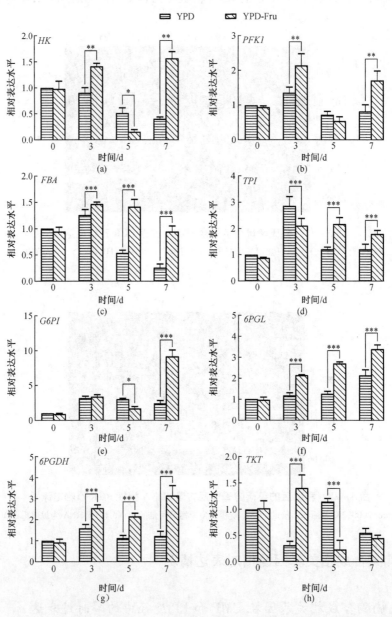

**图 3 – 19   EMP 和 PP 途径中呋喃酮合成相关的差异基因 qRT – PCR 结果**

注: * 表示 $p < 0.05$, * * 表示 $p < 0.01$, * * * 表示 $p < 0.001$。

## （二）TCA 循环中差异基因的瞬时表达

三羧酸循环作为维持生物机体能量循环重要代谢途径之一，不仅维持机体正常的生命活动，甚至对整个细胞的生长、繁殖及其代谢具有深远意义。在发酵过程中发现酸类物质增多，培养基 pH 值下降，因此，对 TCA 循环中的关键酶进行了 qRT - PCR 验证。

丙酮酸羧化酶（pyruvate carboxylase，PC）可以将丙酮酸羧化生成草酰乙酸。柠檬酸合酶（citrate synthase，CS）是合成柠檬酸的催化酶，也是 TCA 中第一个限速酶，控制整个循环的反应速度。乌头酸水合酶（aconitate hydratase，AH）可将柠檬酸催化为异柠檬酸。异柠檬酸脱氢酶是 TCA 循环中第二个关键酶，有两种存在模式，即 NAD 依赖型异柠檬酸脱氢酶（Isocitrate dehydrogenase，NAD - IDH）和 NADP 依赖型异柠檬酸脱氢酶（isocitrate dehydrogenase，NADP - IDH），可产生 NADH 和 NADPH，起到抗氧化胁迫作用。YPD + Fru 组相对于 YPD 组的基因表达水平在发酵 3 d 时，$CS$、$PC$、$NAD^+$ 均上调，$AH$ 下调；发酵 5 d 时，$NAD^+$ 上调，$CS$ 下降了 0.2 倍，$PC$ 下降了 3.1 倍，$AH$ 下降了 2 倍。发酵 7 d 时，$CS$ 和 $AH$ 上调，$NAD^+$ 下调，$PC$ 微下调，如图 3 - 20 所示。

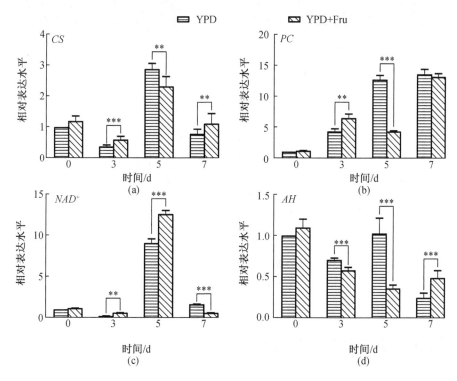

**图 3 - 20　TCA 途径中与呋喃酮合成相关的差异基因 qRT - PCR 结果**

注：＊＊表示 $p < 0.01$，＊＊＊表示 $p < 0.001$。

## 八、EMP 和 PP 途径关键酶活测定

为了更深入探究添加 D - 果糖对呋喃酮产生的影响，在蛋白水平上进行酶活性测定。

PFK1 作为 EMP 中的关键酶将果糖 – 6 – 磷酸催化为 FDP。FBA 可逆地将 EMP 途径中的 FDP 裂解为 DHAP 和 GAP。6PGDH 可以在 PP 途径中催化 6 – 磷酸 – D – 葡萄糖酸,将其氧化为核酮糖 – 5 – 磷酸。因此,选择 PFK1、FBA 和 6PGDH 作为关键酶进行酶活测定,如图 3 – 21 所示。YPD + Fru 中的 PFK1 活性在发酵 7 d 时相对于 YPD 中的上调($p < 0.05$)。在发酵 5 d 时,YPD + Fru 中的 FBA 活性较 YPD 中的显著上调 2.45 倍($p < 0.001$)。YPD + Fru 中的 6PGDH 活性在发酵 5 d 和 7 d 时高于 YPD 中的($p < 0.001$)。尽管酶的活性并不直接反映代谢通量,但它们可以显示出细胞中这些酶存在的定量证据。因此,这三种酶被认为是在鲁氏酵母菌中催化 D – 果糖生成呋喃酮的关键因素。

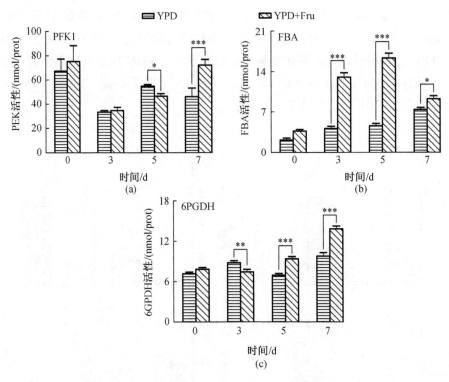

**图 3 – 21　PFK1、FBA 和 6PGDH 酶活性测定**

注:＊表示 $p < 0.05$,＊＊表示 $p < 0.01$,＊＊＊表示 $p < 0.001$。

## 九、鲁氏酵母菌代谢产物对比分析

### (一)OPLS – DA 分析

如图 3 – 22 所示为 YPD 组与 YPD + Fru 组对比的 OPLS – DA 模型得分散点图。由图可知,样本均在 95% 置信区间内,其中 YPD 组和 YPD + Fru 组样本区分效果显著,分别处于置信区间的上侧和下侧。同组样品的聚集程度较好,且各样品之间的距离较短。通过本次分析得到两个主成分,即 $R_X^2 = 0.842$,$R_Y^2 = 0.992$,$Q^2 = 0.953$,其中 $Q^2$ 在 0.5 ~ 1,这表明

OPLS-DA 模型具有良好的预测性,拟合度较高。由 OPLS-DA 得分图可分析出,在 YPD 培养基中添加一定量的 D-果糖对鲁氏酵母菌的代谢具有显著影响。

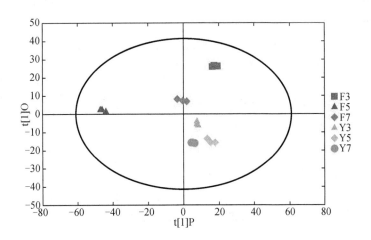

**图 3-22　OPLS-DA 模型得分散点图**

注:F3 为发酵 3 d 时 YPD + Fru 样品;F5 为发酵 5 d 时 YPD + Fru 样品;F7 为发酵 7 d 时 YPD + Fru 样品;Y3 为发酵 3 d 时 YPD 样品;Y5 为发酵 5 d 时 YPD 样品;Y7 为发酵 7 d 时 YPD 样品。

## (二)EMP 和 PP 途径中与呋喃酮合成相关的代谢物

为了定量研究添加 D-果糖后发酵产生的与呋喃酮合成相关的代谢物,通过 LC-MS/MS 测定对 D-果糖和各种代谢物进行分析(表 3-19)。在发酵过程中,D-果糖含量逐渐降低。发酵 5 d 时,YPD + Fru 中 6-磷酸葡萄糖、6-磷酸-葡萄糖酸和核酮糖-5-磷酸的含量高于 YPD 中,且在发酵期间差异最大。在 YPD + Fru 中,果糖-1,6-二磷酸在发酵 5 d 时比 YPD 中下降 18%,然后在发酵 7 d 时上升。此外,YPD + Fru 中的甘油含量在发酵 3 d 时低于 YPD 中的,在发酵 5 d 和 7 d 时较高。两组之间的差异随着发酵时间的增加而增加。甘油是通过 DHAP 催化分两步生产的,可以抑制底物和产品中的细菌,并保护细胞抵抗高盐胁迫。丙酮酸含量在发酵 3 d 时,YPD + Fru 中比 YPD 中增加了 2.3 倍,发酵 5 d 时增加了约 0.9 倍,发酵 7 d 时增加了约 2.8 倍。丙酮酸在 EMP 途径中起着重要作用,并且也是 EMP 和 TCA 之间的关联产物。YPD + Fru 中的 5-磷酸核糖胺在发酵 3 d 时比 YPD 中的降低了 19%,在发酵 5 d 时降低了 59%,在发酵 7 d 时降低了 46%。YPD + Fru 中的 HEMF 含量在发酵第 5 d 时是 YPD 中的约 7.5 倍。由此可见,外源添加 D-果糖对鲁氏酵母菌产呋喃酮具有积极的作用。

表 3 - 19  呋喃酮合成相关的代谢物分析

| 序号 | 质核比 | 保留时间/s | 代谢物名称 | 差异倍数（3 d） | 差异倍数（5 d） | 差异倍数（7 d） |
|---|---|---|---|---|---|---|
| 1 | 160.10 | 239.08 | D - 果糖 | 2.49 | 1.76 | 0.90 |
| 2 | 260.03 | 377.77 | 6 - 磷酸葡萄糖 | 0.87 | 1.56 | 0.90 |
| 3 | 320.97 | 34.29 | 果糖 - 1,6 - 二磷酸 | 1.48 | 0.82 | 4.82 |
| 4 | 241.01 | 327.13 | 6 - 磷酸葡萄糖酸 | 1.24 | 2.54 | 1.06 |
| 5 | 213.02 | 398.59 | 核酮糖 - 5 - 磷酸 | 0.87 | 1.87 | 1.73 |
| 6 | 228.12 | 47.80 | 5 - 磷酸核糖胺 | 0.81 | 0.41 | 0.54 |
| 7 | 91.04 | 111.60 | 甘油 | 0.92 | 1.08 | 2.97 |
| 8 | 87.01 | 122.43 | 丙酮酸 | 3.28 | 1.89 | 3.77 |
| 9 | 160.10 | 242.02 | HEMF | 1.29 | 7.49 | 1.70 |

注：差异倍数为两种培养条件下单位体积发酵液中物质浓度的比值。

## (三)鲁氏酵母菌挥发性代谢产物分析

鲁氏酵母菌添加到豆酱中可显著提高感官品质和理化品质。YPD + Fru 组在后期对比于 YPD 组香味明显,有明显的酱香味,对两组发酵液进行 LC - MS/MS 分析,挥发性物质如表 3 - 20 所示。在酸类物质中,YPD + Fru 中丙酮酸的含量明显高于 YPD 中的,证明了碳流的走向。乳酸作为酱油中一种独特风味成分,以其特有的温和酸味充分提升了酱油的适口性及芳香味。乳酸在与醇发生酯化反应后,得到具有果香、酒香及奶油香气的乳酸乙酯。丙三醇(甘油)能抑制底物和产物中的细菌,保护细胞抵抗胁迫。乙酯有果香味,在发酵进行到第 5 d 时,乙酯的含量要高于对照组,YPD + Fru 中酮类的含量均高于 YPD 中的。碘苯酚的气味略微有刺激性,添加果糖以后碘苯酚的含量低于对照组,因此,猜测果糖对有刺激性的气体有抑制作用。在检测到的挥发物中,酸类物质占比较大,说明添加 D - 果糖会对鲁氏酵母菌发酵产酸影响较大。

表 3 - 20  鲁氏酵母菌挥发性代谢产物分析

| 种类 | 质核比 | 保留时间/s | 代谢物名称 | 差异倍数（3 d） | 差异倍数（5 d） | 差异倍数（7 d） |
|---|---|---|---|---|---|---|
| | 117.02 | 367.57 | 琥珀酸 | 0.93 | 0.56 | 1.07 |
| | 87.01 | 122.43 | 丙酮酸 | 3.28 | 1.89 | 3.77 |
| | 89.03 | 235.79 | 乳酸 | 1.06 | 0.97 | 0.74 |
| | 133.01 | 47.43 | 苹果酸 | 1.18 | 0.79 | 0.86 |
| 酸 | 255.20 | 111.75 | 棕榈酸 | 0.61 | 0.59 | 2.60 |
| | 105.02 | 317.69 | 甘油酸 | 1.40 | 1.15 | 1.36 |
| | 119.05 | 285.13 | 苯乙酸 | 1.06 | 1.99 | 1.03 |
| | 163.06 | 112.48 | 乙酰乙酸 | 0.38 | 0.95 | 0.73 |

表3-20(续)

| 种类 | 质核比 | 保留时间/s | 代谢物名称 | 差异倍数(3 d) | 差异倍数(5 d) | 差异倍数(7 d) |
|------|--------|-----------|-----------|-------------|-------------|-------------|
| 醇 | 91.04 | 111.60 | 丙三醇 | 0.92 | 1.08 | 2.97 |
|    | 433.40 | 433.40 | 十氯酮醇 | 0.72 | 1.18 | 0.62 |
| 酯 | 193.07 | 133.73 | 甲酯 | 0.87 | 1.37 | 0.97 |
|    | 269.15 | 376.03 | 乙酰酪氨酸乙酯 | 0.95 | 2.29 | 1.08 |
|    | 279.16 | 32.42 | 邻苯二甲酸乙基己酯 | 1.00 | 1.76 | 0.95 |
|    | 341.26 | 24.66 | 乳酸乙酯 | 0.83 | 1.37 | 0.97 |
| 酮 | 160.10 | 242.02 | 2-乙基-4-羟基-5-甲基-3(2H)-呋喃酮 | 1.29 | 7.49 | 1.70 |
|    | 189.07 | 242.46 | 二氢-4,4-二甲基-2,3-呋喃二酮 | 0.94 | 2.55 | 0.69 |
|    | 123.04 | 285.18 | 二氢-2-甲基-3(2H)-呋喃酮 | 1.05 | 1.98 | 1.00 |
| 酚 | 93.03 | 38.89 | 苯酚 | 0.87 | 0.59 | 0.67 |
|    | 155.05 | 139.21 | 对硝基苯酚 | 0.85 | 0.90 | 1.62 |
|    | 236.01 | 382.64 | 碘苯酚 | 0.74 | 0.46 | 0.65 |

注:差异倍数为两种培养条件下单位发酵液体积中物质浓度的比值。

## 十、鲁氏酵母菌 *FBA* 基因生物信息学分析

### (一)*FBA* 基因的理化性质分析

*FBA* 基因全长 1 086 bp,编码 361 个氨基酸,有 6 个 ORF 开放阅读框,起始密码子及终止密码子分别为 ATG 和 TAA。FBA 蛋白分子式为 $C_{1751}H_{2723}N_{471}O_{537}S_{11}$,相对分子质量为 39 317.38 u,原子总数为 5 493 个,理论等电点(PI)是 5.91,有 45 个氨基酸残基带负电荷(天冬氨酸 Asp + 谷氨酸 Glu),有 38 个氨基酸残基带正电荷(精氨酸 Arg + 赖氨酸 Lys)。其脂肪系数为 78.89,总亲水性数值为 -0.312,说明 FBA 为亲水性蛋白。其不稳定系数是 32.11,可见 FBA 是稳定蛋白。FBA 蛋白氨基酸残基最小疏水性数值为 -2.867,最大值为 1.578。结合 FBA 蛋白的疏水性,脂肪系数以及总亲水性数值分析,推测 FBA 为亲水性蛋白。

### (二)*FBA* 的 CpG 岛分析

包含高 GC 含量且接近预期比例的 CpG 簇被确认为 CpG 岛,根据组蛋白修饰、甲基化和启动子活性,CpG 岛通常被称为表观遗传调控区。通过精确地绘制 CpG 岛 DNA 甲基化图,可以了解不同的生物功能。通过 EMBOSS Cpgplot 在线软件对 SbSUTs 进行 CpG 岛分

析,*FBA* 有 1 个 CpG 岛,长度为 390 bp,位置在 561~950。

### (三)FBA 的蛋白结构预测

#### 1. FBA 的亚细胞定位

利用 RSORT Prediction 的 Yeast 对 FBA 进行亚细胞定位,FBA 可能定位于细胞质、线粒体、过氧化物酶体、内质网(膜)上,且可能主要定位在细胞质上。通过 SignalP - 5.0 分析 FBA 蛋白的信号肽,结果显示 FBA 无信号肽,没有剪切位点,不属于分泌蛋白。

#### 2. FBA 潜在磷酸位点分析

磷酸化修饰与细胞的信号转导、周期变化、生长以及病毒机理等诸多生物学问题环环相扣。利用 NetPhos 3.1 server 对 FBA 的丝氨酸激酶(serine, S)、苏氨酸激酶(threonine, T)和酪氨酸激酶(throsine, Y)的潜在磷酸位点进行分析,结果如表 3 - 21 所示,FBA 具有大量的磷酸化位点,占总氨基酸残基的 12.1%。FBA 蛋白中包括 S 位点 31 个,T 位点 9 个,Y 位点 4 个,说明 FBA 参与酶作用机制,在此过程中磷酸化为中间产物,并参与其他生理过程的调控。

表 3 - 21　FBA 的潜在磷酸位点分析

| 磷酸化位点 | 位置 |
| --- | --- |
| 丝氨酸激酶 S | 1、50、66、96、97、111、112、126、189、190、209、228、243、247、277、341、342、394、395、409、410、443、444、462、463、497、512、513、514、557、558 |
| 苏氨酸激酶 T | 81、292、293、326、375、527、572、587、588 |
| 酪氨酸激酶 Y | 356、357、458、478 |

#### 3. FBA 的保守结构域与跨膜螺旋结构预测

利用 TMHMM 预测 FBA 编码的蛋白跨膜结构无跨膜区。该蛋白位于膜外,属于非跨膜蛋白。如图 3 - 23 所示,FBA 蛋白具有一个高度保守的结构功能域,NADH 氧化还原酶,色氨酸合酶亚基,谷氨酸合成酶都具有相似的保守结构域。因此猜测,FBA 也具有上述蛋白的功能。

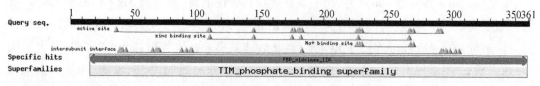

图 3 - 23　FBA 编码的蛋白保守结构域分析

#### 4. FBA 蛋白的二级结构

采用 SOPMA 网站预测 FBA 蛋白的二级结构,结果如图 3 - 24 所示。FBA 蛋白具有 48.48% 的 α - 螺旋,33.52% 的无规则卷曲,11.63% 的延伸链和 6.37% 的 β - 转角 4 种结构形式。其中,α - 螺旋为 FBA 蛋白的主要折叠形式,α - 螺旋和无规则卷曲是 FBA 的主要结构元件,延伸链和β-转角分布于整个蛋白质中。

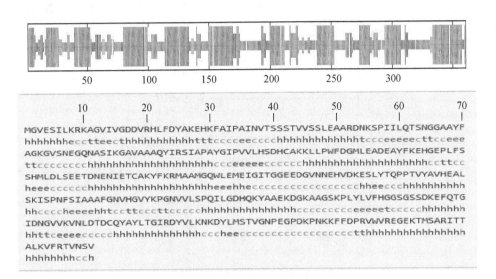

**图3-24　FBA蛋白二级结构预测**

注:h为α-螺旋;t为β-转角;e为延伸链;c为无规卷曲。

5. FBA 三级结构对比分析

利用 Phyre 2 预测 FBA 蛋白的三级结构模型,结果如图 3-25 所示。FBA 的预测置信度为100%。从图中可以看出,FBA 蛋白具有丰富的α-螺旋和无规则卷曲,还有少量的延伸链和β-转角,与二级结构预测结果基本一致。

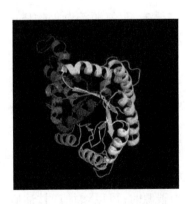

**图3-25　FBA蛋白三级结构预测**

6. FBA 的系统发育树分析

为了分析 FBA 与其他酵母 FBA 的进化关系,将 FBA 的蛋白质序列在 NCBI 上进行 BLAST 比对,筛选出与其同源性较高的拜耳接合酵母、*Parabailii* 接合酵母、鲁氏酵母菌、出芽酵母、酿酒酵母、范德华氏菌的 FBA 蛋白。通过 Mega 5.1 以及 NJ 的计算方式,运行参数 Bootstrap method 检验 1 000 次,对不同酵母 FBA 的氨基酸序列构建发育进化树分析,结果如图 3-26 所示。鲁氏酵母菌与拜耳接合酵母、*Parabailii* 接合酵母在分支度上同源性较近,拜耳酵母是酱香型白酒的主要微生物之一,拜耳酵母的风味代谢物要比酿酒酵母丰富一些。*Parabailii* 接合酵母对有机酸具有高耐受性,可在低 pH 值下快速生长代谢,胁迫耐受性较好。因此,可以推测它们可能具有相似的功能。

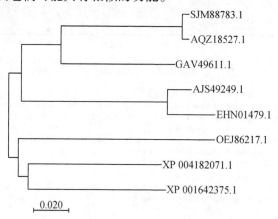

**图 3 – 26　FBA 蛋白的系统进化树分析**

注:SJ 为拜耳接合酵母;AQ 为 parabailii 接合酵母;GA 为鲁氏酵母菌;AJ 为酿酒酵母;EH 为酿酒酵母和酿酒酵母的杂种基因组;OE 为汉逊氏假单胞菌;XP004 为出芽酵母;XP001 为范德华氏菌。

# 第四节　结　　论

## 一、外源添加 D – 果糖对鲁氏酵母菌生长特性的影响

鲁氏酵母菌的生长和代谢需要碳源、氮源等营养物质的参与,其中碳源是最重要的元素,可以影响酵母菌细胞中呼吸酶的合成和线粒体的形成,从而使酵母菌的生长速率发生改变。相关研究结果表明,在 YPD 培养基中添加 FDP,增加了毕赤酵母菌细胞数量,并且促进了毕赤酵母中 HDMF 的产生。Dahlen 等(2001)发现,在 YPD 培养基中添加 FDP 可以增加鲁氏酵母菌的生物量,研究得出了类似的结论。YPD + Fru 中的鲁氏酵母菌生物量在发酵 3 d 时显著高于 YPD 中的(图 3 – 3)。YPD + Fru 中的细胞菌落在培养 3 d 时肉眼可见,YPD 中的菌落在 5 d 时肉眼可见且菌落小于 YPD + Fru 中 3 d 时的菌落(图 3 – 5)。由此可见,外源性添加 D – 果糖可以为酵母细胞提供营养,使其更好地进行代谢生长。宋保平(2012)也发现以葡萄糖和多糖为碳源时,可以增加产甘油假丝酵母的生物量,EMP 途径的碳流增加。综上所述,外源 D – 果糖的添加可以为酵母细胞提供营养物质加速其生长速度。

## 二、外源添加 D – 果糖对鲁氏酵母菌碳代谢的影响

因为鲁氏酵母菌可以代谢芳香型化合物,所以被广泛应用在发酵食品中。在甜酱和柿子饼中加入鲁氏酵母菌后,风味明显增强。在豆粕中添加鲁氏酵母菌增加了总氨基酸量,提高了豆粕营养和感官品质。添加鲁氏酵母菌可增加酱油芳香物质的产生,使酱油口感更佳细腻。有研究表明,外源添加 D – 果糖增加了鲁氏酵母菌生成 HDMF 的产量,但并未对

其详细机制进行阐述。发酵3 d时，YPD + Fru 中的 *HK* 上调表达，可以催化 D - 果糖生成 D - 果糖 - 6 - 磷酸，也可以催化葡萄糖生成葡萄糖 - 6 - 磷酸。*G6PI* 基因在两组之间差异不显著，这可能是因为 6 - 磷酸 D - 葡萄糖和 D - 果糖 - 6 - 磷酸相互转化较少。可见，外源添加 D - 果糖会促使鲁氏酵母菌直接产生 D - 果糖 - 6 - 磷酸，而不是由葡萄糖 - 6 - 磷酸转化生成。代谢组数据显示，YPD + Fru 中的 6 - 磷酸 D - 葡萄糖比 YPD 中的 6 - 磷酸 D - 葡萄糖含量降低 13%（表 3 - 19），这表明外源 D - 果糖的存在会限制鲁氏酵母菌早期对葡萄糖的利用。YPD + Fru 中 *PFK1* 上调表达，D - 果糖 - 1,6 - 二磷酸的含量是 YPD 中的 1.48 倍，这是因为 D - 果糖 - 6 - 磷酸通过 PFK1 磷酸化生成了更多的 D - 果糖 - 1,6 - 二磷酸，D - 果糖 - 1,6 - 二磷酸在 FBA 催化下裂解成 DHAP 和 GAP。YPD + Fru 中 *FBA* 上调表达可促使 D - 果糖 - 1,6 - 二磷酸产生更多的 DHAP 和 GAP。GAP 生成丙酮酸进入 TCA 循环，DHAP 可生成 HDMF 和甘油。丙酮酸在胞质内的 PC 催化作用下，会迅速裂解为 $CO_2$ 和乙醛。因为丙酮酸的含量增加，所以 *CS* 上调，同时 PC 催化丙酮酸生成草酰乙酸，*PC* 上调，草酰乙酸通过 CS 转化为异柠檬酸，AH 也将柠檬酸转化成异柠檬酸，*AH* 下调，这可能是因为大部分碳流被 PC 分流。*NAD - IDH* 上调，但是代谢组数据中，琥珀酸是对照组的 0.9 倍，所以推测琥珀酸和草酰乙酸进行了转化。YPD + Fru 中甘油含量比 YPD 中下降 8%，可见 YPD + Fru 中 DHAP 将生成更多的 HDMF。在 PP 途径中，YPD + Fru 中的 *6PGL* 上调表达，使葡萄糖 - 6 - 磷酸水解成较多的 6 - 磷酸 - D - 葡糖酸（表 3 - 19）。然而，YPD + Fru 中 6PGDH 酶活力相比于 YPD 中的显著下降，产生的核酮糖 - 5 - 磷酸比 YPD 下降 13%。*TKT* 显著上调，可能表明有一部分的磷酸核酮糖去转化成 D - 果糖 - 6 - 磷酸或者 GAP。综上所述，YPD + Fru 中的鲁氏酵母菌在发酵第 3 d 时主要通过 EMP 途径合成呋喃酮。

随着发酵进行到 5 d 时，D - 葡萄糖和 D - 果糖逐渐被消耗，YPD + Fru 中 6 - 磷酸 - D - 葡萄糖和 D - 果糖 - 6 - 磷酸积累（表 3 - 19），抑制 *HK* 基因的表达（图 3 - 15）；同时，*G6PI* 基因显著下调，表明 YPD + Fru 中的 6 - 磷酸 - D - 葡萄糖和 D - 果糖 - 6 - 磷酸间相互转化比 YPD 中的少。在 EMP 途径中，由于 PFK1 酶不活跃（图 3 - 21），且受 ATP 和 pH 值的抑制调控，使 D - 果糖 - 6 - 磷酸通过 PFK1 磷酸化成 D - 果糖 - 1,6 - 二磷酸，反应速率变慢。与此同时，*FBA* 基因上调表达，FBA 酶活增强，使 D - 果糖 - 1,6 - 二磷酸裂解生成更多的 DHAP 和 GAP，所以 D - 果糖 - 1,6 - 二磷酸含量降低（表 3 - 19）。与发酵 3 d 时比，发酵 5 d 时的 YPD + Fru 中 GAP 合成丙酮酸的含量从 3.28 倍降到 1.89 倍，且 *TPI* 基因显著上调表达，表明部分 GAP 转化为 DHAP，造成自身无法大量积累丙酮酸，同时 *PC*、*CS* 和 *AH* 下调，糖酵解过程产生的大量 NADH 无法快速转化为 $NAD^+$，细胞的氧化还原平衡被破坏，*NAD - IDH* 上调而引入辅酶系统促进 $NAD^+$ 再生。*PC* 下调，导致 TCA 中间产物代谢受到抑制，苹果酸、琥珀酸等直接代谢物含量低于 YPD 中（表 3 - 20）。YPD + Fru 中甘油产量与 YPD 中基本相同（表 3 - 19），说明 YPD + Fru 中产生的较多的 DHAP 主要去合成 HDMF。在 PP 途径中，与 YPD 比，YPD + Fru 中 *6PGL* 基因上调产生大量的 6 - 磷酸 - D - 葡糖酸，其在 6PGDH 的作用下生成更多的核酮糖 - 5 - 磷酸，由于 *TKT* 基因下调表达，核酮糖 - 5 - 磷酸向果糖 - 6 - 磷酸和 GAP 的转化减少，因而生成更多的 HEMF。本试验中发现 HDMF 和 HEMF 在发酵第 5 d 时的产量最大，且表 3 - 20 显示 HEMF 是对照的 7.5 倍，同时 KEGG

Pathway 富集到次级代谢产物的生物合成路径发生了显著性差异,结合基因表达、酶活和代谢组学的证据认为,外源添加 D - 果糖发酵至 5 d 时,呋喃酮类物质的合成可通过 EMP 和 PP 的途径进行,且碳流从主代谢 GAP 分流较多给 DHAP,增加了次生代谢进行,TCA 受到抑制,从而产生了较多的呋喃酮类物质。

在发酵的第 7 d,与 YPD 组比,YPD + Fru 组中具有相对较多的营养物质,EMP 和 PP 途径中 DEGs 表达水平和酶活力较高,且与呋喃酮合成相关的代谢物含量多,因此,HDMF 和 HEMF 的含量均显著高于对照组。对于 YPD + Fru 组来说,发酵 7 d 时 HDMF 和 HEMF 比 5 d 时含量降低,这可能受细胞代谢和细胞代谢物抑制作用的影响,也可能是因为 GAP 大部分用来合成丙酮酸进入 TCA,*CS* 和 *AH* 上调,同时 *PC* 不显著,使丙酮酸可以大量积累。当环境中的碳源缺乏时,异柠檬酸脱氢酶在异柠檬酸脱氢酶激酶的影响下磷酸化失活,所以 *NAD - IDH* 下调,碳源被乙醛酸途径所利用,与此同时,DHAP 合成较多甘油而碳流较少一部分用于合成 HDMF(表 3 - 19)。综上可见,发酵 7 d 时,YPD + Fru 中仍然是通过 EMP 和 PP 途径来合成呋喃酮,但从果糖 - 1,6 - 二磷酸出发的碳源进入 EMP 和 TCA 等主代谢的碳流增加,且从 DHAP 出发的碳流较多进入甘油代谢,所以用于合成 HDMF 的碳流减少,HDMF 含量下降。

### 三、*FBA* 基因的生物信息学分析

通过对 *FBA* 基因的核苷酸序列研究分析发现,*FBA* 位于 E 号染色体,有一个 390 bp 的 CpG 岛,CpG 岛在管家基因或频繁表达的启动子附近,说明 *FBA* 能够与启动子特异性 DNA 序列结合,起到与甲基化相关的作用。对 *FBA* 基因编码的氨基酸序列进行结构及其功能预测,根据脂肪系数、亲疏水性系数、不稳定系数等分析,FBA 蛋白属于亲水性稳定蛋白。FBA 蛋白拥有较多的磷酸化位点,可以通过相应位点的磷酸化来实现其功能的调控(图 3 - 14)。二级结构与三级结构预测显示,α - 螺旋和无规则卷曲是 FBA 蛋白的主要结构元件(图 3 - 24、图 3 - 25)。FBA 蛋白在不同酵母中有相同的保守同源序列(图 3 - 26),与 *Parabailii* 接合酵母有较近的亲缘性,其胁迫耐受性较好,因此,推测鲁氏酵母可能具有相同的结构域功能。

通过对外源添加 D - 果糖的鲁氏酵母菌进行转录组学测序,挖掘在 EMP、PP 途径和 TCA 中与呋喃酮合成相关的 DEGs,通过 qRT - PCR 进行验证,结合代谢组学数据对差异代谢物与香气物质的分析得到以下结论:

(1)通过对添加 D - 果糖的鲁氏酵母菌进行生长特性研究发现,添加了 D - 果糖的鲁氏酵母菌是未添加 D - 果糖鲁氏酵母菌生物量的 2.5 倍。菌落生长状态优于未添加 D - 果糖的鲁氏酵母菌。HDMF 和 HEMF 产量得到了明显提高,发酵 5 d 时 HDMF 产量达到 98 mg/L,HEMF 产量达到 25 mg/L。同时,产酸能力和产酮能力得到了极大的提升,说明添加 D - 果糖更利于风味物质的提高。

(2)转录组数据分析表明,与对照组相比较,鲁氏酵母菌经 D - 果糖调控后,发酵 3 d 时酵母菌的 DEGs 为 7 514 个,发酵 5 d 时为 4 611 个,发酵 7 d 时为 8 611 个。GO 富集分析发现,D - 果糖调控下的鲁氏酵母菌发酵 3 d 时,其分子功能 DEGs 比对照组显著增加,发酵

5 d时细胞组分DEGs显著增多,发酵7 d时生物过程DEGs显著增多。通过KEGG分析发现鲁氏酵母菌具有完整的糖酵解、磷酸戊糖途径、三羧酸循环碳代谢途径,并且直接或间接调控呋喃酮前体物质DHAP和核酮糖-5-磷酸合成的基因*FBA*和*6PGDH*过表达(图3-27)。

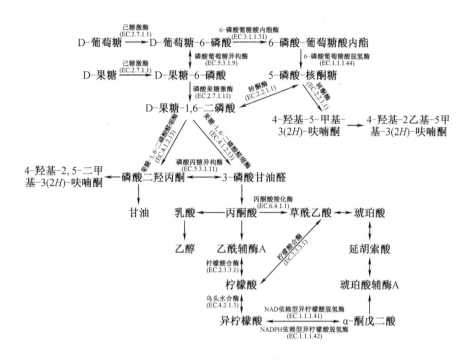

**图3-27　D-果糖调控鲁氏酵母菌碳代谢通路图**

(3)通过qRT-PCR技术检测与呋喃酮合成相关的*HK*、*PFK1*、*G6PI*、*FBA*、*TPI*、*6GPL*、*TKT*和*6PGDH*的基因表达量可以通过EMP和PP途径合成呋喃酮前体相关物质,包括酶促催化反应和自发化学转化。结果显示,这类基因都具有差异性。发酵3 d时,D-果糖通过HK磷酸化为D-果糖-6-磷酸,以EMP为主路径合成呋喃酮。发酵5 d时,EMP和PP途径都作为主路径生成呋喃酮,同时GAP可通过TPI转化成DHAP来合成HDMF,使HDMF在第5 d时达到最高产量。发酵7 d时,YPD+Fru中营养物质相比于YPD中多,维持EMP和PP途径正常代谢来产生呋喃酮。

(4)通过代谢组学GC-MS检测与呋喃酮合成相关的代谢产物发现,与呋喃酮合成直接或间接相关的代谢物增多,风味代谢物增多。D-果糖调控后的鲁氏酵母菌在发酵进行到3 d时产生的酸类物质增多,且TCA中的*CS*、*PC*、*NAD*$^+$均上调表达。发酵至第5 d时,其酮类和酯类等主要香气物质高于对照组,HEMF含量是对照组的7.5倍,发酵至7 d时,代谢物之间差距减少。

(5)生物信息学分析*FBA*基因结构,基因全长1 086 bp,编码361个氨基酸。根据脂肪系数、亲疏水性系数、不稳定系数等分析,说明FBA蛋白属于亲水性稳定蛋白。FBA具有大量的磷酸化位点,占总氨基酸残基的12.1%,α-螺旋和无规则卷曲是FBA蛋白的主要结构元件。FBA 蛋白与 *Parabailii* 接合酵母亲缘性较近。

    FDP 虽是目前发现最有利于促进 HDMF 生成的前驱物质,但因其价格昂贵且产量较低,不是工厂生产的理想前体物质。寻找一个能被微生物细胞高效催化生成 HDMF 和 HEMF 的底物是本书研究的重点。尝试利用 D – 果糖添加到 YPD 培养基中发现,HDMF 和 HEMF 合成量有明显的提高。通过生物信息学预测 *FBA* 基因的功能,为后续实验室构建 *FBA* 表达载体奠定基础。利用微生物细胞催化生产呋喃酮,为鲁氏酵母菌在食品工业中的增香应用提供理论支撑,使工厂利用微生物法大量生产呋喃酮成为可能。

# 第四章　鲁氏酵母菌高产呋喃酮菌株的构建

## 第一节　概　　述

作为最具有商业价值的高档香料之一,HDMF 被应用于众多领域,尤其是食品行业。鲁氏酵母菌发酵产 HDMF 是目前已知最主要的 HDMF 生物合成途径,国内外对其 HDMF 合成代谢及基因表达进行了一定的研究,但目前鲁氏酵母菌的产香机理仍处于起步和发展阶段,产香机制尚未明确,且多数研究是以 FDP 为前体物质而进行,价格较高,并不适合大规模生产。前期研究发现,在添加 120 g/L 的 D - 果糖和 180 g/L 的 NaCl 的 YPD 培养基中发酵 5 d,鲁氏酵母菌的 HDMF 产量可达 6.77 mg/L。以此为基础,进行转录组分析发现,*FBA* 和 *TPI* 基因可能对鲁氏酵母菌代谢合成 HDMF 有促进作用。

综上所述,本研究以鲁氏酵母菌作为出发菌株,构建 *FBA* 和 *TPI* 基因过表达重组菌株,对酵母菌菌落 PCR 方法进行优化,以提供一种更加高效、快捷的转化子筛选方法,以减少大规模转化子筛选时的工作量。转录水平上,以实时荧光定量 PCR(qRT - PCR)技术对阳性转化子中各个时期的相关基因表达情况进行测定;代谢水平上,利用高效液相色谱(HPLC)法对菌株不同时期的 HDMF 产量进行测定;同时,对关键酶基因表达量与 HDMF 产量的相关性进行分析,并对关键酶基因进行全面的生物信息学分析。从不同水平上探究鲁氏酵母菌 *FBA* 和 *TPI* 基因在代谢合成 HDMF 中的作用,为利用鲁氏酵母菌工程菌株工业化生产HDMF 提供理论基础。

## 第二节　材料与方法

### 一、试验材料

#### (一)菌种与培养基

(1)菌种:鲁氏酵母菌(冷冻干燥粉),购自中国普通微生物菌种保藏管理中心,菌种保藏编号为 No. 32899。

(2)YPD 培养基:酵母提取物 1.0 g,蛋白胨 2.0 g,葡萄糖 2.0 g,去离子水 100 mL;121 ℃灭菌 15 min;若配制固体培养基,则另外加入 2%琼脂。

(3)YPD + Fru 培养基:酵母提取物 1.0 g,蛋白胨 2.0 g,葡萄糖 2.0 g,NaCl 18 g,D - 果糖 12 g,去离子水 100 mL;121 ℃灭菌 15 min;若配制固体培养基,则另外加入 2%琼脂。

### (二)载体及引物

本试验所用 pECS – URA 载体购自转导精进(武汉)生物技术有限公司。pECS – URA 属高拷贝酵母表达载体,全长 6 631 bp,可同时保证两个基因在酵母中进行高效表达。载体图谱如图 4 – 1 所示。

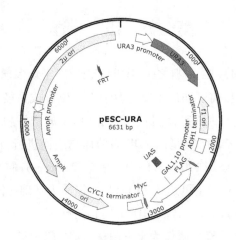

**图 4 – 1　pECS – URA 载体图谱**

由 NCBI 获取 *FBA* 和 *TPI* 基因序列,使用 Primer 5.0 软件,按照引物设计基本原则进行所需引物的设计,保证引物长度控制在 18 ~ 28 bp,上游引物与下游引物间退火温度差异在 3 ℃内,GC 含量为 40% ~ 60%。引物碱基序列如表 4 – 1 所示。

**表 4 – 1　引物序列设计**

| 引物名称 | 序列(5′ to 3′) | 目的片段长度/bp |
|---|---|---|
| FBA – F | GAAACTCATTTGCCCACCGCC | 1 448 |
| FBA – R | GGGTGAAAGATACGTGGGCGT | |
| ADH – F | CGCCAGCGGCTAAATCGAGA | 1 248 |
| ADH – R | TCACGTTCGTCACGCTAACCA | |
| TPI – F | CCTGCTAGCCACTGTTCCTCT | 944 |
| TPI – R | ACGTAGTCATCATCATTCACACGTA | |
| FG – F | TTGTGGAAATGTAAAGAGCCCCA | 937 |
| FG – R | TCAGCTTCCAACATACCATCGAA | |
| FC – F | GTTGGACTTGTCTGAAGAAACCG | 750 |
| FC – R | ACTCCTTCCTTTTCGGTTAGAGC | |
| AMP – F | CGTCGTTTGGTATGGCTTCATTC | 581 |
| AMP – R | TCCGCTCATGAGACAATAACCCT | |

表 4 - 1（续）

| 引物名称 | 序列（5′to 3′） | 目的片段长度（bp） |
|---|---|---|
| TG - F | AGGTTTCCAAAGCCGGCTTGC | 754 |
| TG - R | GTCTTCCTTCGGAGGGCTGT | |
| FQ - F | ATCGTCGGTGATGACGTTCG | 244 |
| FQ - R | TGATGTATTGAGCAGCAGCGA | |
| TQ - F | TCGTCGACGGAGTTTTCACCA | 148 |
| TQ - R | ACCCAAACGCTGAGGTCGTTA | |
| GAPDH - F | AGACTGTTGACGGTCCATCC | 121 |
| GAPDH - R | CCTTAGCAGCACCGGTAGAG | |
| CS - F | ATTCGCCAAGGCTTATGCCCA | 287 |
| CS - R | GGTGAGTGGTGTGAGCGGAA | |
| PFK1 - F | GGTGATGCTCCCGGTATGAA | 257 |
| PFK1 - R | GGGCACCCTTCAATCTACCC | |
| HK - F | TGGCTATCGATTTGGGTGGT | 244 |
| HK - R | CCTTGGGATGCTGGGTAAGA | |

## （三）主要试剂

试验所用主要试剂如表 4 - 2 所示。

表 4 - 2　主要试验试剂

| 试剂名称 | 生产厂家 |
|---|---|
| 甲醇（色谱纯） | 天津星马克科技发展有限公司 |
| 乙腈（色谱纯） | 天津星马克科技发展有限公司 |
| 甲酸（色谱纯） | 天津市科密欧化学试剂有限公司 |
| SYBR® Green Realtime PCR Master Mix | 日本东洋纺生物科技有限公司 |
| RNA 逆转录试剂盒 | 日本东洋纺生物科技有限公司 |
| 无水乙醇 | 辽宁泉瑞试剂有限公司 |
| Trizol | 北京索莱宝科技有限公司 |
| 氯仿 | 北京化学试剂公司 |
| 异丙醇 | 辽宁泉瑞试剂有限公司 |
| 琼脂糖 | 上海创赛科技有限公司 |
| 氯化钠 | 天津市东丽区天大化学试剂厂 |
| D - 果糖 | 天津市东丽区天大化学试剂厂 |
| Taq 酶 | 广州东盛生物科技有限公司 |

表 4-2(续)

| 试剂名称 | 生产厂家 |
|---|---|
| DNA Marker DL2000 | 大连宝生物工程有限公司 |
| Tris | 北京鼎国生物技术有限责任公司 |

## (四)主要仪器设备

试验所用主要仪器设备如表 4-3 所示。

表 4-3　主要仪器设备

| 仪器设备名称 | 生产厂家 |
|---|---|
| SW-CJ-1CU 型超净工作台 | 上海博讯实业有限公司医疗设备厂 |
| HH.S11-2 型电热恒温水浴锅 | 上海博讯实业有限公司医疗设备厂 |
| ME204E 型电子天平 | 梅特勒-托利多仪器有限公司 |
| MLS-3781-PC 型高压蒸汽灭菌锅 | 松下健康医疗器械株式会社 |
| Gel Doc XR+型紫外凝胶成像仪 | 美国 Bio-Rad 公司 |
| Centrifuge 5430R 型高速冷冻离心机 | Eppendorf 生命科技有限公司 |
| CFX96TM 实时荧光定量 PCR 仪器 | 美国 Bio-Rad 公司 |
| XBM-8C 型生物显微镜 | 重庆光学仪器厂 |
| HZQ-QX 全温振荡器 | 哈尔滨市东联电子技术开发有限公司 |
| BGG-9070A 型电热恒温鼓风干燥箱 | 上海一恒科学仪器有限公司 |
| XB70KS 型制冰机 | 格兰特(美国)公司 |
| 754 紫外可见分光光度计 | 上海光谱有限公司 |
| FE28-S 型 pH 计 | 瑞士梅特勒-托利多仪器有限公司 |
| 1290 UHPLC 型超高效液相 | 美国 Agilent 公司 |
| ECM830 型电转仪 | BTX 公司 |
| PCR 仪 | 美国 Bio-Rad 公司 |
| 明澈 D24 UV 型纯水仪 | 德国 Merck Millipore 公司 |

## 二、试验方法

## (一)菌种活化、培养及保藏

(1)活化:在超净工作台中挑取少量鲁氏酵母菌冻干粉,加入至 100 mL 灭菌 YPD 培养基中,于 28 ℃、180 r/min 条件下发酵 3~4 d,当细胞总数达到 $2.0 \times 10^8$ CFU/mL 左右时,停止发酵。将此发酵液以 5% 接种至新的 100 mL 无菌 YPD 培养基中,28 ℃、180 r/min 发酵

30～35 h,当细胞总数达到 $1.0 \times 10^8$ CFU/mL 时,即得种子发酵液。

(2)培养:将种子液以 5% 加入灭菌后的培养基中,发酵时间设置为 0 d、1 d、3 d、5 d 和 7 d,每组 3 个平行样。

(3)保藏:短期保存时可将长有鲁氏酵母菌单菌落的固体平板存放于 4 ℃ 冰箱中;长期保存需向菌液中加入等体积的 70% 甘油,混匀后于 -150 ℃ 冰箱保存。

## (二)基因组 DNA、质粒提取

鲁氏酵母菌基因组 DNA 提取采用 Tris - HCl 法,步骤如下:

(1)取鲁氏酵母菌悬液于 4 ℃、12 000 r/min 条件下,离心 5 min,弃去上清液。用等体积的蒸馏水充分清洗菌体,再次离心,弃去上清液后立即置于液氮中冷冻。

(2)将菌体转移至研钵(液氮预冷)中,充分研磨至白色粉末状后,转移至 1.5 mL 离心管中(每管不超过 100 mg)。

(3)加入 DNA 提取液 600 μL,60 ℃ 水浴 30 min,提取液组分如表 4 - 4 所示。

表 4 - 4 DNA 提取液配制

| DNA 提取液组分 | 体积/mL |
| --- | --- |
| 1 mol/L Tris - HCl(pH = 8.0) | 10.0 |
| 5 mol/L NaCl | 2.5 |
| 0.5 mol/L EDTA(pH = 8.0) | 2.5 |
| 10% SDS | 2.5 |
| 去离子水 | 32.5 |

(4)12 000 r/min,4 ℃,离心 5 min,取上清液,加入等体积氯仿,混匀后,静置 10 min,12 000 r/min,4 ℃,离心 5 min。

(5)取上清液,加入等体积异丙醇,混匀后于 -20 ℃ 静置 30 min。

(6)12 000 r/min,4 ℃,离心 5 min,弃去上清液。

(7)加入 1 mL 70% 乙醇,摇动清洗,12 000 r/min,4 ℃,离心 5 min,弃去上清液,于超净台风干。

(8)向离心管中加入 100 μL 无菌水,60 ℃ 水浴溶解,摇匀即得基因组 DNA,-20 ℃ 保存。

使用 OMEGA Plasmid Mini Kit I 试剂盒进行质粒提取,具体操作步骤如下:

(1)分次取 2～5 mL 菌液于 1.5 mL 离心管中,12 000 r/min,2min,离心后弃去上清液。

(2)重复步骤 1 直至全部菌体收集完成。

(3)向离心管加入 250 μL 溶液 I(添加 RNase A),重悬菌体。

(4)加入 250 μL 溶液 II,轻柔颠倒混匀,静置 2～3 min(不可超过 5 min)。

(5)加入 350 μL 溶液 III,小心颠倒混匀至管中出现白色絮状沉淀物,13 000 r/min,室温离心 10 min。

(6)移取上清液至制备管中,13 000 r/min,离心 1 min,弃去滤液。

(7)加入 500 μL HBC Buffer,13 000 r/min,离心 1 min,弃去滤液。

(8)加入 700 μL DNA Wash Buffer,13 000 r/min,离心 1 min,弃去滤液。

(9)重复步骤7,然后 13 000 r/min,2 min 再次空转离心,进一步去除滤液。

(10)室温静置 2 min,待残留乙醇挥发。

(11)将制备管放入新的 1.5 mL 离心管中,向膜中央点加 70 μL 洗脱液(于 70 ℃ 水浴锅预热),室温静置 2 min 后,13 000 r/min,离心 1 min。电泳验证后于 −20 ℃ 冰箱保存备用。

### (三)聚合酶链式反应

聚合酶链式反应(polymerase chain reaction, PCR)可用于特定 DNA 片段的快速体外酶促扩增。克隆基因时使用 KOD FX Neo 高保真酶,模板为鲁氏酵母菌基因组,反应体系及运行条件如表 4 – 5 所示。

表 4 – 5  高保真 PCR 反应体系

| 成分 | 体积/μL |
| --- | --- |
| dd H$_2$O | 28.0 |
| 10 × PCR 缓冲液 | 5.0 |
| dNTPS (2 mmol/L) | 5.0 |
| MgSO$_4$(25 mmol/L) | 3.0 |
| 引物 F (10 μmol/L) | 1.5 |
| 引物 R (10 μmol/L) | 1.5 |
| KOD FX Neo(1 U/μL) | 1.0 |
| 模板 | 5.0 |
| 总计 | 50.0 |

反应程序:

|  | 温度 | 时间 |
| --- | --- | --- |
| 预变性: | 94 ℃ | 2 min |
| 变性: | 98 ℃ | 10 s |
| 退火: | 55 ~ 60 ℃ | 30 s |
| 延伸: | 68 ℃ | 2 min |
| 完全延伸: | 68 ℃ | 10 min |

变性、退火、延伸 30 cycles

PCR 鉴定使用 *Taq* 酶,模板为鲁氏酵母菌基因组或由单菌落制得的菌落 PCR 模板。反应体系及程序如表 4 – 6 所示。

表 4 − 6 *Taq* PCR 反应体系

| 成分 | 体积/μL |
|------|---------|
| *Taq* | 10.0 |
| 引物 F（10 μmol/L） | 0.4 |
| 引物 R（10 μmol/L） | 0.4 |
| dd H$_2$O | 7.2 |
| 模板 | 2.0 |
| 总计 | 20.0 |

反应程序：

| | 温度 | 时间 | |
|---|---|---|---|
| 预变性： | 95 ℃ | 2 min | |
| 变性： | 95 ℃ | 10 s | |
| 退火： | 55 ~ 60 ℃ | 30 s | } 35 cycles |
| 延伸： | 72 ℃ | 2 min | |
| 完全延伸： | 72 ℃ | 10 min | |

（四）琼脂糖凝胶电泳

（1）称取适量琼脂糖，加入 1 倍 TAE 缓冲液，配制成浓度为 1% 的凝胶，微波炉加热溶解至澄清透明，取出后待凝胶冷却至 40 ~ 45 ℃，加入适量溴化乙啶（ethidium bromide，EB）染色，充分混匀后将凝胶倒入大小合适的制胶板，排除气泡后静置 15 ~ 25 min，使凝胶完全凝固。

（2）拔除梳子，将凝胶放入电泳槽，槽中加入 1 倍 TAE 缓冲液，使其刚好没过凝胶即可。

（3）将 Marker（DL2000）、待检样品依次加入点样孔，调节电压为 100 V，进行电泳。

（4）待染色剂移动至胶块三分之二处，停止电泳，将凝胶置于凝胶成像仪分析条带并拍照记录。

（5）所用 TAE 电泳缓冲液需先配制为 50 倍储存液，取 Tris 碱 242 g、冰乙酸 57.1 mL、Na$_2$EDTA·2H$_2$O 37.2 g，加水定容至 1 L；1 倍工作液配制时，量取 20 mL 的 50 倍储存液，定容至 1 L。

（五）生物信息学分析

以分子生物学为基础，以计算机为工具，结合生命科学、统计学、应用数学等学科中的多种方法，对 *FBA* 和 *TPI* 基因进行生物信息学分析。所用主要工具如下：

序列获取：NCBI（www.ncbi.nlm.nih.gov）

基因同源性比对：BLAST 工具（www.ncbi.nlm.nih.gov/blast/）

基本理化性质分析：Protparam（https://web.expasy.org/protparam/）

保守结构域分析:CCD(www. ncbi. nlm. nih. gov/Structure/cdd/wrpsb. cgi)

疏水性分析:SOSUI(http://harrier. nagahama – i – bio. ac. jp/sosui/)

跨膜区预测:TMHMM(http://www. cbs. dtu. dk/services/TNHMM – 2.0/)

信号肽剪切位点:SignaIP(http://www. cbs. dtu. dk/services/SignaIP/)

蛋白亚细胞定位:COMPARTMENTS(https://compartments. jensenlab. org/Search)

磷酸化位点分析:NetPhos(https://services. healthtech. dtu. dk/service. php? NetPhos – 3.1)

蛋白二级结构预测:PRABI(http://www. prabi. fr/)

蛋白三级结构预测:SWISS – MODEL(https://swissmodel. expasy. org/)

蛋白互作分析:STRING ( https://string – db. org/cgi/network. pl? taskId = WldacuESZkwa)

## (六)载体构建及鉴定

以鲁氏酵母菌基因组为模板,使用 KOD FX Neo 高保真酶进行 *FBA* 和 *TPI* 基因的克隆,经琼脂糖凝胶电泳分析确定有符合预期的特异性扩增条带后,将所得 PCR 产物送至转导精进(武汉)生物技术有限公司进行载体构建,所得载体在使用前需先进行验证。

## (七)鲁氏酵母菌感受态细胞制备及转化

鲁氏酵母菌感受态细胞制备过程如下:

(1)从 YPD 平板上挑取酵母单菌落接种至 10 mL 的 YPD 液体培养基,28 ℃, 180 r/min,培养 15 ~ 20 h;

(2)取 50 μL 菌液转接至 50 mL 新的 YPD 培养基中,28 ℃,180 r/min,培养至菌液吸光值($OD_{600}$)为 0.6 左右;

(3)将菌液转移至离心管中,5 000 r/min,4 ℃下离心 5 min,弃去上清液;

(4)加入等体积冰预冷无菌水重悬菌体,5 000 r/min,4 ℃,离心 5 min,弃去上清液;

(5)加入 20 mL 冰预冷的 1 mol/L 山梨醇重悬菌体,5 000 r/min、4 ℃条件下离心 5 min,弃去上清液;

(6)加入 250 μL 冰预冷的 1 mol/L 山梨醇后再次重悬菌体,分装于 1.5 mL 冰预冷离心管中,每管 50 μL。

鲁氏酵母菌感受态细胞电转化遵循以下步骤:

(1)取 1 ~ 3 μL 质粒于 1.5 mL 离心管中,同 2 mm 的电转杯一起在冰上预冷;

(2)将 40 μL 感受态细胞加入 1.5 mL 离心管中,轻柔吹打混匀,冰上静置 10 min;

(3)将混合液转移至电转杯,擦干电转杯外壁,设置 2.1 kV,5 ms 进行电击;

(4)电击后迅速向电转杯加入 YPD 培养基 1 mL,轻柔悬浮细胞后,将其转移至 1.5 mL 离心管中,于 28 ℃、180 r/min 条件下复苏 2 h;

(5)复苏后将适量培养液涂布于固体 YPD 培养基,28 ℃培养 2 ~ 3 d,直至单菌落长出。

## (八)鲁氏酵母菌阳性转化子筛选

高温破壁法制备模板:

向 1.5 mL 离心管中加入无菌水 50 μL，挑取酵母单菌落适量菌体(肉眼可见即可，避免菌体过量或带入培养基影响试验结果)加入离心管中，充分搅拌，于 90～100 ℃水浴加热 5 min，得到酵母单菌落 DNA，作为菌落 PCR 模板备用。

乙酸乙酯 - 高温破壁法制备模板：

向 1.5 mL 离心管中加入乙酸乙酯 100 μL，挑取酵母单菌落适量菌体加入离心管中，充分搅拌，涡旋震荡 5 min 后，于 90～100 ℃水浴加热至乙酸乙酯全部蒸发，得到提取物；向离心管中加入 50 μL 无菌水，涡旋震荡 5 min 后，于 90～100 ℃水浴加热 5 min，得到酵母单菌落 DNA，作为模板，4 ℃保存备用。

## (九)总 RNA 提取及实时定量 PCR 验证

总 RNA 提取：

取鲁氏酵母菌悬液于 4 ℃、12 000 r/min 条件下离心 5 min，弃去上清液。用等体积的去离子水充分清洗菌体后立即置于液氮中冷冻。将菌体转移至液氮预冷的研钵中，充分研磨至粉末状后，转移至 1.5 mL RNase - free 离心管中，加入 1 mL TRIZOL 并充分混匀，室温静置 5 min，存放于 -80 ℃冰箱，以用于 RNA 的提取。具体步骤如下：

(1)将本次提取所需样品取出后置于冰盒解冻；

(2)向离心管中准确加入 200 μL 氯仿，剧烈振荡 15 s(不可使用漩涡振荡器，防止造成基因组 DNA 的断裂)，室温孵育 3 min；

(3)以 4 ℃、12 000 r/min 条件离心 15 min，离心后，管中样品分成上、中、下三层，所需 RNA 主要存于上层无色水相中；

(4)将上层水相小心移取至无 RNA 酶的新 EP 管中，加入 500 μL 的异丙醇并充分混匀，室温下孵育 5 min；

(5)以 4 ℃、12 000 r/min 条件离心 10 min，使 RNA 沉于管底，弃去上清液后，加入 1 mL 的 75% 乙醇，轻柔振荡使沉淀悬浮；

(6)以 4 ℃、8 000 r/min 条件离心 5 min，尽量弃去上清液，室温条件下晾干，约 5 min；

(7)用 40 μL 的 0.5% DEPC 水溶解 RNA，置于 -80 ℃下保存备用。

由于环境中 RNA 酶的广泛存在及高分解效率，整个操作过程中所用器材与试剂均需进行 RNA 酶的灭活。RNA 提取完成后需通过琼脂糖凝胶电泳及 Nano Drop 2000 进一步分析 RNA 完整性以及浓度，分装后于 -150 ℃冰箱冻存备用。

反转录反应：

参考 ReverTra Ace qPCR RT Master Mix with gDNA Remover 试剂盒，将所获 RNA 反转录为 cDNA。具体步骤如下：

首先进行去除基因组 DNA 反应，参照表 4 - 7 所示反应体系，在冰上配制反应液 Ⅰ。

表 4-7　去除基因组 DNA 反应体系

| 组分 | 使用量 |
|---|---|
| 4×DN Master Mix(已添加 gDNA Remover) | 2.0 μL |
| RNA template | 500.0 ng |
| Nuclease-free Water | 补足 8.0 μL |

将反应液轻柔混匀后,37 ℃下温育 5 min。

参照表 4-8 所示反应体系,在冰上配制反应液Ⅱ,轻柔混匀,放入 PCR 仪进行反转录反应。

反应条件:37 ℃,15 min;50 ℃,5 min;98 ℃,5 min;4 ℃,hold。

所获 cDNA 存放于 -20 ℃冰箱备用。

表 4-8　反转录 cDNA 反应体系

| 组分 | 使用量 |
|---|---|
| 步骤 1 反应液 | 8.0 μL |
| 5×RT Master MixⅡ | 2.0 μL |
| 总计 | 10.0 μL |

qRT-PCR 反应:

取稀释后的 cDNA,采用 SYBR® Green Realtime PCR Master Mix 进行 qRT-PCR 反应,反应体系如表 4-9 所示。

表 4-9　qRT-PCR 反应液配比

| 试剂 | 使用量 |
|---|---|
| PCR 反应体系(SYBR® Green Realtime PCR MasterMix) | 10.0 μL |
| dd H$_2$O | 6.4 μL |
| 引物 F(10 μmol/L) | 0.8 μL |
| 引物 R(10 μmol/L) | 0.8 μL |
| 稀释适当倍数的 cDNA 模板( <100 ng) | 2.0 μL |
| 总计 | 20.0 μL |

qRT-PCR 反应体系配制时,先将除 cDNA 外的组分混匀,移取 18 μL 混合液至 96-PCR 板,再加入 2 μL 相应的 cDNA 模板,短暂离心使之混匀后,置于冰上。

PCR 程序设置为 95 ℃预变性 10 min,95 ℃变性 15 s,55 ℃退火 30 s,共 39 个循环。以相同培养条件下提取的鲁氏酵母菌原菌株 cDNA 为对照组模板,*GAPDH* 基因作为内参基因。反应完成后,确认扩增曲线及溶解曲线,导出 *Ct* 值,采用相对定量法计算基因的相对表达量。每次测试设置三个生物学重复,三个技术性重复。

### (十)HDMF 含量测定

HDMF 含量的测定采用 HPLC 法,取发酵液至离心管中,10 000 r/min,离心 8 min,移取上清液至新灭菌离心管中,上机前过 0.22 μm 滤膜。分析柱为 ZORBAX Eclipse XDB – C18 (5 μm,250 mm ×4.6 mm),流动相为 0.5% 甲酸和乙腈,流速为 1.0 mL/min,检测波长为 287 nm,进样量为 10 μL,梯度洗脱条件如表 4 – 10 所示。

**表 4 – 10 HDMF 检测梯度洗脱条件**

| 时间/min | A(0.5%甲酸) | B(乙腈) |
| --- | --- | --- |
| 0 | 95% | 5% |
| 5 | 90% | 10% |
| 10 | 80% | 20% |
| 20 | 95% | 5% |

### (十一)菌数测定

参照血球板计数法,将待测菌液充分混匀后,准确移取 1 mL,用于计数。

### (十二)生物量测定

将发酵液充分混匀后,准确移取 5 mL 至离心管中(提前烘干至恒重),10 000 r/min 离心 10 min,弃去上清液。用去离子水洗涤菌体 3 次,置于 65 ℃烘箱中,干燥至恒重,称量并计算。

### (十三)细胞光密度测定

将菌液摇匀,取 5 mL 至无菌离心管中,6 000 r/min,15 min 离心后弃去上清液,使用无菌蒸馏水洗涤菌体,重复 3 次。洗涤后的菌体用 YPD 培养基定容至 5 mL,将混匀后菌液倒入 1 cm 的比色皿中,在 600 nm 下检测其 OD 值。

### (十四)遗传稳定性测定

使用 YPD 平板对菌株进行连续 20 次传代后,将第 20 代菌株接种至无菌 YPD 液体培养基中进行发酵培养,PCR 扩增鉴定其基因型,HPLC 测定发酵性能,验证其遗传稳定性。

## 三、数据处理

利用 IBM SPSS Statistic 20.0 软件对数据进行统计分析,采用独立样品 T 检验(Independent – Samples T Test.),通过最小显著性差异(LSD)检验对两组进行比较,当 $p <$

0.05，$p < 0.01$ 或 $p < 0.001$ 时表示数据具有统计学意义。利用 WPS EXCEL 2016 进行数据计算，Prism 8 软件进行作图。

## 四、技术路线(图4-2)

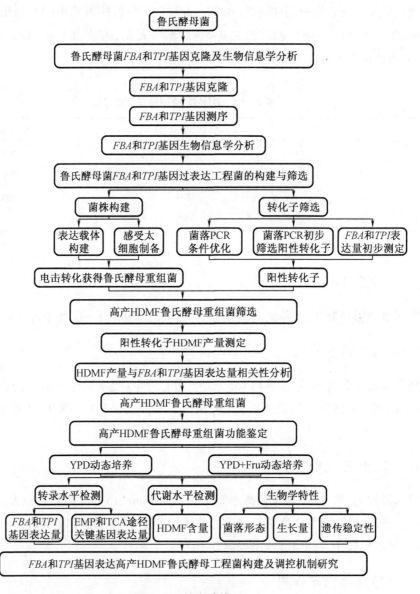

图4-2 技术路线

# 第三节　结果与分析

## 一、*FBA* 和 *TPI* 基因克隆及生物信息学分析

### （一）*FBA* 和 *TPI* 基因的克隆

采用 Tris－HCl 法对鲁氏酵母菌基因组进行提取。电泳结果如图 4－3 所示，条带整齐清晰、无弥散，证明提取效果良好，可满足后续试验要求。

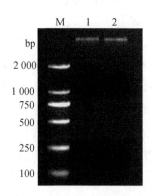

**图 4－3　鲁氏酵母菌基因组提取**

注：M 为 Marker（DL2000）；1、2 为鲁氏酵母菌基因组。

以所提鲁氏酵母菌基因组为模板，使用 KOD FX Neo 高保真酶进行 *FBA* 基因、*TPI* 基因的克隆，目的片段大小分别为 1 448 bp 和 944 bp。所得 PCR 产物经琼脂糖凝胶电泳分析，确定有符合预期的特异性扩增条带，条带整齐无弥散，结果如图 4－4 所示。

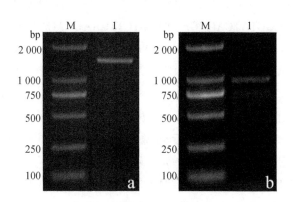

**图 4－4　*FBA* 和 *TPI* 基因克隆**

注：a 为鲁氏酵母菌 *FBA* 基因克隆；b 为鲁氏酵母菌 *TPI* 基因克隆；M 为 Marker（DL2000）；
1 为鲁氏酵母菌基因组 PCR 产物。

## 二、*FBA* 和 *TPI* 基因生物信息学分析

### (一)序列组成分析

将成功克隆的 *FBA* 和 *TPI* 基因目的片段送上海生工生物技术有限公司进行测序,使用 DNAMAN 7.0 对测序结果进行拼接。所得序列经比对与 NCBI 鲁氏酵母菌基因组中 *FBA* (XM_002499162.1)和 *TPI*(XM_002498482.1)序列相同。

*FBA* 基因位于鲁氏酵母菌 E 染色体,全长为 1 086 bp,共编码氨基酸 361 个,起始密码子 ATG,终止密码子 TAA。经 CCD 分析,发现有 *FBA* 保守域。同源性比对结果显示,鲁氏酵母菌 *FBA* 基因与多个物种的 *FBA* 基因同源,其中与假丝酵母菌(*Candida*)的同源性最高,相似度达 93%。*FBA* 基因序列如下:

ATGGGTGTTGAATCTATCCTAAAGAGAAAGGCCGGTGTTATCGTCGGTGATGACGTTCGT
CACTTGTTTGACTACGCTAAGGAGCACAAGTTT8GCCATCCCAGCTATCAACGTGACTTCCTCT
TCTACTGTCGTTTCCTCTTTGGAAGCTGCTAGAGACAACAAGTCCCCAATCATTTTGCAAACCT
CCAACGGTGGTGCTGCTTACTTCGCTGGTAAGGGTGTCTCTAACGAAGGCCAAAACGCTTCCA
TCAAGGGTGCTGTCGCTGCTGCTCAATACATCAGATCTATCGCTCCAGCTTACGGTATCCCAGT
TGTTTTGCACTCTGACCACTGTGCTAAGAAGTTGTTGCCATGGTTCGATGGTATGTTGGAAGCT
GACGAAGCTTACTTCAAGGAACACGGTGAACCATTGTTCTCCTCTCACATGTTGGACTTGTCTG
AAGAAACCGACAACGAAAACATTGAAACCTGTGCCAAGTACTTCAAGAGAATGGCCGCTATG
GGTCAATGGTTAGAAATGGAAATCGGTATCACCGGTGGTGAAGAAGATGGTGTCAACAACGA
ACACGTTGACAAGGAATCTTTGTACACTCAACCACCAACTGTGTACGCCGTCCACGAAGCTCT
ATCCAAGATCTCTCCAAAACTTCTCCATCGCTGCCGCTTTCGGTAACGTCCACGGTGTCTACAAG
CCAGGTAACGTTGTGTTGTCCCCACAAATCTTGGGTGACCACCAAAAGTACGCTGCTGAAAAG
GACGGTAAGGCCGCTGGCTCCAAGCCATTGTACTTGGTTTTCCACGGTGGTTCCGGTTCCTCTG
ACAAGGAGTTCCAAACTGGTATCGACAACGGTGTCGTCAAGGTCAACTTGGACACTGACTGTC
AATACGCTTACTTGACCGGTATCAGAGACACGTCTTGAAGAACAAGGACTACTTGATGAGCA
CTGTCGGTAACCCAGAAGCCCAGAAGGCCCAAACAAGAAATTCTTCGACCCAAGAGTCTGG
GTTAGAGAAGGTGAAAAGACCATGTCTGCTAGAATTACCACTGCTCTAAAGGTCTTCCGTGCC
GTTAACTCTGTGTAA

*TPI* 基因位于鲁氏酵母菌 G 染色体,全长 747 bp,起始密码子 ATG,终止密码子 TAA,共编码 248 个氨基酸。利用该序列进行同源性比对,发现与酿酒酵母(*Saccharomyces kudriavzevii*)的同源性最高,相似度高达 99%。*TPI* 基因序列如下:

ATGGCTAGAAACTTCTTCATTGGTGGTAACTTCAAATTGAACGGTAGCAAGGCTTCCATT
AAGGAAATCGTCGACAGATTGAACGACTCCAAGTTGGACCCAAACGCTGAGGTCGTTATCTGC
CCTCCAGCTCCTTACTTGGGCTACACCGTCGACCTAACCAAGTCCCCACAAGTCTCCGTCGGTG
CTCAAAACGCTTACCTAAAGGCCAGCGGTGCCTTCACTGGTGAAAACTCCGTCGACCAAATCA
AGGACGTCGGTGCCAAGTGGGTTATCATTGGTCACTCCGAAAGAAGACAATACTTCCACGAAG

ACGACAAATTGATCGCTGAAAAGACCGCTTTCGCCGTCGGCCAAGGTGTCGGTGTCATCTTGT
GTATCGGTGAAACTTTGGAAGAAAAGAAGGCTGGTACCACTCTACAAGTCGTCGAAAGACAA
TTGCAAGCCGCTTTGGAAACCTGCAACGACTGGTCCAAGATCGTCGTTGCTTACGAACCAGTG
TGGGCTATCGGTACCGGTCTAGCAGCTACCGCTGAAGACGCTCAAGACATCCACCACTCCATC
AGAGAATTCTTGGCCAAGAAGTTGGGTGAAAAGGTTGCCTCTGAAATCAGAATCTTGTACGGT
GGTTCCGCTAACGGTAAGAACGCTTCCTCTTTCAAGGACAAGGCTGACGTTGATGGATTCTTG
GTCGGTGGTGCTTCTTTGAAGCCAGAATTCGTCGACATCATCAACTCTAGATTGTAA

### (二)蛋白质基本参数预测

使用 Protparam 对 FBA 和 TPI 蛋白的基本理化参数进行预测。在进行重组表达前了解表达蛋白的相对分子质量是十分必要的,相对分子质量过大或过小的蛋白都很难表达。通过蛋白属性计算工具可得到蛋白的相对分子质量。如果相对分子质量很小,可以采取融合大标签(GST)等的方式进行表达;如果相对分子质量过大,需采用分段表达的方式进行蛋白表达。在序列中,鸟嘌呤(G)和胞嘧啶(C)所占的比率称为 GC 含量或 GC 比值,GC 含量会对 DNA 的稳定性、mRNA 的二级结构和 PCR 过程中 DNA 模板的退火温度等造成影响。

经预测(表 4-11),FBA 蛋白分子式为 $C_{3282}H_{5480}N_{1086}O_{1365}S_{269}$,相对分子质量预测为 90 618.21 Da,在溶液中的不稳定系数是 57.37,为不稳定蛋白。GC 含量为 48.2%。预测 TPI 蛋白分子式为 $C_{2239}H_{3733}N_{747}O_{927}S_{187}$,相对分子质量为 61 944.94 u。蛋白不稳定系数是 53.46,为不稳定蛋白。GC 含量与 FBA 蛋白相差不大,为 49.2%。

表 4-11 FBA 和 TPI 蛋白基本参数

| 类别 | FBA | TPI |
| --- | --- | --- |
| 基因全长 | 1 086 bp | 747 bp |
| 编码区氨基酸 | 361 | 248 |
| 相对分子质量 | 90 618.21 u | 61 994.94 u |
| 理论等电点 | 5.03 | 5.11 |
| 脂肪系数 | 26.24 | 26.77 |
| 不稳定系数 | 57.37 | 53.46 |

### (三)蛋白疏水性、跨膜区与信号肽分析

根据不同氨基酸侧链和极性溶剂间接触倾向的差异,可将氨基酸区分为极性氨基酸与非极性氨基酸。蛋白质的亲水性或疏水性则与其表面暴露的氨基酸残基数量、类型和蛋白的空间结构有很大关系。使用在线程序 SOSUI 对 FBA 和 TPI 蛋白的疏水性进行在线分析,结果如图 4-5 所示。FBA 蛋白总平均亲水性(GRAVY)为 0.818 871,TPI 蛋白总平均亲水性为 0.843 101,预测二者均为疏水蛋白。

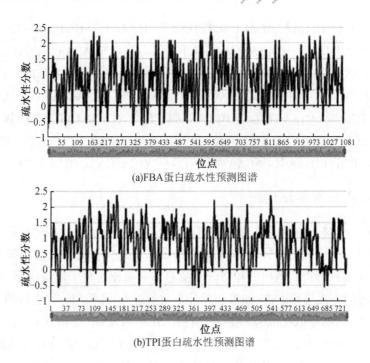

图 4 - 5　FBA 和 TPI 蛋白疏水性分析

　　分别利用在线程序 TMHMM 与 SignaIP 对 FBA 和 TPI 蛋白进行跨膜区与信号肽剪切位点的预测。如蛋白质含有跨膜区,则提示其有可能是定位于膜上的膜蛋白或离子通道蛋白,也有可能作为膜受体发挥作用。信号肽分析中,C - score(raw cleavage site score)主要用于区分是否为剪切位点,其最高峰值是剪切位点之后的第一个氨基酸(即成熟蛋白的第一个氨基酸残基);S - score(signal peptide score)用于区分相应位置是否为信号肽区域;Y - score(combined cleavage site score)代表 C - score 和 S - score 的几何平均数,用于避免多个高分 C - score 值对结果产生影响。结果表明,FBA 与 TPI 蛋白均无跨膜区,无信号肽(图 4 - 6)。推测 FBA 和 TPI 蛋白不属于膜蛋白或分泌蛋白。

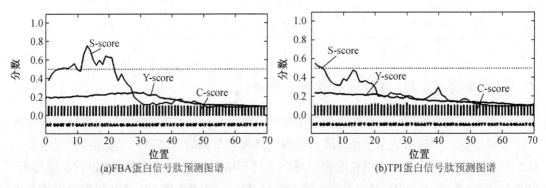

图 4 - 6　FBA 和 TPI 信号肽分析

### (四)FBA 和 TPI 亚细胞定位与磷酸化修饰位点分析

成熟的蛋白质必须要在特定的亚细胞器中才能保持稳定的生物学功能,不同蛋白也只有在相同或者较相近的亚细胞位置时才会产生相互作用。通过 COMPARTMENTS 查找 FBA 和 TPI 蛋白的亚细胞定位,结果如图 4 – 7 所示,FBA 蛋白可能定位于细胞溶质(cytosol)和线粒体(mitochondrion),TPI 蛋白则定位于线粒体。

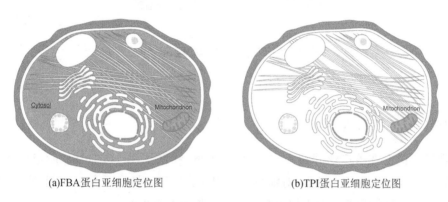

(a)FBA蛋白亚细胞定位图　　　　　　　(b)TPI蛋白亚细胞定位图

**图 4 – 7　FBA 和 TPI 蛋白亚细胞定位**

磷酸化是生物体内重要的共价修饰方式之一,与酶和重要功能分子的活性发挥、酶的级联作用、细胞信号转导等诸多方面相关,通常信号蛋白磷酸化会致使下游蛋白依次磷酸化,产生磷酸化级联反应。蛋白质磷酸化对于蛋白功能发挥起到重要作用。通过 NetPhos 对 FBA 和 TPI 的磷酸化修饰位点进行分析,结果显示,FBA 和 TPI 蛋白存在大量的磷酸化位点。其中,FBA 蛋白含有 21 个 S 位点,9 个 T 位点以及 5 个 Y 位点,共占总氨基酸残基的 9.7%;TPI 蛋白中含有 15 个 S 位点及 3 个 T 位点,未发现 Y 位点,共占总氨基酸残基的 7.2%。

### (五)蛋白结构预测

蛋白质的功能与其天然结构直接相关。使用 prabi 分析 FBA 和 TPI 蛋白二级结构,结果显示,α – 螺旋为 FBA 和 TPI 蛋白的主要折叠形式(表 4 – 12)。同时,以 FBA 和 TPI 蛋白序列出发,使用 SWISS – MODEL 进行同源建模,对 FBA 和 TPI 蛋白三级结构进行预测,结果如图 4 – 8 所示。与二级结构预测结果一致,FBA 和 TPI 蛋白中占比最高的都为 α – 螺旋。

**表 4 – 12　FBA 和 TPI 蛋白二级结构分析**

| 样品 | α – 螺旋 | 无规卷曲 | 延伸链 | β – 转角 |
|------|----------|----------|--------|----------|
| FBA | 39.88% | 28.81% | 18.84% | 12.47% |
| TPI | 42.34% | 22.58% | 22.18% | 12.9% |

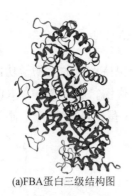 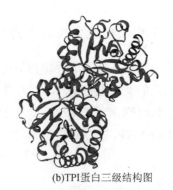

(a)FBA蛋白三级结构图　　　　　　　　(b)TPI蛋白三级结构图

**图 4 - 8　FBA 和 TPI 蛋白三级结构**

## (六)FBA 和 TPI 蛋白互作预测

蛋白质之间存在着广泛的相互作用,相比于单一的蛋白质,蛋白互作所形成的复合体才是细胞中主要的生物化学过程,对细胞周期和细胞信号转导等重要过程起介导作用。对蛋白质间相互作用的预测对于人们了解生物体的机制有着重要意义。

通过 STRING 对鲁氏酵母菌中 FBA 和 TPI 蛋白间的相互作用进行分析,结果显示:FBA蛋白(XP_002499207.1)与 TPI(XP_002498527.1)蛋白间存在互作关系(图 4 - 9),涉及包括糖酵解途径、碳代谢途径、果糖和甘露醇代谢等多种途径,其综合分值为 0.997,可信度较高,但表明功能联系的证据中暂未见试验数据,需进一步验证。同时,FBA 和 TPI 蛋白还与丙酮酸激酶(XP_002496636.1)、葡萄糖 - 6 - 磷酸异构酶(XP_002494925.1)、甘油醛 - 3 - 磷酸脱氢酶(XP_002498511.1)以及磷酸甘油酸变位酶(XP_002496115.1)存在互作关系,综合分值均在 0.95 以上。

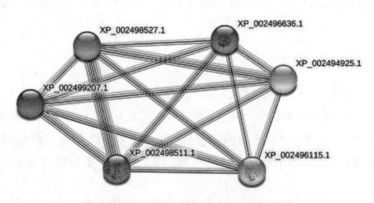

**图 4 - 9　FBA 和 TPI 蛋白互作网络**

## 三、*FBA*、*TPI* 和 *FBA – TPI* 基因过表达载体构建及阳性转化子筛选

### (一)载体构建及验证

#### 1.载体构建

载体构建由转导精进(武汉)生物技术有限公司进行,所用空载为高拷贝酵母表达载体 pESC – URA(图 4 – 10)。将从鲁氏酵母菌中克隆并经过测序验证的 *FBA* 基因插入多克隆位点 5′BamHI – SalI 3′之间,获得 *FBA* 基因过表达载体 *FBA* – pECS – URA(MCS2),载体全长 7 687 bp;将从鲁氏酵母菌中克隆并经过测序验证的 TPI 基因插入多克隆位点 5′NotI – NotI 3′之间,获得 *TPI* 基因过表达载体 *TPI* – pECS – URA(MCS1),载体全长 7 383 bp;将 *FBA* 基因和 *TPI* 基因同时插入多克隆位点 5′BamHI – SalI 3′和 5′NotI – NotI 3′之间,构建 *FBA – TPI* 双基因过表达载体,命名为 *TPI – FBA* – pECS – URA(MCS1),载体全长 8 439 bp。

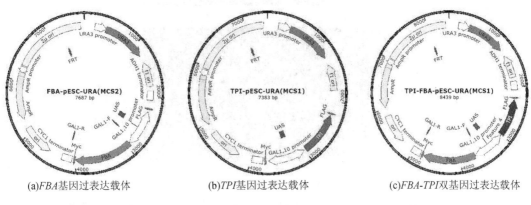

(a)*FBA*基因过表达载体 　　(b)*TPI*基因过表达载体 　　(c)*FBA-TPI*双基因过表达载体

**图 4 – 10　载体图谱**

#### 2.载体验证

根据所构建载体的序列及 *FBA* 和 *TPI* 基因序列设计三对鉴定引物,分别对所构建载体进行验证。如图 4 – 11 所示,a、b、c 分别为 *FBA* – pECS – URA(MCS2)、*TPI* – pECS – URA(MCS1)和 *TPI – FBA* – pECS – URA(MCS1)琼脂糖凝胶电泳鉴定结果。可见,三种载体均成功扩增出与预期一致的特异性条带,载体构建成功。

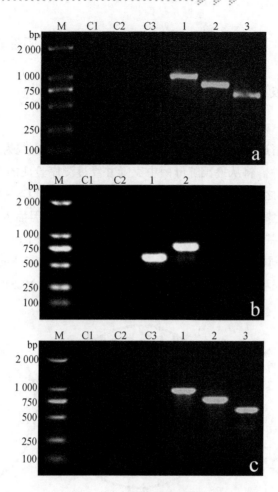

**图 4 – 11　载体验证电泳图**

注:M 为 Marker(DL2000);C1 ~ C3 为空白对照(以去离子水为模板);1 ~ 3 为 PCR 扩增产物。

### (二)阳性转化子筛选

依照上述方法制备鲁氏酵母菌感受态细胞,将所构建的关键酶基因过表达载体通过电转化法转化至鲁氏酵母菌感受态细胞中,转化完成后将菌液涂布平板,28 ℃培养至长出单克隆。用作后续试验材料。

1. 菌落 PCR 条件优化

本试验需进行大规模的阳性转化子筛选,传统的菌落 PCR 方法鉴定酵母阳性转化子,通常因破壁效果一般,基因组无法释放,而不能得到理想结果,成功率较低。如逐一进行基因组提取,则存在耗时长、成本高的问题。为解决这一问题,本研究在以往文献报道过的酵母菌落 PCR 技术的基础上进行了改进,建立了乙酸乙酯 – 高温破壁法制备酵母菌落 PCR 模板 DNA。具体方法如下:

随机选择 10 个菌落,分别以 Tris – HCl 法提取基因组 DNA(单菌落接入无菌 YPD 培养基培养 24 h 后,收集菌体)、高温破壁和乙酸乙酯 – 高温破壁三种方法制备模板,利用三对以鲁氏酵母菌基因组序列设计的引物进行 PCR 扩,结果如图 4 – 12 所示。

从图 4 – 12 中可见,以基因组 DNA 和乙酸乙酯 – 高温破壁法所制备的 DNA 为模板时,仅引物 TPI 中 3 号菌的菌落 PCR 中没有扩增出目的条带(1 g),其余结果一致(1a、1b、1d、1e、1h),条带清晰、明亮,无明显拖尾或弥散现象。而以传统高温破壁法制备 DNA 模板进行扩增时,仅 2 号和 7 号菌落能够扩增出特异性目的基因条带,且相比于前两组,条带亮度较低(1c、1f、1i)。

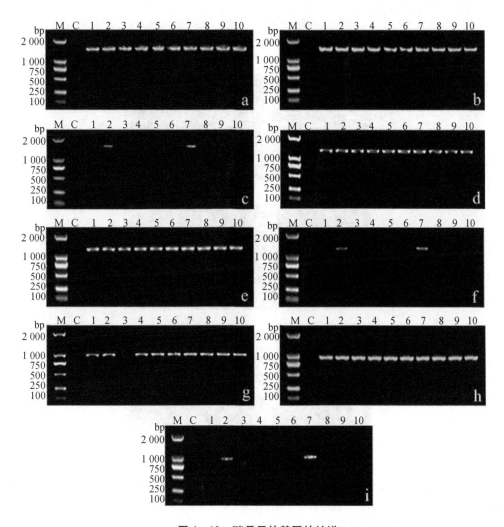

**图4-12 酵母目的基因的扩增**

注:a 为引物 FBA 的菌落 PCR;b 为引物 FBA 的基因组 DNA PCR;c 为引物 FBA 的高温破壁菌落 PCR;d 为引物 ADH 的菌落 PCR;e 为引物 ADH 的基因组 DNA PCR;f 为引物 ADH 的高温破壁菌落 PCR;g 为引物 TPI 的菌落 PCR;h 为引物 TPI 的基因组 DNA PCR;i 为引物 TPI 的高温破壁菌落 PCR;M 为 Marker(DL2000);C 为空白对照(以去离子水为模板);1~10 为 10 个随机挑选的菌落。

同时,随机挑取 10 个鲁氏酵母菌 *TPI* 基因过表达重组菌的单克隆,分别以提取基因组 DNA 和乙酸乙酯-高温破壁法制备模板,进行阳性转化子的筛选;另选取 10 个经验证确定为阳性的转化子,用高温破壁法制取模板,进行 PCR 验证。三种方法除模板不同外,所用引物及体系条件均相同。

由图4-13可知,以基因组DNA为模板对转化子进行鉴定时,2、5、6和8号转化子扩增出明显的特异性扩增条带(2b);以乙酸乙酯-高温法制备模板时,2、5和8号转化子可见明显的特异性扩增条带(2b);而通过高温破壁法制备模板进行鉴定时,仅5号菌落扩增出特异性目的基因条带(2c)。可见乙酸乙酯-高温法制备模板的效果较稳定,可用于大规模的酵母转化子筛选及鉴定。

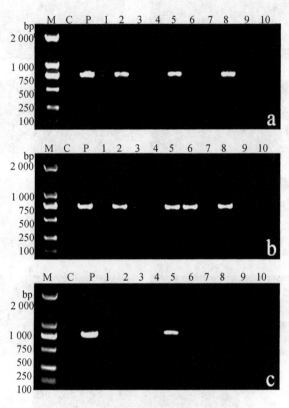

**图4-13 酵母阳性克隆的筛选**

注:a为引物TG的菌落PCR结果;b为引物TG的基因组DNA PCR结果;c为引物TG的高温破壁菌落PCR结果;M为Marker(DL2000);C为空白对照(以去离子水为模板);P为阳性对照[以质粒TPI-pECS-URA(MCS1)为模板];1-10为10个随机挑选的鲁氏酵母菌转化子单克隆。

**2.阳性转化子的筛选**

**(1)菌落PCR大规模筛选阳性转化子**

鲁氏酵母菌电转化后,培养至长出肉眼可见的单克隆菌落,进行阳性转化子的大规模筛选。根据载体与关键酶基因序列,*FBA*基因过表达阳性转化子的筛选采用FG、FC和AMP三对引物;*TPI*基因过表达阳性转化子的筛选采用TG、AMP两对引物;*FBA-TPI*双基因过表达的阳性转化子则使用FG、TG、AMP三对引物。部分筛选结果如图4-14所示,其他电泳图类似,不再一一展示。

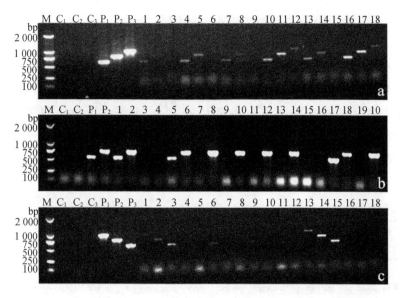

**图 4 - 14 鲁氏酵母菌 *FBA* 和 *TPI* 基因过表达阳性转化子的筛选**

注:a 为 *FBA* 基因过表达阳性转化子的筛选,b 为 *TPI* 基因过表达阳性转化子的筛选;c 为 *FBA - TPI* 基因过表达阳性转化子的筛选;M 为 Marker( DL2000),C 为空白对照(以去离子水为模板);$P_1 \sim P_3$ 为阳性对照(以相应质粒为模板);1 ~ 20 为随机挑选的鲁氏酵母菌转化子单克隆。

（2）RNA 样品制备及反转录

将通过菌落 PCR 验证为阳性的 *FBA*、*TPI* 和 *FBA - TPI* 基因过表达转化子单克隆接入 YPD 培养基中进行培养,在第 3 d 时收集菌体,进行 RNA 提取,并通过凝胶电泳分析 RNA 完整性。结果如图 4 - 15(a) 所示,所提取 RNA 的 18 S 与 28 S 两条主带清晰可见;同时,Nano Drop 2000 检测结果显示其 $OD_{260/280}$ 的数值均在 1.8 ~ 2.1 范围内,说明 RNA 无污染,纯度较高。综合分析,所提 RNA 的质量满足 cDNA 合成的要求,适于用作扩增模板。

依照表 4 - 7、表 4 - 8 所示反应体系进行反转录反应,获得 cDNA 后,以扩增内参基因 *GAPDH* 的特异性引物进行 PCR 以验证其质量。试验结果表明,cDNA 质量可用于 qRT - PCR,电泳检测结果如图 4 - 15(b) 所示。

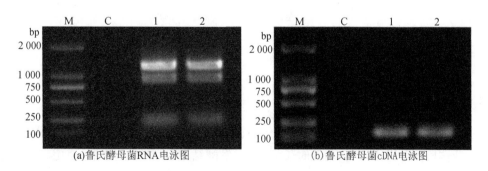

(a)鲁氏酵母菌RNA电泳图　　　　　　　　(b)鲁氏酵母菌cDNA电泳图

**图 4 - 15 鲁氏酵母菌 RNA 及 cDNA 模板 PCR 产物电泳图**

注:M 为 Marker( DL2000);C 为空白对照(以去离子水为模板);1、2 为随机挑选的鲁氏酵母菌转化子单克隆。

（3）qRT - PCR 初步验证 *FBA* 和 *TPI* 基因表达量

所得 cDNA 经验证无质量问题后，以其为模板，进行阳性转化子中 *FBA* 和 *TPI* 基因表达量的测定。对照组模为相同条件培养的鲁氏酵母菌原菌株 cDNA，内参基因为 *GAPDH* 基因。

由图 4 - 16 可知，*TPI* 基因过表达转化子中，*TPI* 基因表达量较高的有 T17 - D、T22 - A、T2 - B、T11 - A、T14 - B、T9 - C、T7 - B；*FBA* 基因过表达转化子中，*FBA* 基因表达量较高的有 F10 - D、F15 - C、F21 - A、F7 - B、F10 - B、F19 - D、F2 - A；*FBA - TPI* 双基因过表达转化子中，两种基因基因表达量均较高的有 TF15 - A、TF5 - D、TF17 - A、TF21 - A、TF18 - B。

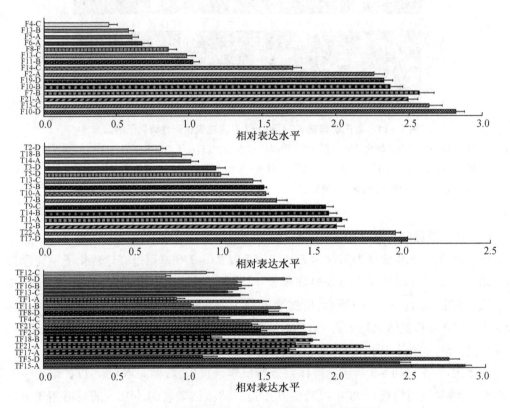

**图 4 - 16　转化子 *FBA* 和 *TPI* 基因相对表达量测定**

注：*TPI - FBA* 双基因过表达转化子的筛选组中，上柱为 *FBA* 基因相对表达量，下柱为 *TPI* 基因相对表达量。

## 四、高产 HDMF 酵母菌株筛选

### （一）高产菌株筛选

根据初步筛选结果，在每组阳性转化子中选择基因相对表达量较高的前 10 株菌株，使用 YPD 液体培养基进行培养，培养时长为 3 d。发酵结束后，留取上清液，使用高效液相色谱法进行 HDMF 含量的测定，梯度洗脱条件如表 4 - 10 所示。以相同条件进行鲁氏酵母菌原菌的培养，作为对照组样品。

结果如图 4 - 17 所示。其中，*FBA* 基因过表达转化子中，有 7 株菌株 HDMF 产量提升，最高产量为 2.83 mg/L;TPI 基因过表达转化子中,6 株菌株 HDMF 产量提升,最高产量为 2.66 mg/L;FBA - TPI 双基因过表达转化子中,共有 9 株菌株 HDMF 产量提升,最高产量为 3.35 mg/L;产量提升最显著的为菌株 TF15 - A。

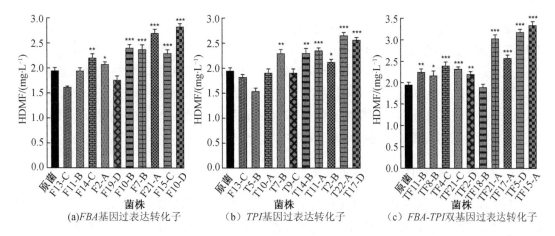

图 4 - 17 转化子 HDMF 产量测定

## (二)基因表达量与 HDMF 含量相关性分析

利用 SPSS 软件对 FBA 和 TPI 基因表达量与 HDMF 产量的相关性进行分析。结果如表 4 - 13 所示,FBA 基因表达量与 HDMF 产量呈显著正相关,相关系数为 0.483;TPI 基因表达量与 HDMF 产量也呈正相关,相关系数为 0.800。结果说明,FBA 和 TPI 基因的表达量对鲁氏酵母菌中 HDMF 的合成起正向调节作用,二者可能作为鲁氏酵母菌代谢合成 HDMF 的关键酶,在代谢通路中发挥重要作用。同时,对 FBA 基因表达量与 TPI 基因表达量的相关性进行了分析,相关系数为 0.515。结果说明,FBA 基因与 TPI 基因的表达量也成正相关,二者之间相互影响,与图 4 - 10 中蛋白互作分析结果相符,进一步证实二者间可能存在互作关系。

表 4 - 13　FBA 和 TPI 基因表达量与 HDMF 产量相关性分析

| | FBA 基因表达量 | TPI 基因表达量 | HDMF 产量 |
| --- | --- | --- | --- |
| FBA 基因表达量 | 1 | 0.515 * | 0.483 * * |
| TPI 基因表达量 | 0.515 * | 1 | 0.800 * * |
| HDMF 产量 | 0.483 * * | 0.800 * * | 1 |

注:* * 为在 0.01 水平(双侧)上显著相关;* 为在 0.05 水平(双侧)上显著相关。

## 五、高产 HDMF 鲁氏酵母重组菌株功能鉴定

### (一)培养条件设置

结合转化子中 *FBA* 与 *TPI* 基因的表达情况、HDMF 产量以及相关性分析结果,优选出 *FBA* 基因过表达阳性转化子 F10 - D、*TPI* 基因过表达阳性转化子 T17 - D 和 *FBA - TPI* 双基因过表达阳性转化子 TF15 - A 作为各组转化子中的 HDMF 高产菌株,进行动态培养。根据课题组前期成果以及对工厂试剂生产条件的综合考量,将培养条件设置为 28 ℃、180 r/min,培养周期为 7 d;培养基设置为 YPD 培养基和 YPD + Fru 培养基两种。同时,以相同条件对鲁氏酵母菌原菌进行培养,作为对照。

### (二)高产菌株 HDMF 产量测定

分别在第 0 d、1 d、3 d、5 d、7 d 时留取发酵上清液,进行 HDMF 含量的测定,结果如图 4 - 18 所示。两组培养基中,HDMF 含量均为先升后降的趋势,可能是由于培养基中底物消耗,导致 HDMF 产量下降。其中,F10 - D 菌株 3 d 时达到最高产值,鲁氏酵母原菌、T17 - D 和 TF15 - A 菌株则在 5 d 时达到最高产值。

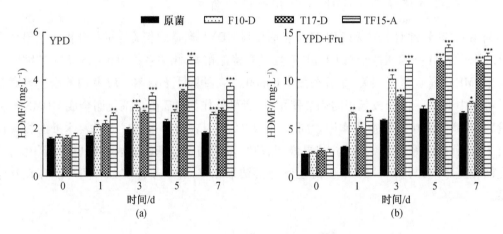

**图 4 - 18  高产菌株 HDMF 产量情况**

注:＊代表差异显著($p < 0.05$);＊＊代表差异非常显著($p < 0.01$);＊＊＊代表差异极显著($p < 0.001$)。

YPD 组中,三株转化菌株的 HDMF 含量与原菌株相比均显著提升,且在 1 d、3 d、5 d、7 d 时都显著高于对照组($p < 0.001$),菌株 TF15 - A 发酵 5 d 时达到最高产值,为 4.86 mg/L,是相同培养条件下鲁氏酵母菌原菌株最高产值的 2.11 倍。菌株 F10 - D 和 T17 - D 的 HDMF 最高产值分别为相同培养条件下原菌株产量的 1.47 和 1.54 倍。

YPD + Fru 组中,相比于对照组,三株转化菌株产量也都显著提升($p < 0.001$)。HDMF 产量最高的菌株为 TF15 - A,发酵 5 d 时,HDMF 含量为 13.39 mg/L,比相同培养条件下鲁氏酵母菌原菌株的产量提升了 1.91 倍。菌株 F10 - D 和 T17 - D 的 HDMF 最高产值分别为相同培养条件下原菌株产量的 1.73 和 1.71 倍。

YPD + Fru 组与 YPD 组比较,整体产量明显提升,最高产值相差 2.76 倍,再次验证了 D - 果糖可作为鲁氏酵母菌合成 HDMF 的有效前体物质。而 0 d 未进行发酵时,HDMF 含量的差异则是由外源添加的 D - 果糖经高温灭菌而产生的。

### (三)高产菌株 *FBA* 和 *TPI* 基因表达量情况测定

如图 4 - 19 所示为不同时期 F10 - D、T17 - D、TF15 - A 菌株中关键酶基因的表达情况。相比于 YPD 组,YPD + Fru 组中,F10 - D 菌株、T17 - D 菌株和 TF15 - A 菌株的 *FBA* 和 *TPI* 基因在 5 d 时均显著上调。其中,F10 - D 菌株的 *FBA* 基因在 5 d、7 d 时上调显著,5 d 时上调了 1.4 倍;*TPI* 基因在 1 d、5 d 时显著上调,5 d 时上调 1.5 倍。T17 - D 菌株的 *FBA* 基因在 1 d、3 d、5 d 时显著上调,5 d 时上调 1.5 倍;*TPI* 基因在 1 d、3 d、5 d、7 d 时均显著上调,5 d 时上调 1.3 倍。TF15 - A 菌株的 *FBA* 基因在 1 d、3 d、5 d、7 d 时均显著上调,5 d 时表达量上调近 2.5 倍;*TPI* 基因在 3 d、5 d 时显著上调,5 d 时表达量为 YPD 组的近 2.5 倍。

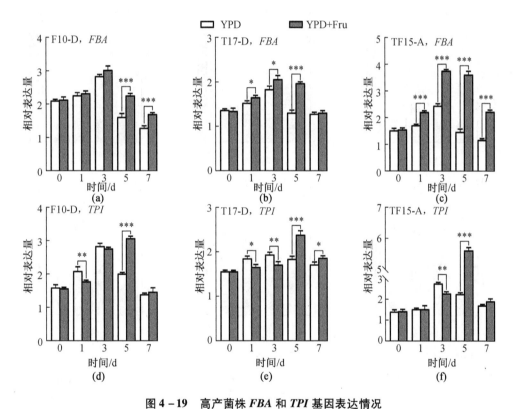

**图 4 - 19 高产菌株 *FBA* 和 *TPI* 基因表达情况**

注:*代表差异显著($p < 0.05$);＊＊代表差异非常显著($p < 0.01$);＊＊＊代表差异极显著($p < 0.001$)。

三株重组菌株中目的基因的表达量均高于原菌,且 *FBA* 与 *TPI* 基因的相对表达量整体趋势与 HDMF 产量趋势相同,呈先升后降的状态。以上结果表明,FBA 和 TPI 可能作为鲁氏酵母菌生物合成 HDMF 过程中的关键酶,促进 HDMF 的生成与积累,起正向调节作用。同时,在 F10 - D 菌株中,*TPI* 基因表达量相比于鲁氏酵母菌原菌上调表达;T17 - D 菌株中的 *FBA* 基因表达量也为上调表达,且整体趋势基本一致,说明二者之间确实相互影响,与蛋白互作分析结果一致。*FBA* 与 *TPI* 间存在互作关系。

### (四)糖酵解与三羧酸循环途径关键酶的基因表达分析

糖酵解和 TCA 循环对于维持细胞的生长繁殖、代谢和整个能量循环至关重要。而 FBA 和 TPI 在糖酵解与 TCA 循环途径中也都发挥着重要的作用,所以对糖酵解途径的重要限速酶 HK、PFK1 和控制整个 TCA 循环进行速度的第一个限速酶 CS 也进行表达量的测定,结果如图 4-20 所示。YPD+Fru 中的 *HK* 和 *PFK1* 基因在三株转化菌株中均显著上调($p < 0.01$),*CS* 基因显著下调。其中,YPD+Fru 中 *HK* 基因在 3 d、7 d 时上调显著,5 d 时表达量低于 YPD 组。*PFK1* 基因在 1 d、3 d、7 d 时显著上调。*CS* 基因在 3 d 时显著上调,5 d 时显著下调。推测是由于 EMP 途径的碳流增加,且碳流从主代谢 GAP 分流较多给 DHAP,增加了次生代谢进行,TCA 受到抑制,从而产生较多的呋喃酮类物质。

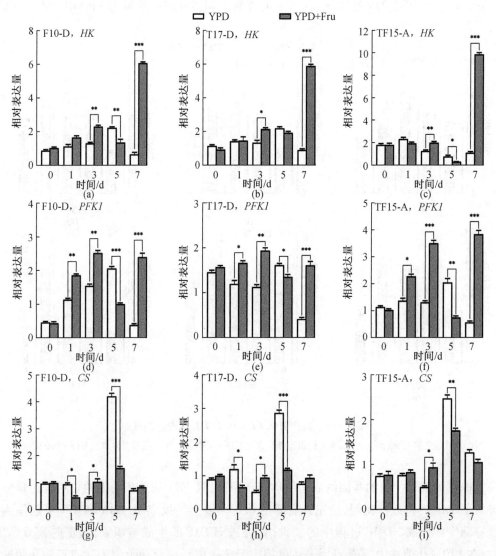

**图 4-20  *HK*、*PFK1* 及 *CS* 基因表达情况测定**

注:＊代表差异显著($p < 0.05$);＊＊代表差异非常显著($p < 0.01$);＊＊＊代表差异异极显著($p < 0.001$)。

## （五）转化菌株菌落形态观察

以 YPD 固体培养基对三株高产菌株进行培养,观察菌落生长情况,如图 4－21 所示为 5 d 时转化菌株菌落形态观察。由图可见,三株转化菌株与鲁氏酵母菌原菌株的菌落形态、大小并无明显差异,均为乳白色、圆形菌落,菌落表面光滑圆润,边缘整齐。

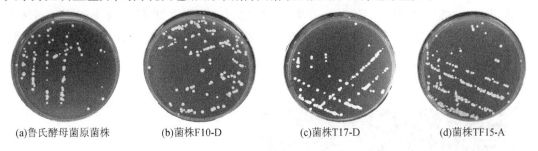

(a)鲁氏酵母菌原菌株　　(b)菌株F10-D　　(c)菌株T17-D　　(d)菌株TF15-A

**图 4－21　转化菌株菌落形态观察**

## （六）转化菌株生长量测定

如图 4－22 所示为 YPD 与 YPD＋Fru 培养条件下,鲁氏酵母菌原菌与转化菌株的生物量。1 d 时,在两种培养条件下,三株转化菌株的生物量均低于原菌,生长速度略有延迟。7 d 时,YPD 组中 F10－D、T17－D 菌株生物量高于原菌;YPD＋Fru 组中低于原菌。同时,相比于 YPD 组,YPD＋Fru 组中原菌与转化菌的生物量均明显提升,说明 D－果糖对鲁氏酵母菌的生长有促进作用。

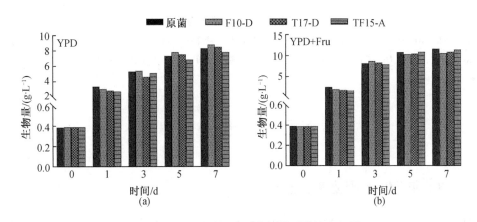

**图 4－22　鲁氏酵母菌原菌与转化菌株生物量**

## （七）遗传稳定性分析

酵母菌株自身存在的修复机制可使并非所有的转化菌株都能够稳定的保持其优良性状。我们对转化菌株 F10－D、T17－D 和 TF15－A 进行连续传代培养,取 1 代、10 代、20 代单菌落接入 YPD 培养基进行摇瓶发酵,对其遗传稳定性进行检测。

通过菌落 PCR 鉴定转化菌株的基因型。如图 4 – 23 所示。a ~ c 分别为以菌株 F10 – D、T17 – D、TF15 – A 的第 20 代单菌落为模板,进行 PCR 扩增后产物的电泳图。图中均有与预期相符的特异性扩增条带,和阳性对照结果一致,证明菌株 F10 – D、T17 – D 和 TF15 – A 在传代 20 次后,基因型未改变。图 4 – 23(d)为转化菌株 F10 – D、T17 – D、TF15 – A 第 1 代、10 代、20 代发酵后 HDMF 产量情况,三株高产转化菌株在传代 20 代以内,HDMF 产量无明显下降。综合以上结果,菌株 F10 – D、T17 – D、TF15 – A 在连续传代 20 代以内,遗传稳定性良好。

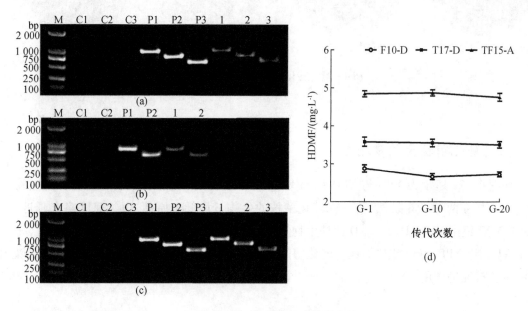

图 4 – 23　转化菌株遗传稳定性

注:a ~ c 为菌株 F10 – D、T17 – D 和 TF15 – A 第 20 代菌落 PCR 电泳图;d 为菌株 F10 – D、T17 – D 和 TF15 – A 第 1 代、10 代、20 代 HDMF 产量;C1 ~ C3 为空白对照(以去离子水为模板);P1 ~ P3 为阳性对照(以对应质粒为模板);1 ~ 3—第 20 代转化子为模板。

# 第四节　结　　论

## 一、*FBA* 和 *TPI* 基因生物信息学分析

利用所获核苷酸序列,对 *FBA* 和 *TPI* 进行生物信息学分析。*FBA* 基因全长 1 086 bp,位于鲁氏酵母菌 E 染色体,预测其蛋白分子式为 $C_{3282}H_{5480}N_{1086}O_{1365}S_{269}$,属不稳定蛋白,GRAVY 为 0.818 871,属疏水蛋白。*TPI* 基因全长 747 bp,位于鲁氏酵母菌 G 染色体,其编码蛋白分子式为 $C_{2239}H_{3733}N_{747}O_{927}S_{187}$,GRAVY 为 0.843 101,属疏水蛋白。FBA 与 TPI 蛋白有较多类似之处,均无跨膜区、无信号肽(图 4 – 6),不属于膜蛋白或分泌蛋白;FBA 蛋白定位于细胞质和线粒体,TPI 蛋白定位于线粒体(图 4 – 7);结构预测二者主要折叠形式为 α –

螺旋;都存在大量磷酸化位点,分别为总氨基酸残基的9.7%和7.2%,磷酸化对蛋白功能发挥起重要作用,可通过特定位点磷酸化实现对蛋白功能的调控。进一步分析发现,FBA和TPI与丙酮酸激酶、葡萄糖-6-磷酸异构酶、甘油醛-3-磷酸脱氢酶、磷酸甘油酸变位酶存在较强的互作关系,涉及了糖酵解、碳代谢、果糖和甘露醇代谢等多种重要途径(图4-9)。可见,FBA与TPI在鲁氏酵母菌中参与多种生理过程的调控,发挥重要作用。FBA作为普遍存在于生物体中的糖代谢关键酶,对糖酵解、糖异生、磷酸戊糖循环等多种途径有重要意义。FBA是糖酵解途径第四步反应的关键酶,催化FDP裂解为GAP和HDMF合成的有效前体物质DHAP。TPI则可以催化DHAP与GAP之间的相互转化,且具有其他酶不能替代的活性。因此,通过对 *FBA* 与 *TPI* 表达的调控可实现DHAP的积累,进而提升HDMF产量。

## 二、菌落 PCR 条件优化

菌落 PCR 是一种无须提取基因组,直接使用单菌落菌体进行基因型鉴定与分析的方法,可用于基因扩增,菌株鉴定,阳性转化子筛选等多种分子生物学领域,操作简便、快捷,无须进行菌体积累,生长至肉眼可见的单菌落即可作为试验材料,极大地缩短了培养时间。不同于普通细菌的细胞结构,酵母细胞壁中多糖占比最多,达85%～90%,其次是蛋白质(10%～15%)。通过 *O* -糖苷键相连的甘露聚糖和蛋白质中的苏氨酸或丝氨酸则构成甘露糖蛋白,覆盖于细胞表层,使得酵母细胞具有良好的韧性。因此,若直接使用普通的细菌菌落 PCR 方法扩增目的基因或鉴定酵母阳性转化子,通常因破壁效果差,基因组无法释放而不能得到理想结果,成功率低。常用酵母破壁方法及优缺点如表4-14所示。

表 4-14  常用酵母破壁方法及优缺点

| 破壁方法 | 优点 | 缺点 |
|---|---|---|
| 酶解法 | DNA 损伤小 | 操作烦琐,酶试剂价格高、不易存储 |
| 高温法 | 操作简便,设备要求低 | 易造成基因组 DNA 降解 |
| 冻融法 | DNA 损伤小 | 操作烦琐,耗时长,设备要求高 |
| 超声波法 | 破壁效果较好 | 菌体积累时间长,实验效果不稳定 |
| 液氮研磨法 | 成本低,效果好 | 耗时、费力,不适于大规模操作 |
| 商品试剂盒 | 效果良好 | 耗时长,成本高 |

本研究对常规酵母菌落 PCR 模板制备方法进行了改进,采用了将乙酸乙酯法与高温法相结合的方法。直接挑取单菌落菌体加至乙酸乙酯中,充分的涡旋震荡后,将乙酸乙酯彻底蒸发,加入无菌水后再次涡旋震荡并加热,即可得到菌落基因组 DNA,可直接作为菌落 PCR 模板。乙酸乙酯作为常见的萃取溶剂,具有溶解细胞壁的功能;涡旋震荡与水浴也均会使细胞壁出现不同程度的破损。以上方法结合使用,既能够使酵母细胞充分破碎,释放其基因组 DNA,又不会因加热时间过长,引起基因组 DNA 的降解。

此方法耗时短,操作简单,成本低,与各种机械破壁法相比,所用仪器均为实验室常规仪器,易于操作。相比于传统的高温破壁法采取的酵母菌落水溶液直接 PCR 法,本试验提供的方法结果更加稳定。胡荣飞等(2019)利用研磨仪对菌体进行破壁处理,效果良好,但相比于乙酸乙酯 – 高温法,所需仪器、试剂种类较多,操作复杂。综上所述,与现有的菌落 PCR 模板制备方法相比,此方法为酵母基因组中目的基因克隆和大规模的酵母转化子筛选及鉴定提供了快速、经济有效的新方法,可打消基因组提取费时、费力和大规模筛选转化子高价试剂用量大的顾虑。

### 三、高产菌株的筛选

结合发酵工程与基因工程,构建特定性状的酵母工程菌生产目标产物是当下发展的新趋势。此方法高效环保,可在短时间达到产物大量积累,对环境更加友好。周武林等(2021)通过对酿酒酵母进行改造,成功将菜油甾醇产量提升至 916.88 mg/L。张思琪等(2020)对酿酒酵母代谢途径进行改造,成功将对香豆酸产量提升至 593.04 mg/L。鲁氏酵母菌是目前生物合成 HDMF 研究最广泛的菌种,因此,本文以鲁氏酵母菌为出发菌株,共构建 *FBA*、*TPI* 及 *FBA* – TPI 双基因过表达载体,通过对其代谢通路的调控,实现 HDMF 产量的提升。同时,利用 SPSS 对基因表达量与 HDMF 产量的相关性进行分析(表 4 – 13)。结果显示,*FBA* 基因和 *TPI* 基因的表达量与 HDMF 产量呈正向相关。*FBA* 与 *TPI* 基因的表达量也为正相关,结合生物信息学分析结果,二者可能存在互作关系,在鲁氏酵母菌中共同促进 HDMF 的合成。综上所述,初步筛选出 *FBA* 基因过表达菌株 F10 – D、*TPI* 基因过表达菌株 T17 – D 和 *FBA* – TPI 双基因过表达菌株 TF15 – A 三株 HDMF 高产菌株。

### 四、高产 HDMF 鲁氏酵母重组菌株功能鉴定

#### (一)*FBA* 和 *TPI* 基因过表达对转化菌株 HDMF 产量的影响

对 HDMF 高产菌株 F10 – D、T17 – D 和 TF15 – A 进行动态培养,设置了 YPD 和 YPD + Fru 两种培养基,测定发酵过程中 *FBA* 和 *TPI* 基因的表达情况和 HDMF 产量的变化。同时,对 EMP 和 TCA 途径关键酶的基因表达进行了测定。

如图 4 – 18 所示,在 YPD 组中,与鲁氏酵母菌原菌株相比较,三株转化菌株的 HDMF 产量都明显高于原菌。F10 – D 菌株发酵 3 d 时 HDMF 产量达到最高值 2.88 mg/L,是原菌株的 1.5 倍;T17 – D 和 TF15 – A 菌株的 HDMF 产量在发酵 5 d 时达到最高,分别为 3.55 mg/L 和 4.86 mg/L,随后逐渐降低。如图 4 – 19 所示,转化菌株的 *FBA* 和 *TPI* 基因表达量在整个发酵过程中都高于原菌,在发酵 3 d 时,*FBA* 和 *TPI* 基因表达量最高,随后因底物消耗而逐渐下降。

YPD + Fru 组中,HDMF 产量提升更为明显,产量最高的为 TF15 – A 菌株,5 d 时的产量达 13.39 mg/L,是原菌株在相同条件下产量的近 2 倍,*FBA* 基因在 3 d 时表达量大幅提升,5 d 时与 3 d 时基本持平,*TPI* 基因在 5 d 时表达量大幅提升;F10 – D 菌株 3 d 时产量为

10.11 mg/L,其 *FBA* 基因也在 3 d 时表达量最高,*TPI* 基因则在 5 d 时表达量最高;T17 - D 菌株 5 d 时 HDMF 产量为 12.03 mg/L,*FBA* 基因在 3 d 时与 5 d 时的表达量基本持平,*TPI* 基因在 5 d 的表达量最高。推测,发酵 0 ~ 3 d 时,HDMF 的合成主要来源于 EMP 途径,所以 *TPI* 基因无显著上调。随着底物的消耗与中间代谢产物的积累,EMP 途径不再是最主要的碳代谢途径,5 d 时 *TPI* 基因表达量显著提升,*FBA* 基因表达量略有下降。7 d 时,在积累的细胞代谢物的影响下,为保护细胞,鲁氏酵母菌甘油产量提升,用于合成 HDMF 的 DHAP 减少,HDMF 产量下降。

在 YPD 与 YPD + Fru 组的比较中,两种培养条件下,HDMF 产量最高的菌株都是 TF15 - A。YPD + Fru 组的 HDMF 产量为 YPD 培养条件下的 2.7 倍,可见 D - 果糖作为促进鲁氏酵母菌生物合成 HDMF 的底物效果明显。所有菌株的 HDMF 产量与 *FBA* 和 *TPI* 表达量都是逐渐上升,在 3 d 或 5 d 达到最高值后,再逐渐下降。5 d 时,YPD + Fru 组的 *FBA* 和 *TPI* 表达量均显著高于 YPD 组,进一步证实了在鲁氏酵母菌中,*FBA* 和 *TPI* 基因对 HDMF 的合成、积累有积极作用。相比于 YPD 培养基,YPD + Fru 培养基渗透压升高,且转化菌株 *TPI* 基因表达量显著提升,使得代谢流更多转向 DHAP,HDMF 前体物质增多,产量提升。

同时,因 *FBA* 和 *TPI* 均涉及鲁氏酵母菌 EMP 途径和 TCA 循环,这两个途径在生物体的生长、代谢中又尤为重要,所以选择了 EMP 途径关键酶 HK、PFK1 和 TCA 循环第一个限速酶 CS,进行了基因表达量的测定。如图 4 - 20 所示,与 YPD 组相比,YPD + Fru 组中,1 d 时,*HK* 基因响应并不显著;*PFK1* 基因上调,促使培养基中的 D - 果糖 - 6 - 磷酸转化为 D - 果糖 - 1,6 - 二磷酸,而 D - 果糖 - 1,6 - 二磷酸的增加使得 *FBA* 基因也为上调状态;*FBA* 将 D - 果糖 - 1,6 - 二磷酸裂解为 DHAP 与 GAP 后,在 *TPI* 的作用下,DHAP 与 GAP 之间的相互转化更倾向于 DHAP 方向,TCA 循环受到抑制,*CS* 基因表达量降低。发酵 3 d 时,*HK* 基因显著上调,培养基中添加的大量 D - 果糖被转化为 D - 果糖 - 6 - 磷酸,*PFK1* 和 *FBA* 基因也显著上调表达,*TPI* 基因下调,生成大量 DHAP,促进 HDMF 合成。同时,已经积累了一定的丙酮酸,*CS* 基因表达量改为上调。第 5 d 时,大部分 D - 果糖被消耗,*HK、PFK1* 基因下调,D - 果糖 - 1,6 - 二磷酸合成速率降低,*FBA* 和 *TPI* 继续保持上调状态,生成 DHAP,因此,GAP 合成受限,影响丙酮酸的合成,作为 TCA 第一个关键酶的 *CS* 基因下调,TCA 速度受限,HDMF 继续累积。7 d 时,*TPI* 基因表达量相比于 5 d 时显著下调,EMP 途径代谢通量增加,*HK、PFK1* 以及 *FBA* 基因仍保持上调,*CS* 基因下调,TCA 循环不再受抑制,HDMF 合成速率降低。

### (二)*FBA* 和 *TPI* 基因过表达对转化菌株生长状况的影响

对重组菌株 F10 - D、T17 - D 和 TF15 - A 的生物学特性进行研究。结果显示,相同培养条件下,鲁氏酵母菌转化菌株的菌落形态与原菌株并无明显差异(图 4 - 21)。转化菌株遗传稳定性测定结果如图 4 - 22 所示,在连续传代 20 代后,菌株基因型无变化,HDMF 产量也无明显下降,证明菌株 F10 - D、T17 - D 和 TF15 - A 遗传稳定性良好。转化菌株的生物量与原菌株相比也无明显变化,但相比于 YPD 组,YPD + Fru 组生物量显著提升。外源添加不同碳源对酵母生长速率具有影响,刘政和李笑宇(2021)通过向培养基添加不同碳源,证实了甘油对热带假丝酵母菌生长具有促进作用;宋保平(2012)发现以多糖和葡萄糖为碳源对产甘油假丝酵母菌进行培养时,其生物量显著增加。综上所述,外源添加D-果糖能够作为营养物质,使鲁氏酵母细胞更好地进行代谢生长。

## 五、结论与展望

### (一)结论

鲁氏酵母菌是目前已知的最重要的 HDMF 生物合成途径,构建酵母工程菌是生产各种生物制品的有效手段。本文对 *FBA* 和 *TPI* 基因进行全面的生物信息学分析,以鲁氏酵母菌为出发菌株,构建了鲁氏酵母菌 *FBA*、*TPI* 和 *FBA-TPI* 基因过表达载体。通过对代谢途径的调控,结合转录水平与代谢水平上的测定和验证,成功获得鲁氏酵母菌 HDMF 高产菌株。本研究主要结论如下:

(1)*FBA* 和 *TPI* 生物信息学分析结果显示,*FBA* 基因全长 1 086 bp,位于鲁氏酵母菌 E 染色体,与假丝酵母菌同源性最高,蛋白分子式为 $C_{3282}H_{5480}N_{1086}O_{1365}S_{269}$,GRAVY 为 0.818 871,属疏水蛋白;无跨膜区、无信号肽,预测定位于细胞质和线粒体;主要折叠形式为 α-螺旋;总氨基酸残基中磷酸化位点占比9.7%。*TPI* 基因全长 747 bp,位于鲁氏酵母菌 G 染色体,与酿酒酵母同源性最高,其编码蛋白分子式为 $C_{2239}H_{3733}N_{747}O_{927}S_{187}$,GRAVY 为 0.843 101,属疏水蛋白;无跨膜区、无信号肽,预测定位于线粒体;主要折叠形式为 α-螺旋;总氨基酸残基中磷酸化位点占比7.2%。*FBA* 和 *TPI* 在鲁氏酵母菌中参与多种生理过程的调控,涉及糖酵解、碳代谢、果糖和甘露醇代谢等多种重要途径,与丙酮酸激酶、葡萄糖-6-磷酸异构酶、甘油醛-3-磷酸脱氢酶、磷酸甘油酸变位酶都存在相互作用。

(2)对常规酵母菌落 PCR 模板制备方法进行了改进,将乙酸乙酯法与高温法相结合。直接挑取单菌落菌体加入乙酸乙酯中,充分的涡旋震荡后,将乙酸乙酯彻底蒸发,加入无菌水后再次涡旋震荡并加热,即可得到菌落基因组 DNA,可直接作为菌落 PCR 模板。

(3)对 *FBA* 基因过表达阳性转化子、*TPI* 基因过表达阳性转化子和 *FBA-TPI* 双基因过表达阳性转化子进行 *FBA* 和 *TPI* 基因表达量与 HDMF 产量的测定,同时对 HDMF 产量与 *FBA* 和 *TPI* 基因表达量进行相关性分析。结果显示,鲁氏酵母菌中 HDMF 产量与 *FBA* 和 *TPI* 基因表达情况成正相关,*FBA* 与 *TPI* 的表达情况也为正相关。这说明在鲁氏酵母菌中,*FBA* 和 *TPI* 基因可促进鲁氏酵母菌合成 HDMF,并且二者存在互作关系。综上所述,筛选出 *FBA* 基因过表达重组菌株 F10-D、*TPI* 基因过表达重组菌株 T17-D 和 *FBA-TPI* 双基因过表达重组菌株 TF15-A 三株 HDMF 高产菌株。

(4)采用 YPD 和 YPD+Fru 两种培养基对高产菌株进行动态培养以对其进行功能鉴定。结果显示,两种培养条件下,菌株 F10-D、T17-D 和 TF15-A 的 HDMF 产量、*FBA* 和 *TPI* 基因表达量显著高于鲁氏酵母菌原菌株,且 YPD+Fru 组显著高于 YPD 组。HDMF 产量最高的为 TF15-A 菌株,在 YPD+Fru 培养基中发酵 5 d 时的产量可达到 13.39 mg/L,是相同培养条件下原菌株产量的 1.91 倍。在相同培养条件下,高产 HDMF 重组菌株 F10-D、T17-D 和 TF15-A 的生物量与菌落形态同鲁氏酵母菌原菌并无明显差异。外源添加

D - 果糖对鲁氏酵母菌的生长具有促进作用,YPD + Fru 组生物量显著高于 YPD 组。连续传代 20 代以内,菌株 F10 - D、T17 - D 和 TF15 - A 的遗传稳定性良好。以上结果说明,*FBA* 和 *TPI* 对鲁氏酵母菌代谢合成 HDMF 有促进作用;同时,D - 果糖是鲁氏酵母菌代谢合成 HDMF 的有效前体物质,对鲁氏酵母菌的生长具有促进作用。

## (二)展望

本书以鲁氏酵母菌为出发菌株,构建了高产 HDMF 鲁氏酵母工程菌,确定了 D - 果糖可作为鲁氏酵母菌代谢合成 HDMF 的有效前体物质。后续可对高产 HDMF 工程菌培养条件进行优化,进一步提高其 HDMF 产量。

本书仅确定了 *FBA* 和 *TPI* 基因对鲁氏酵母菌代谢合成 HDMF 的调控作用,还可通过筛选其他关键酶基因并进行调控,进一步提升鲁氏酵母菌的 HDMF 产量。

# 第五章　鲁氏酵母菌高密度培养制备及产呋喃酮条件优化

## 第一节　概　述

鲁氏酵母菌是一种常见的嗜高渗透压酵母菌,在豆酱和酱油的发酵过程中产生类似焦糖味的呋喃酮类化合物,是发酵食品的重要增香微生物。因此,探讨大批量的鲁氏酵母菌高细胞密度培养(high cell density cultivation, HCDC),可以为直投式菌种制备和应用提供有效的技术支持,利于工厂化使用,提高生产效率,达到预期的增香目的。

高细胞密度培养是国际生化工程界所关注的焦点研究问题之一,是以提高菌体的密度为前提,尽可能多或更高效地生产目的产物,最终目标是提高细胞密度。日本学者 Yoshida 等(1973)以补料分批发酵为基础建立了理论上的第一个数学模型,动力学的研究进入到理论研究阶段。随之,多种补料分批发酵、连续发酵以及分批发酵模型和动力学研究得到了验证和应用,利用分批补料方式进行酵母菌的高密度培养为其进一步应用提供了理论模型和应用基础。分批补料发酵由于消除底物的抑制、产物的反馈抑制和分解代谢物阻遏作用,可以定期的大量的获得目的菌种,同时,由于新料的每次定量补充,减少了接种操作和污染等问题,非常适合工厂的生产和应用。Li 等(2016)采用的分割对数期和 Logistic 模型是常用的酵母分批补料和动力学建模方式,但这些研究主要集中于理论研究和小样试验,不能满足工厂化生产的实际需求。

研究以 20 L 全自动发酵罐进行鲁氏酵母菌的高密度培养,采用半数补料分批方式进行发酵,即当培养基营养物质耗尽时,取出 1/2 体积酵母培养液,再向发酵罐中加入同等体积的新鲜培养基,以保证充足的营养物质及连续发酵。从工业生产角度看,这种半数补料分批高密度培养方式操作容易,减少设备投入,生产效率较高,达到一次接种实现多次获得高生物量鲁氏酵母菌的目的。同时,探讨基于 Logistic 模式的连续半数补料分批培养鲁氏酵母菌菌体生长和底物消耗动力学模型,提供这种培养方式的理论基础,为鲁氏酵母菌的应用和发酵食品增香提供技术支持。

# 第二节 材料与方法

## 一、试验材料

### (一)菌种与培养基

鲁氏酵母菌,编号:32899,中国工业微生物菌种保藏管理中心;YPD 培养基,青岛高科技工业园海博生物技术有限公司;平板计数琼脂:Xiya Reagent 生物技术有限公司。

### (二)主要试剂

试验所用主要试剂如表5-1所示。

表5-1 主要试验试剂

| 试剂名称 | 生产厂家 |
| --- | --- |
| 海藻糖(食品级) | 山东天力药业有限公司 |
| 3,5-二硝基水杨酸试剂(DNS) | 天津市东丽区天大化学试剂厂 |
| HDMF | 东京仁成工业株式会社 |
| 呋喃酮标准品 | 东京仁成工业株式会社 |
| 葡萄糖 | 天津市东丽区天大化学试剂厂 |
| 谷氨酸钠(食品级) | Biosharp 生物技术有限公司 |
| D-1,6 二磷酸果糖 | 上海源叶生物科技有限公司 |
| 脱脂乳粉(食品级) | 伊利乳业有限公司 |
| 氯化钠 | 天津市东丽区天大化学试剂厂 |
| 色谱纯甲醇 | 天津星马克科技发展有限公司 |
| 色谱纯乙腈 | 天津星马克科技发展有限公司 |
| 色谱纯甲酸 | 天津市科密欧化学试剂有限公司 |

### (三)主要仪器设备

试验所用主要仪器设备如表5-2所示。

表5-2 主要仪器设备

| 仪器设备名称 | 生产厂家 |
| --- | --- |
| 20 L 微生物发酵罐 | 上海洋格生物工程设备有限公司 |
| 754 紫外、可见分光光度计 | 上海光谱仪器有限公司 |
| 生物显微镜 | 重庆光学仪器厂 |
| HZQ-QX 全温振荡器 | 哈尔滨市东联电子技术开发有限公司 |

表 5 - 2(续)

| 仪器设备名称 | 生产厂家 |
|---|---|
| 电热恒温鼓风干燥箱 | 上海一恒科学仪器有限公司 |
| LDZM 立式压力蒸汽灭菌锅 | 上海申安医疗器械厂 |
| YM - 6000Y 小型喷雾干燥机 | 上海豫明仪器有限公司 |
| DGG - 9140A 型电热恒温鼓风干燥机 | 上海森信实验仪器有限公司 |
| R2140 型分析天平 | 瑞士梅特勒 - 托利多仪器有限公司 |
| Centrifuge 5403 R 低温离心机 | Eppendorf 生命科技有限公司 |
| FA25model 均质机 | 上海弗鲁克流体机械制造有限公司 |
| 安捷伦 - 1260 高效液相色谱仪 | 厦门千载环保科技有限公司 |
| TGL - 16B 飞鸽高速台式离心机 | 上海安亭科技仪器厂 |
| CPX3800H - C 必能信超声波清洗机 | 美国苏州江东精密仪器有限公司 |
| Smart - N - 15UV 超纯水系统 | 苏州江东精密仪器有限公司 |

## 二、试验方法

### (一)鲁氏酵母菌的扩培、发酵液的制备及菌体洗涤

扩培:取鲁氏酵母菌冻干粉进行活化,取 100 mL YPD 液体培养基,灭菌,在超净工作台中,将已经准备好的鲁氏酵母菌冻干粉,严格操作,取微量加入培养基中。在 28 ℃、180 r/min 条件下,放入全温振荡器中培养 3~4 d,当细胞数达到 $1.0 \times 10^8$ CFU/mL 时备用。取已经活化的种子液 5% 加入 100 mL 培养基中继续培养(培养条件同上)。

发酵液制备:经过扩培的种子液取 5% 加入 100 mL YPD 培养液的三角瓶中,相同条件下培养 30~36 h。取三角瓶内培养的鲁氏酵母菌为微生物发酵罐批量制备的菌种,发酵罐培养条件(经实验室摇床培养条件优化所得)为温度 28 ℃、500 r/min、pH 值为 5、DO(溶氧量)值设定为 30%,接种量为 5%,接种后发酵罐内液体总体积为 10 L,连续培养 30 h。每 3 h 取样测定细胞干重、培养基残糖浓度、活菌总数监测鲁氏酵母菌的生长曲线。

菌体洗涤:首先将鲁氏酵母菌菌体从发酵液中分离出来,条件为 4500 r/min,低温 4 ℃ 离心 20 min;之后用 2.5% 的氯化钠溶液对分离的菌体洗涤两次,同上条件,去除上清液,保留菌体。

### (二)酵母菌菌落总数、培养基葡萄糖及细胞干重含量测定

鲁氏酵母菌落总数测定:参照国家标准 GB 4789.2 - 2016。

培养基残糖含量测定:采用 3,5 - 二硝基水杨酸比色法测定。

细胞干重测定:取 5 mL 菌体发酵液于离心管中(离心管提前干燥并称重),8000 r/min 条件下离心 10 min,收集菌体,将收集到的菌体用去离子水洗涤两次离心,放入干燥箱中于

80 ℃干燥恒重,称重并计算细胞干重。

### (三)发酵液中酵母菌活菌数测定方法

发酵液中菌数测定:血球计数法。

### (四)鲁氏酵母菌发酵剂中活菌数测定方法

酵母菌存活率测定如式(5-1)所示。

$$酵母菌存活率/\% = \frac{喷雾干燥后发酵剂中酵母菌的活菌总数}{发酵液中酵母的活菌总数} \times 100\% \qquad (5-1)$$

### (五)鲁氏酵母菌培养生长及半数分批补料试验方法

半数分批补料过程主要分为两个阶段:第一阶段,鲁氏酵母菌全培养过程;第二阶段,鲁氏酵母菌半数补料培养过程。根据第一次的全培养过程中底物浓度耗尽的时间确定第二次培养过程中补加培养基时间,具体操作如图5-1所示。

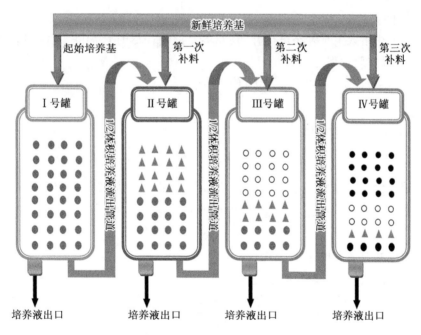

**图5-1 鲁氏酵母菌半数分批补料过程操作流程图**

注:●为新鲜培养液;▲为—第一次补料新鲜培养基;○为第二次补料新鲜培养基;●为—第三次补料新鲜培养基。

#### 1. 鲁氏酵母菌全培养过程

鲁氏酵母菌种子液接种量为5%,培养基体积为1/2体积发酵罐体积,接种后发酵罐总体积为10 L,分别加入20 L微生物发酵罐中,在28 ℃、500 r/min、pH值为5、DO(溶氧量)值设定30%条件下培养,加入200 mL大豆油作为消泡剂。每2 h取样,测定培养基葡萄糖含量、细胞干重,发酵周期设定为30 h。

**2. 鲁氏酵母菌半数补料培养过程**

鲁氏酵母菌种子液接种量 5%，培养基体积为 1/2 体积发酵罐体积，接种后总体积为 10 L，分别加入 20 L 微生物发酵罐中。在 28 ℃、500 r/min、pH 值设定 5、DO 值设定 30% 条件下培养，加入 200 mL 大豆油作为消泡剂。每 2 h 取样，测定培养基葡萄糖含量、细胞干重。当培养基葡萄糖含量不再发生变化时，从发酵罐中取出 1/2 体积的发酵液，向发酵罐中加入同等体积的新鲜培养基，连续重复三次。从企业的经济效率考虑，设定连续发酵周期为 48 h。

### （六）半数分批补料培养的计算

**1. 细胞生长动力学方程计算**

利用鲁氏酵母菌在每批次培养过程中的细胞干重增长率计算比生长速率 $\mu_X$（单位：$h^{-1}$）为

$$\mu_X = \left(\frac{1}{X}\right)\left(\frac{dX}{dt}\right) = \frac{1}{X}\frac{\Delta X}{\Delta t} \tag{5-2}$$

式中　$X$——生物量，g/L；

　　　$t$——时间，h。

由于试验采用指数生长策略进行补料（培养基底物耗尽时），消除了底物抑制效应，因此，菌体生长可以采用方程为

$$\frac{d(XV)}{dt} = \mu_X(XV)$$

$\dfrac{d(XV)}{XV} = \mu_X dt$，积分可得

$$XV = X_0 V_0 e^{\mu_X(t-t_0)}$$

由于采用半数补料方式，每次补料后体积不变，此式可变为：$X = X_0 e^{\mu_X(t-t_0)}$，$t_0$ 为初始时刻，记为 $t_0 = 0$。则鲁氏酵母菌生长动力学方程可表示为

$$X = X_0 e^{\mu_X t} \tag{5-3}$$

**2. 底物消耗动力学方程计算**

底物消耗引用如式（5-4）、式（5-5）所示

$$S_t = \frac{V_0 X_0 (e^{\mu_S t} - 1)}{Y_{X/S}} + S_0$$

$$S_t = \frac{20 X_0 (e^{\mu_S t} - 1)}{Y_{X/S}} + S_0 \tag{5-4}$$

生物量得率系数计算为

$$Y_{X/S} = \frac{\Delta\,细胞干重}{\Delta\,葡萄糖} \tag{5-5}$$

式中　$\mu_S$——底物消耗速率（单位时间内底物消耗能力，$h^{-1}$），由 $\ln S = \mu_S t + a$ 计算，$a$ 为截距，$\mu_S$ 为斜率；

　　　$S_t$、$S_0$——$t$ 时刻和起始时刻的底物葡萄糖量，g；

$V_0$、$X_0$——起始时刻的体积 20 L 和生物量浓度,g/L;

$Y_{X/S}$——生物量得率系数,g/g。

### (七)鲁氏酵母菌发酵法制备呋喃酮培养条件优化

**1. 鲁氏酵母菌发酵液待检测样品的制备**

用移液枪精确量取事先经过鲁氏酵母菌发酵培养的菌液 2 mL,使用高速离心机在 8 000 r/min 条件下离心 10 min,取上清液,过 0.45 μm 滤膜后,进 HPLC 分析。

**2. 呋喃酮标准品储备液的制备**

精确称取 0.1 g HDMF 标准品,用甲醇在烧杯中溶解后,转移至 100 mL 容量瓶,用甲醇反复冲洗烧杯,并将洗涤液移入容量瓶中,用甲醇定容至刻度线,密封放置于 4 ℃冰箱避光保存。

**3. 呋喃酮标准溶液的配制**

将 1 mg/mL 的 HDMF 标准储备液分别稀释制成 2 mg/L、5 mg/L、15 mg/L、20 mg/L、40 mg/L、80 mg/L 的 HDMF 标准溶液。

### (八)呋喃酮检测方法

采用 HPLC 外标法检测。

### (九)呋喃酮标准品检测条件优化

**1. 检测波长的最佳条件确定**

经查阅相关资料可知,呋喃酮常用的 HPLC 检测波长在 280～290 nm 之间。保持其他条件不变,用呋喃酮标准品进样,改变 DAD 紫外检测器的波长,通过对比选择最大吸收波长用于试验中样品的分析。

**2. 流速的最佳条件确定**

流速条件的优化对试验的分离效果影响非常大,它影响着基线的稳定性,以及样品出峰时间的快慢。试验中分别采用 0.8 mL/min、1.0 mL/min、1.2 mL/min 三种流速进行优化。

**3. 色谱柱的选择**

根据呋喃酮的性质以及常用的固定相,选择适用于分析呋喃酮的色谱柱。

**4. 进样量最佳条件确定**

进样量的大小是影响着峰型好坏的条件之一,试验分别选择 20 μL、10 μL、5 μL 三种进样量作为参照,选取最合适的进样量。

**5. 流动相组成的确定**

根据呋喃酮的出峰情况,对流动相的组成进行优化,选择杂质分离度高,峰型好的流动相。

### (十)精密度试验

对同一发酵液样品连续进样 5 次,分别测定其 HDMF 含量。

（十一）加标回收率

抽取 3 个样品,标底量为 1.086 mg/L,加标量分别为 0.8 mg/L、1.0 mg/L、1.2 mg/L,测定检出量和回标率。

（十二）鲁氏酵母菌产呋喃酮培养条件优化单因素试验

1. 不同培养时间对生成 HDMF 的影响

以添加 100 g/L FDP 的 YPD 液体培养基为出发培养基,接入鲁氏酵母菌 $1 \times 10^8$ CFU/mL,分别发酵培养 1~7 d,180 r/min、28 ℃,测定 HDMF 含量为检验指标。

2. 不同浓度 FDP 对生成 HDMF 的影响

以不添加任何外源物的 YPD 液体培养基为出发培养基,接入鲁氏酵母菌 $1 \times 10^8$ CFU/mL,分别添加 20 g/L、40 g/L、60 g/L、80 g/L、100 g/L、120 g/L 的 FDP,180 r/min、28 ℃发酵培养 4 d,测定 HDMF 含量为检验指标。

3. 不同浓度 NaCl 对生产 HDMF 的影响

以添加 100 g/L FDP 的 YPD 液体培养基为出发培养基,接入鲁氏酵母菌 $1 \times 10^8$ CFU/mL,分别添加 80 g/L、100 g/L、120 g/L、140 g/L、160 g/L、180 g/L、200 g/L NaCl,180 r/min、28 ℃发酵培养 4 d,测定 HDMF 含量为检验指标。

4. 不同酵母菌数对生产 HDMF 的影响

以添加 100 g/L FDP、180 g/L NaCl 的 YPD 液体培养基为出发培养基,按 $5 \times 10^7$ CFU/mL、$1 \times 10^8$ CFU/mL、$5 \times 10^8$ CFU/mL、$10^9$ CFU/mL、$5 \times 10^9$ CFU/mL 浓度把酵母菌接入到培养基中,180 r/min、28 ℃发酵培养 4 d,测定 HDMF 含量为检验指标。

（十三）鲁氏酵母菌产呋喃酮培养条件优化正交试验

以单因素试验结果为依据,综合培养时间、FDP 浓度、NaCl 浓度等因素对鲁氏酵母菌产呋喃酮的影响,设置了 3 因素 3 水平,采用 $L_9(3^4)$ 表进行试验(表 5-3)。

表 5-3　正交试验因素水平表

| 水平 | 培养时间/d($A$) | FDP 浓度/(g·L$^{-1}$)($B$) | NaCl 浓度/(g·L$^{-1}$)($C$) |
| --- | --- | --- | --- |
| 1 | 3 | 8 | 16 |
| 2 | 4 | 10 | 18 |
| 3 | 5 | 12 | 20 |

（十四）喷雾干燥法制备鲁氏酵母菌保护剂优化单因素试验

利用喷雾干燥法制备鲁氏酵母菌发酵剂时,对保护剂的选择要符合国家标准,即能入口使用、又对身体无害。适当的保护剂可以减轻和防止喷雾干燥对菌体的损害,尽可能保持菌体原有特性,提高存活率。经过筛选对比,分别选择脱脂奶粉作为赋形剂;海藻糖作为内源保护剂;谷氨酸钠作为抗氧化保护剂。

1. 脱脂奶粉对鲁氏酵母菌存活率的影响

分别选择 6%、8%、10%、12%、14% 的脱脂奶粉添加到菌体溶液中,在进料温度为 115 ℃、进料流量为 15%(蠕动泵转速占比)条件下进行试验,以鲁氏酵母菌的存活率为检验指标,确定脱脂奶粉对鲁氏酵母菌存活率的影响。

2. 海藻糖对鲁氏酵母菌存活率的影响

分别选择 1%、3%、5%、7%、9% 的海藻糖添加到菌体溶液中,在进料温度为 115 ℃、进料流量为 15%(蠕动泵转速占比)条件下进行试验,以鲁氏酵母菌的存活率为检验指标,确定海藻糖对鲁氏酵母菌存活率的影响。

3. 谷氨酸钠对鲁氏酵母菌存活率的影响

分别选择 1%、1.5%、2%、2.5%、3% 的谷氨酸钠添加到菌体溶液中,在进料温度为 115 ℃、进料流量为 15%(蠕动泵转速占比)条件下进行试验,以鲁氏酵母菌的存活率为检验指标,确定谷氨酸钠对鲁氏酵母菌存活率的影响。

(十五)保护剂的正交试验

根据单因素试验结果保护剂进行优化,以鲁氏酵母菌的存活率为检验指标,分别选取海藻糖、谷氨酸钠、脱脂奶粉进行 3 因素 3 水平的正交试验。如表 5 - 4 所示为喷雾干燥保护剂优化试验因素水平表。

表 5 - 4 喷雾干燥保护剂优化试验因素水平表

| 水平 | 脱脂奶粉质量分数 A | 海藻糖质量分数 B | 谷氨酸钠质量分数 C |
| --- | --- | --- | --- |
| 1 | 8% | 3% | 1.5% |
| 2 | 10% | 5% | 2% |
| 3 | 12% | 7% | 2.5% |

(十六)喷雾干燥条件优化单因素试验

1. 喷雾干燥进口温度试验

采用进料流量为 13%(蠕动泵转速占比),保护剂与菌泥(水分)比例为 4∶1(g∶L),进料温度分别选择 110 ℃、115 ℃、120 ℃、125 ℃、130 ℃ 进行试验。酵母菌活率为检验指标。

2. 喷雾干燥进料流量试验

采用进料温度为 120 ℃,保护剂与菌泥比例为 4∶1(g∶L),进料流量分别选择 12%、13%、14%、15%、16% 进行试验。酵母菌活率为检验指标。

3. 喷雾干燥保护剂与菌泥比例试验

采用进料流量为 13%(蠕动泵转速占比),进料温度为 120 ℃,保护剂与菌泥比例分别选择 1∶3、1∶1、4∶1、8∶1、12∶1(g∶L)进行试验,酵母菌存活率为检验指标。

### (十七)喷雾干燥条件优化正交试验

根据单因素试验对喷雾干燥工艺进行优化,分别选取进口温度、进料流量、保护剂与菌泥比例进行 3 因素 3 水平的正交试验。如表 5 – 5 所示为喷雾干燥工艺优化试验因素水平表。

表 5 – 5  喷雾干燥工艺优化试验因素水平表

| 水平 | $A$ 进口温度/ ℃ | $B$ 进料流量<br>(蠕动泵转速占比) | $C$ 保护剂与菌泥比例<br>(g∶L) |
|---|---|---|---|
| 1 | 110 | 13% | 1∶1 |
| 2 | 115 | 15% | 4∶1 |
| 3 | 120 | 17% | 8∶1 |

### (十八)喷雾干燥过程动力学

在鲁氏酵母菌喷雾干燥的过程中,以 $G_v$ 来表示酵母菌存活率,计算公式为

$$G_v = \frac{G_t}{G_0} \times 100\% \tag{5-6}$$

式中　$G_t$——干燥后发酵剂中活菌总数,CFU/g;

　　　$G_0$——初始活菌总数,CFU/g。

初始活菌总数为

$$G_0 = G_{液} \tag{5-7}$$

式中,$G_{液}$为经实验室条件下液体培养对数期鲁氏酵母菌活菌总数,当活菌总数达到 $1 \times 10^8$ CFU/g 时予以应用。

平均换热温差计算方程为

$$\Delta T_m = \frac{\Delta T_1 - \Delta T_2}{\ln \dfrac{\Delta T_1}{\Delta T_2}} \tag{5-8}$$

式中　$\Delta T_m$——平均换热温差;

　　　$\Delta T_1$——加热器入口端传热温差;

　　　$\Delta T_2$——出口端传热温差。

### (十九)数据处理方法

利用 Originpro 9、SigmaPLot 软件进行制图和数据处理。

## 三、技术路线(图 5 - 2)

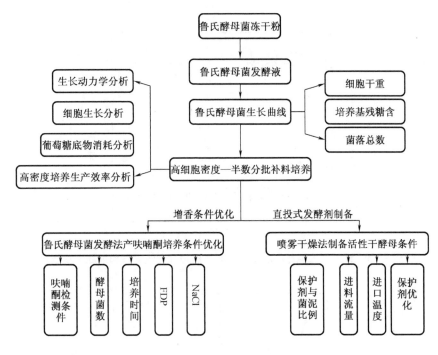

图 5 - 2 技术路线

# 第三节 结果与分析

## 一、鲁氏酵母菌培养生长动力学分析

在 20 L 发酵罐中进行鲁氏酵母菌的培养,一次全培养过程中的葡萄糖含量和细胞干重变化如图 5 - 3 所示。鲁氏酵母菌的培养呈现典型的"S 型"生长曲线,细胞干重含量与培养基葡萄糖含量曲线在细胞生长期间具有相关性。在发酵的初始阶段,鲁氏酵母菌处于延滞期,细胞干重和葡萄糖变化缓慢。当培养至 6 h 时,培养基葡萄糖含量开始迅速下降,此时菌体生产加快,进入对数期。培养至 24 ~ 27 h 时,培养基葡萄糖含量几乎全部消耗,菌体生物量、细胞干重和代谢产物达到了极值,进入了快速生长期和主发酵阶段。在发酵后期,由于产物的积累对细胞的生长起到抑制作用,细胞干重呈现下降趋势。通过鲁氏酵母菌培养过程可知,在菌体生长的对数期之前,发酵罐内菌体营养物质急剧下降,在发酵至 10 h 时营养物质几乎耗尽。为获得较高生物量和实现半数分批补料培养,在 10 h 时进行分割培养。

## 二、鲁氏酵母菌细胞生长分析

由鲁氏酵母菌培养过程的底物葡萄糖含量变化可知,每批次分别选择培养至 10 h 进行 3 次半数分批补料培养,起始阶段至每批次培养阶段分别记为 Stage 0、Stage 1、Stage 2 和

Stage 3,结果如图 5 - 4 所示。每次补料时,鲁氏酵母菌的生物量、细胞干重和培养基浓度分别为起始值的 1/2。

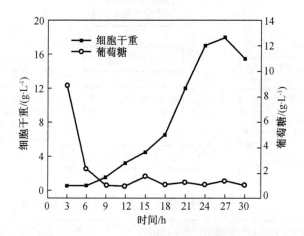

**图 5 - 3　鲁氏酵母菌在一次全培养时的底物葡萄糖含量和细胞干重变化**

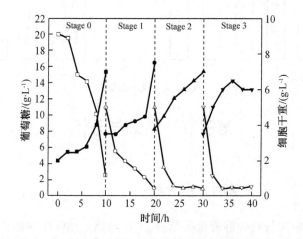

**图 5 - 4　鲁氏酵母菌半数分批补料高密度培养曲线图**

注:Stage 0、Stage 1、Stage 2、Stage 3 分别为起始培养和第 1 ~ 3 次半数补料阶段;空心符号为各阶段葡萄糖的变化;实心符号为鲁氏酵母菌细胞干重的变化。

在 Stage 1 阶段,由于取出半数体积的培养液,再加入同等体积的新鲜培养基,在发酵时间 12 h 时,测定葡萄糖含量上升,细胞干重下降。随着发酵时间变长,在 14 ~ 18 h 时,培养基葡萄糖含量呈下降趋势,此时细胞干重呈先平缓后上升趋势。由于补加半数体积的新鲜培养基,消除了底物抑制效应,有利于鲁氏酵母菌生物量的累积。在 Stage 2 阶段,细胞干重迅速上升,葡萄糖浓度下降速率明显高于 Stage 1 阶段。Stage 2 与 Stage 1 呈现相同的葡萄糖降低趋势,但 36 h 后鲁氏酵母菌细胞干重不再增加,呈现下降趋势,可能由于经过细胞的几次分裂和增殖导致生长状况不佳所致。

由图 5 - 4 可知,在各个阶段的鲁氏酵母菌细胞生长的比生长速率 $\mu_{S0} > \mu_{S1} > \mu_{S2} > \mu_{S3}$（$0.229 \sim 0.525, h^{-1}$）。这表明,随着每次补料的进行,每小时单位的菌体质量逐渐增加,但细胞生长速率呈逐渐递减趋势。由于每次补充新鲜培养基后，葡萄糖浓度迅速增加为上一次补料时的浓度数值，细胞需要的营养迅速增加至起始状态，此时的细胞浓度或接种量分别达到 $0.606 \times 10^8$ CFU/mL、$0.775 \times 10^8$ CFU/mL 和 $1.320 \times 10^8$ CFU/mL。如图 5 - 5(a)所示，当 $t = 0$ 时，$\ln X$ 在 Stage 0、Stage 1、Stage 2 和 Stage 3 阶段的截距值逐渐增加(1.338 ~ 4.357)，也证明了此结果。因此，相对于恒定的初始培养基浓度，接种量不断增加，导致营养相对不足，影响了细胞的生长和数目的增加。本研究的半数分批补料策略不同于已有的报道，Li 等(2016)研究了鲁氏酵母菌固定比生长速率($\mu = 0.05$ $h^{-1}$ 时)的指数级分批培养模型，42 h 发酵条件下获得细胞干重达 72.86 g/L，高于本试验研究结果。半数分批补料培养是在鲁氏酵母菌培养至指数期和进入稳定期时释放半数培养基和细胞，没有经过稳定期且每个阶段培养体积恒定，这种培养时间差异、培养时期不同和补料方式不同造成了细胞干重的差异。

鲁氏酵母菌的半数分批补料培养，省略了每次培养时烦琐的接种操作，减少了杂菌污染问题。由表 5 - 6 可知，由于采用指数级培养模型，鲁氏酵母菌细胞生长动力学方程呈现典型的指数形式。

表 5 - 6　鲁氏酵母菌半数分批补料高密度培养细胞生长和底物计算

| 项目 | Stage 0 | Stage 1 | Stage 2 | Stage 3 | 一次全培养 |
|---|---|---|---|---|---|
| 初始时底物浓度 $S_0 / (\text{g} \cdot \text{L}^{-1})$ | 20.00 | 11.311 | 10.525 | 10.444 | 20.00 |
| 培养结束时底物浓度 $S_t / (\text{g} \cdot \text{L}^{-1})$ | 2.621 | 1.050 | 0.887 | 1.193 | 0.642 |
| 起始时细胞干重 $X_0 / (\text{g} \cdot \text{L}^{-1})$ | 2.008 | 3.505 | 3.750 | 3.510 | 2.008 |
| 培养结束时细胞干重 $X_t / (\text{g} \cdot \text{L}^{-1})$ | 7.010 | 7.500 | 7.020 | 6.001 | 15.500 |
| 初始细胞数目 $/ (\times 10^8 \text{ CFU} \cdot \text{mL}^{-1})$ | 0.100 | 0.606 | 0.775 | 1.320 | 0.100 |
| 培养结束时细胞数目 $/ (\times 10^8 \text{ CFU} \cdot \text{mL}^{-1})$ | 1.211 | 1.540 | 2.640 | 2.450 | 2.670 |
| 细胞比生长速率 $\mu_X / (\text{h}^{-1})$ | 0.525 | 0.331 | 0.325 | 0.229 | |
| 细胞生长动力学方程 | $X = e^{0.525t}$ | $X = e^{0.331t}$ | $X = e^{0.325t}$ | $X = e^{0.229t}$ | |
| 底物消耗速率 $\mu_S / (\text{h}^{-1})$ | -1.656 | -0.884 | -0.799 | -0.722 | |

表 5 - 6(续)

| 项目 | Stage 0 | Stage 1 | Stage 2 | Stage 3 | 一次全培养 |
|---|---|---|---|---|---|
| 产物得率系数 $Y_{X/S}(g/g)$ | - 0.287 8 | - 0.389 | - 0.339 | - 0.269 | |
| 底物消耗动力学方程 | $S_t = -139.54 \times e^{-1.626t} + 159.540$ | $S_t = -80.20 e^{-0.884t} + 191.517$ | $S_t = -221.24 \times e^{-0.779t} + 231.764$ | $S_t = -260.97 \times e^{-0.722t} + 271.411$ | |

### 三、葡萄糖底物消耗分析

由表 5 - 6 可知,在各个阶段的底物消耗速率 $\mu_{S0} > \mu_{S1} > \mu_{S2} > \mu_{S3}$($-1.165 \sim -0.722, h^{-1}$),表明消耗单位底物葡萄糖时,随着补料的进行鲁氏酵母菌细胞增加量逐渐降低,这与前面细胞生长速率逐渐递减的结果一致。产物得率系数 $Y_{X/S1} > Y_{X/S2} > Y_{X/S3}$($-0.389 \sim -0.269$),表明 Stage 1 ~ Stage 3 阶段,获得同样的鲁氏酵母菌细胞量时,底物消耗量越来越少;如图 5 - 5(b)所示,当 $t = 0$ 时,$\ln S$ 在 Stage 0、Stage 1、Stage 2 和 Stage 3 阶段的截距值也逐渐降低(6.504 ~ 21.882)。由于 Stage 0 阶段初始接种量较低和葡萄糖浓度是其他各阶段的 2 倍,导致了产物得率系数 $Y_{X/S0}$ 较低(表 5 - 6)。

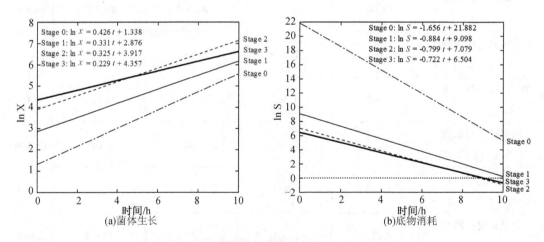

图 5 - 5   鲁氏酵母菌半数分批补料培养动力学曲线

与细胞生长相对应,各时刻和补料阶段的葡萄糖底物消耗也呈现典型的负指数形式(表 5 - 6)。与已见报道类似,葡萄糖底物在从迟滞期进入稳定期前,葡萄糖以指数形式被迅速消耗,用作细胞生长和分裂,鲁氏酵母菌数量大量累积并开始形成代谢产物。

### 四、鲁氏酵母菌高密度培养生产效率分析

以一次全培养为参照(表 5 - 7),在半数分批补料的 Stage 1 ~ Stage 3 阶段,培养总时间

是30 h,各阶段培养基总用量是一次全培养的1.5倍,培养体积均为20 L;各阶段细胞总产量为一次全培养的1.32倍,鲁氏酵母菌细胞生成贡献率分别为75.00%、70.20%和60.01%,呈现依次递减的趋势,说明每批次培养后细胞生成效率逐渐降低;前四个阶段细胞总量为一次全培养的1.78倍,半数分批补料培养鲁氏酵母菌生产效率得到了有效提升。

表5-7 鲁氏酵母菌半数分批补料高密度培养细胞生长和底物计算

| | Stage 0 | Stage 1 | Stage 2 | Stage 3 | 一次全培养 |
|---|---|---|---|---|---|
| 培养基用量 | 1.0 | 0.5 | 0.5 | 0.5 | 1.0 |
| 培养时间/h | 10 | 10 | 10 | 10 | 30 |
| 培养体积/L | 20 | 20 | 20 | 20 | 20 |
| 底物消耗比例 | 86.90% | 90.72% | 91.57% | 88.58% | 96.79% |
| 细胞生成贡献率 | 70.10% | 75.00% | 70.20% | 60.01% | 100% |
| 细胞总产量/(g·L⁻¹) | 7.010 | | 20.521 | | 15.500 |

注:细胞生成贡献率 = 各阶段细胞干重/一次全培养细胞干重×100%,以一次全培养细胞干重100%计;底物消耗比例 = (各阶段初始葡萄糖 – 残余葡萄糖)/各阶段初始葡萄糖×100%。

鲁氏酵母菌经一次全培养后,细胞达到了稳定期和衰亡期,底物消耗比例达到了96.79%,而Stage 0阶段是一次全培养进行10 h时进行补料,细胞生长开始进入到稳定期,因此,底物消耗比例较低,仅有86.90%。此后,依次在细胞指数阶段和进入稳定期时进行三次补料操作,有新鲜半数体积的培养基添加和较高的起始细胞数目,在Stage 1和Stage 2阶段底物消耗率迅速增加至90.72%和91.57%。而Stage 3阶段由于细胞增加量的降低导致底物消耗比例降低至88.58%,说明经过三次补料后,半数分批补料高密度培养效率逐步降低的同时,底物消耗能力也逐渐降低。

**五、呋喃酮高效液相色谱检测条件优化**

首先对高效液相色谱法检测呋喃酮标准品的检测波长、流速、色谱柱、进样量、流动相5个因素进行了优化,确定检测呋喃酮标准曲线为后续试验做准备。

**(一)检测波长的选择**

同一种物质在不同的波长下,其吸收值不同,而吸收值的大小直接反映到色谱图中,影响目标物的峰面积,因此,通常选用目标物的最大吸收波长作为测量波长。试验过程中选择波长在280~290 nm进行,检测结果如图5-6所示。在波长280~290 nm,随着波长的增大,峰面积先增大,直至287 nm后开始减小,说明呋喃酮在280~290 nm波长范围下的吸收有所不同,并在287 nm处有最大吸收,为了使样品中的目标物有良好的吸收,故选择287 nm作为试验中的检测波长。

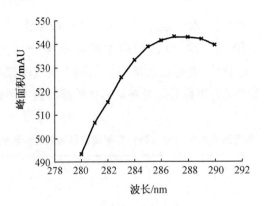

图 5－6　不同波长对峰面积的影响

## （二）流速的选择

在流速的选择试验上，分别选择了 0.8 mL/min、1.0 mL/min、1.2 mL/min 3 种不同流速进行，结果如表 5－8 所示。通过色谱图以及数据分析可知，当流速为 0.8 mL/min 时，保留时间为 9.653 min，峰面积为 191.707 mAU；当流速为 1.0 mL/min 时，保留时间为 8.539，峰面积为 161.325 mAU；当流速为 1.2 mL/min 时，保留时间为 7.360，峰面积为 143.071 mAU。由于紫外检测器为浓度型检测器，故随着流速的增加，浓度减小，峰面积也随之减小，保留时间也随着流速的增加推动组分的流速使保留时间提前。三种流速表现出的峰型良好，但由于 1.2 mL/min 流速过快导致基线漂移且柱压较高，不利于试验的分析，而 0.8 mL/min 保留时间相对于 1.0 mL/min 较长，故为了提高试验效率，节约时间及成本，选择 1.0 mL/min 作为流动相流速。

表 5－8　不同流速下保留时间和峰面积的关系

| 流速/(mL · min$^{-1}$) | 保留时间/min | 峰面积/mAU |
| --- | --- | --- |
| 0.8 | 9.653 | 191.707 |
| 1.0 | 8.539 | 161.325 |
| 1.2 | 7.360 | 143.071 |

## （三）色谱柱的选择

由于试验采取反相高效液相色谱法，因此选用 C18 色谱柱，比较了 ZORBAX Eclipse XDB－C18(5 μm,250 mm×4.6 mm)和 Kromasil－C18(5 μm,250 mm×4.6 mm)两根 C18 柱对呋喃酮定性、定量分析的影响。发现用 Kromasil－C18(5 μm,250 mm×4.6 mm)色谱柱时，保留时间为 10.2 min 左右，改用 ZORBAX Eclipse XDB－C18(5 μm,250 mm×4.6 mm)后，保留时间提前到 8.5 min 左右，且分离效果较好，因此，在以后的试验中选用 ZORBAX Eclipse XDB－C18(5 μm,250 mm×4.6 mm)色谱柱。

## （四）进样量的选择

在不同进样量情况下，呋喃酮标准品出峰情况如表5-9所示。通过结果比较，当进样量为20 μL时，进样量过大，出现过载现象，使峰型出现拖尾和肩峰的现象，影响试验中样品分离的准确性；当进样量为5 μL时，进样量过小，会影响检测器的灵敏度；当进样量为10 μL时，此时的峰型较好，无拖尾及前延现象，故选择10 μL作为试验进样量。不同进样量影响色谱峰的保留时间是由于检测器为浓度型检测器，一般情况下，进样量增加，保留时间会提前，出峰时间提前，提前的多少与色谱柱的柱容量有关。进样量增加，进入柱子的绝对物质的量增加，峰宽增加，增加的大小与检测器的检测容量有关。

表5-9 不同进样量与峰型关系

| 进样量/μL | 保留时间/min | 峰型 |
| --- | --- | --- |
| 5 | 13.5 | 峰型良好，浓度较低时灵敏度较低。 |
| 10 | 10.2 | 峰型较好，无拖尾及前延现象 |
| 20 | 7.5 | 峰型不好，在不同浓度进样情况下出现肩峰以及拖尾现象 |

## （五）流动相的选择

流动相的选择，在试验过程中首先采用了等度洗脱，分别以40%乙腈水溶液和40%甲醇水溶液作为流动相进行初始试验，结果如图5-7、图5-8所示。两种流动相的出峰情况不太良好，出现分峰和峰前延的现象。在此条件下进一步对流动相进行优化，采用表5-10中的条件进行试验，结果如图5-9所示。在该梯度下呋喃酮标准品出峰时间为6.687 min，基线不太平稳，且目标物峰有拖尾现象，故重新更改梯度条件，经过多次试验后，确定了流动相的最佳条件，试验条件如表5-11所示。根据表中数据进行试验，分别得到标准品与样品出峰谱图，如图5-10和图5-11所示。由图可以看出基线稳定，无分峰和峰前延的现象，确定表5-11中数据为梯度洗脱条件。

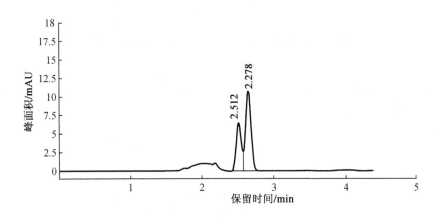

图5-7 流动相为40%乙腈时呋喃酮色谱图

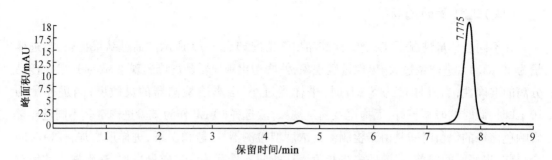

图 5 - 8　流动相为 40% 甲醇时呋喃酮色谱图

表 5 - 10　梯度洗脱优化前

| 时间/min | A 0.5% 甲酸 | B 乙腈 |
| --- | --- | --- |
| 0 | 95% | 5% |
| 10 | 80% | 20% |
| 11 | 95% | 5% |
| 15 | 95% | 5% |

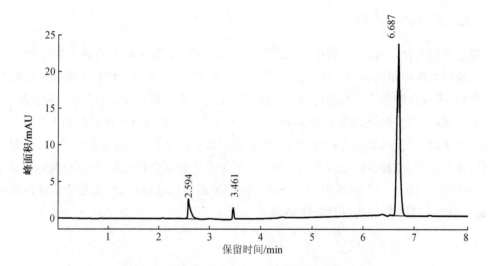

图 5 - 9　根据表 5 - 10 中条件梯度洗脱呋喃酮色谱图

表 5 - 11　优化后流动相梯度洗脱条件

| 时间/min | A 0.5% 甲酸 | B 乙腈 |
| --- | --- | --- |
| 0 | 95% | 5% |
| 5 | 90% | 10% |
| 10 | 80% | 20% |
| 20 | 95% | 5% |

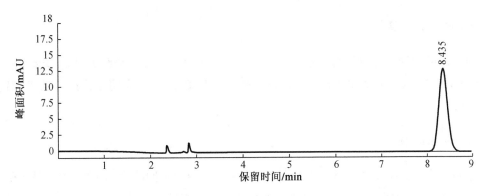

图 5-10　表 5-11 梯度洗脱条件下呋喃酮标准品色谱图

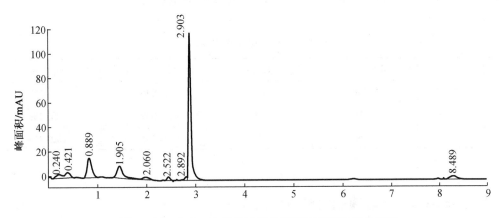

图 5-11　表 5-11 梯度洗脱条件下呋喃酮样品色谱图

（六）标准曲线的绘制

对配制的不同浓度标准溶液进行测定,绘制出 HDMF 浓度—峰面积标准曲线(图 5-12),其线性回归方程为 $y = 32.397x + 3.904$,标准品在 2~80 mg/L 浓度范围内峰面积与浓度的线性关系良好($R^2 = 0.999\ 7$)。

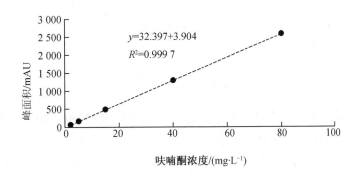

图 5-12　呋喃酮标准曲线

## （七）精密度试验

对同一发酵液样品连续进样 5 次，测定其 HDMF 含量分别为 2.358 mg/L、2.398 mg/L、2.352 mg/L、2.340 mg/L、2.383 mg/L，相对标准偏差 RSD 为 1%，表明该检测方法下，试验的精密度较好。

## （八）加标回收率

加标回收率试验结果如表 5 - 12 所示，呋喃酮的平均加标回收率为 105.2%，对于微量仪器分析，若加标回收率在 80% ~ 120%，则判定试验分析结果准确度良好。为此，在后续的试验中采用以上条件进行检测鲁氏酵母菌发酵液中呋喃酮含量。

表 5 - 12　加标回收率

| 试验数 | 标底量/(mg·L$^{-1}$) | 添加量/mg·L$^{-1}$ | 检出量/mg·L$^{-1}$ | 回收率 |
|---|---|---|---|---|
| 1 | 1.086 | 0.8 | 0.875 | 109.4% |
| 2 | 1.086 | 1.0 | 1.032 | 103.2% |
| 3 | 1.086 | 1.2 | 1.235 | 102.9% |

# 六、鲁氏酵母菌产呋喃酮发酵条件的优化

## （一）不同培养时间对鲁氏酵母菌生成 HDMF 的影响

以添加 100 g/L FDP 的 YPD 液体培养基为出发培养基，接入鲁氏酵母菌 $1.0 \times 10^8$ CFU/mL，分别发酵培养 1 ~ 7 d，测定 DHMF 含量。如图 5 - 13 所示为不同培养时间下对生成 HDMF 的影响，在最初培养的 1 ~ 4 d，HDMF 的含量随着发酵时间的增加而上升，4 d 时 HDMF 含量达到最大为 2.66 mg/L 且极显著地高于培养第 1 d、2 d、5 d、6 d、7 d（$p < 0.01$），4 d 后 HDMF 含量逐渐下降平缓。该培养条件以工厂生产实际情况为依据，以 7 d 为考察时间，探究 7 d 内，产呋喃酮含量最高的天数，所以本试验最佳培养时间及 HDMF 含量不同于其他研究结果。

## （二）不同浓度 FDP 对生成 HDMF 的影响

如图 5 - 14 所示，在培养基中添加不同浓度 FDP 对生成 HDMF 的影响，在 0 ~ 120 g/LFDP 范围内，酵母菌产 HDMF 的能力随着外源添加 FDP 浓度呈现先升高后下降的趋势。当 FDP 浓度为 100 g/L 时，HDMF 含量达到最高 3.89 mg/L 且极显著地高于添加量分别为 20 g/L、40 g/L、60 g/L、80 g/L、120 g/L（$p < 0.01$），添加量浓度达到 120 g/L 时，HDMF 含量出现明显下降趋势，可能由于随着 FDP 浓度的过高起到抑制作用，从而影响 HDMF 产量。国外学者研究利用同位素标记法标记 D - 1,6 - 二磷酸 - 果糖，证明 HDMF 是在 D - 1,6 - 二磷

酸－果糖的诱导下鲁氏结合酵母的次级代谢产物。通过本试验研究结果也能够看出增加或减少外源添加物 D－1,6－二磷酸－果糖对鲁氏酵母菌产 HDMF 有较大的影响作用。

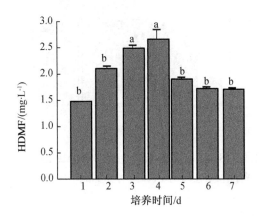

**图 5－13 不同培养时间对生成 HDMF 的影响**

注:a、b 代表指标差异显著性,字母不同表示差异显著,字母相同表示差异不显著。

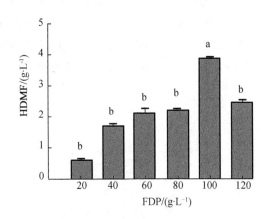

**图 5－14 不同浓度 FDP 对生成 HDMF 的影响**

注:a、b 代表指标差异显著性,字母不同表示差异显著,字母相同表示差异不显著。

### (三)不同浓度 NaCl 对生产 HDMF 的影响

Hecquet 等(1996)研究培养基成分对鲁氏酵母菌产 HDMF 的影响,发现鲁氏酵母菌的菌体生长量和 HDMF 的产量在很大程度上由培养基的 pH 值和 NaCl 浓度决定,高浓度有利于 HDMF 的生成,故本试验对比了不同浓度 NaCl 对生产 HDMF 的影响。如图 5－15 所示,在添加了 NaCl 的培养基中,酵母菌产 HDMF 的含量随 NaCl 浓度增加呈现先上升后下降的趋势。当添加 NaCl 浓度为 180 g/L 时,HDMF 含量最高,为 6.69 mg/L,并且极显著地高于其他 6 组添加量($p < 0.01$)。当 NaCl 继续升高,HDMF 产量出现明显下降,这可能是由于培养基中渗透压增大,渗透压过大,影响菌体生长。Hauck 等(1996)研究表明高浓度的 NaCl 有利于 HDMF 的合成,用其他能够制造高渗透压的物质代替 NaCl 时,达不到理想效果。

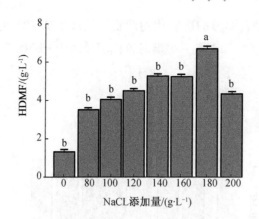

**图 5 - 15　不同浓度 NaCl 对生产 HDMF 的影响**

注:a、b 代表指标差异显著性,字母不同表示差异显著,字母相同表示差异不显著。

## (四)不同酵母菌浓度对生成 HDMF 的影响

如图 5 - 16 所示,随着酵母菌数增加,除酵母菌浓度为 $5 \times 10^7$ CFU/mL 时,生成 HDMF 含量最低为 0.74 mg/L,其他不同酵母菌数生成 HDMF 的含量相差不大,最高为 4.93 mg/L,最低为 4.06 mg/L。不同浓度酵母菌对生成 HDMF 的影响不大,最佳酵母菌浓度可选为 $5 \times 10^8$ CFU/mL,接种量为 $5 \times 10^8$ CFU/mL 的呋喃酮含量极其显著地高于其他 4 种不同接种量的呋喃酮含量($p < 0.01$)。

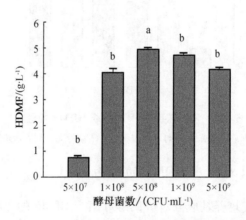

**图 5 - 16　不同酵母菌浓度对生成 HDMF 的影响**

注:a、b 代表指标差异显著性,字母不同表示差异显著,字母相同表示差异不显著。

在该单因素试验中,利用 SPSS 软件对两因素进行显著性分析的过程中,有的变量之间没有呈现出显著性。现总结如下:可能产生较大误差且不可避免的操作步骤有酵母菌计数。因酵母菌计数时使用的血球计数法受人为因素控制,误差较大,可造成试验结果不准确,故根据以上单因素结果进行正交试验。

## （五）正交试验结果分析

正交试验以单因素试验得到的结果为依据,接入 $5 \times 10^8$ CFU/mL 酵母菌,选用合适的培养时间、NaCl 浓度、FDP 浓度 3 因素作为考察对象,设置了 3 因素 3 水平采用 $L_9(3^4)$ 正交表进行的正交试验,试验结果如表 5 – 13 所示。

表 5 – 13 $L_9(3^4)$ 正交试验结果与分析

| 试验号 | 培养时间/d (A) | FDP 浓度/($g \cdot L^{-1}$) (B) | NaCl 浓度/($g \cdot L^{-1}$) (C) | HDMF 含量/ ($mg \cdot L^{-1}$) |
|---|---|---|---|---|
| 1 | 1 | 1 | 1 | 3.96 |
| 2 | 1 | 2 | 2 | 4.21 |
| 3 | 1 | 3 | 3 | 4.04 |
| 4 | 2 | 1 | 2 | 4.58 |
| 5 | 2 | 2 | 3 | 5.62 |
| 6 | 2 | 3 | 1 | 5.44 |
| 7 | 3 | 1 | 3 | 4.11 |
| 8 | 3 | 2 | 1 | 5.34 |
| 9 | 3 | 3 | 2 | 6.76 |
| $K_1$ | 12.21 | 12.65 | 14.74 | |
| $K_2$ | 15.64 | 15.17 | 15.55 | |
| $K_3$ | 16.21 | 16.24 | 13.77 | |
| 平均值 $k_1$ | 4.07 | 4.21 | 4.91 | |
| 平均值 $k_2$ | 5.21 | 5.05 | 5.18 | |
| 平均值 $k_3$ | 5.40 | 5.41 | 4.59 | |
| 极差 R | 1.33 | 1.20 | 0.59 | |
| 主次因素 | | $A > B > C$ | | |

由表 5 – 13 可知,试验中各个因素对鲁氏酵母菌产呋喃酮的影响顺序为 $A > B > C$,即培养时间对鲁氏酵母菌产呋喃酮的影响最大,其次是 FDP 浓度,最后是 NaCl 浓度。综合呋喃酮含量,以 $A_3B_3C_2$ 组合效果最佳,即培养时间为 5 d,FDP 浓度为 120 g/L,NaCl 浓度为 180 g/L 的条件下 HDMF 下含量最高。

经验证试验,在最佳组合的条件下测得 HDMF 含量最高,为 6.77 mg/L,均高于以上 9 组试验水平。

## 七、喷雾干燥制备鲁氏酵母菌保护剂优化结果分析

依据相关资料,在喷雾干燥过程中,发酵液菌体浓度以 40% 进行试验操作。

（一）脱脂奶粉对鲁氏酵母菌存活率的影响

脱脂奶粉对鲁氏酵母菌存活率的影响如图 5-17 所示,随着脱脂奶粉添加量的增加,酵母菌的存活率呈先上升后下降的趋势。脱脂奶粉中的蛋白质能够提供保护性外膜,能为干粉提供较轻的多孔无定型结构且复水性强。Carlise 等（2012）研究表明,脱脂奶粉作为包裹剂在喷雾干燥过程中对细胞的存活率有较好的效果,作为赋形剂对鲁氏酵母菌发酵剂的成型起着至关重要的作用。当脱脂奶粉添加量较低时,对酵母菌的保护性也较低,导致存活率下降;添加量为10%时,存活率达到最高,并极其显著地高于6%、8%、14%（$p < 0.01$）的添加量,高于12%的添加量,最高存活率为 63.36%。

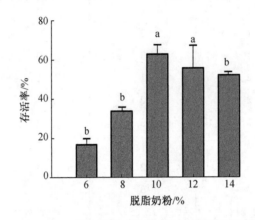

**图 5-17　脱脂奶粉对鲁氏酵母菌存活率的影响**

注:a、b 代表指标差异显著性,字母不同表示差异显著,字母相同表示差异不显著。

（二）海藻糖对鲁氏酵母菌存活率的影响

海藻糖作为糖类保护剂二糖代表,在许多酵母细胞中存在。酵母细胞中持有特殊的海藻糖载体,通过水的取代作用和玻璃态机制维持细胞膜的稳定性并降低细胞膜磷脂分子的相转变温度,从而使细胞膜在高温脱水的过程中不发生相转变而处于流动态,因此,海藻糖是较好的内源性保护剂。如图 5-18 所示为不同浓度海藻糖对酵母菌存活率的影响,随着海藻糖添加量的增加,鲁氏酵母菌存活率呈现先上升后平缓下降的趋势。海藻糖添加量过低不能维持鲁氏酵母菌细胞膜的稳定性,对经过高温的微生物起不到足够的保护作用。海藻糖添加浓度为5%时存活率达到最高,显著的高于添加浓度为1%、3%、9%（$p < 0.01$）时,为57.3%。

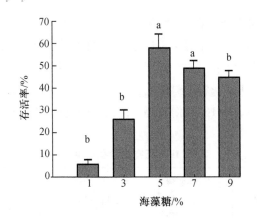

**图 5 – 18　海藻糖对鲁氏酵母菌存活率的影响**

注:a、b 代表指标差异显著性,字母不同表示差异显著,字母相同表示差异不显著。

## (三)谷氨酸钠对鲁氏酵母菌存活率的影响

谷氨酸钠能与水密切作用,使干粉保留了适当的水分,满足了微生物维持生命的最低需求,可作为抗氧化剂保护酵母菌在高温和贮藏过程中不被氧化。如图 5 – 19 所示,随着谷氨酸钠百分含量的增加,酵母菌的存活率呈现先上升后平缓下降的趋势。当谷氨酸钠添加量较低或者过高时均达不到理想效果,当添加量为 2% 时鲁氏酵母菌存活率达到最高,极显著地高于添加量为 1% 、1.5% 、3%( $p < 0.01$ )时,显著地高于添加量为 2.5%( $p < 0.05$ )时,鲁氏酵母菌的存活率最高为 45.3% 。

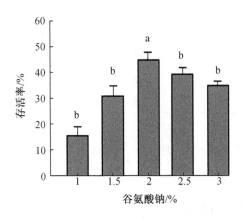

**图 5 – 19　脱脂奶粉对鲁氏酵母菌存活率的影响**

注:a、b 代表指标差异显著性,字母不同表示差异显著,字母相同表示差异不显著。

通过三种保护剂进行单因素试验,结果表明,单一的保护剂对酵母菌的存活率不能达到理想效果,对于复合保护剂的使用是试验接下来的研究目标。

## (四)保护剂优化正交试验结果分析

根据单因素试验结果,进行了 3 因素 3 水平的正交试验。试验以制备的鲁氏酵母菌干酵母中活菌数存活率为检验指标,采用方差分析法分析。如表5－14、表5－15所示,试验结果表明$A$、$B$因素均极显著,$C$因素显著,各因素对试验指标影响的主次因素为$A > B > C$,即脱脂奶粉 > 海藻糖 > 谷氨酸钠。根据SPSS同类子集分析,$A_1$、$A_2$、$A_3$水平差异极显著,即$A_2^a A_1^b A_3^b$;$B_1$、$B_2$、$B_3$水平差异极显著,即$B_2^a B_1^b B_3^b$;$C_1$、$C_2$、$C_3$水平差异显著,即$C_1^a C_2^a C_3^b$,确定最佳组合方式为$A_2 B_2 C_1$(脱脂奶粉10%、海藻糖5%、谷氨酸钠1.5%)。

表5－14 正交试验及结果

| 因素 | A 脱脂奶粉质量分数 | B 海藻糖质量分数 | C 谷氨酸钠质量分数 | D 空列 | 存活率 |
|---|---|---|---|---|---|
| 1 | 1% | 1% | 1% | 1 | 56.16% |
| 2 | 1% | 2% | 2% | 2 | 65.05% |
| 3 | 1% | 3% | 3% | 3 | 26.04% |
| 4 | 2% | 1% | 2% | 3 | 53.11% |
| 5 | 2% | 2% | 3% | 1 | 72.08% |
| 6 | 2% | 3% | 1% | 2 | 64.16% |
| 7 | 3% | 1% | 3% | 2 | 35.01% |
| 8 | 3% | 2% | 1% | 3 | 48.16% |
| 9 | 3% | 3% | 2% | 1 | 45.13% |

表5－15 试验结果方差分析

| 变异来源 | Ⅲ 型平方和 | 自由度 | 均方 | F |
|---|---|---|---|---|
| 脱脂奶粉 | 1 969.764 | 2 | 984.882 | 14.749 * * |
| 海藻糖 | 1 600.768 | 2 | 800.384 | 11.986 * * |
| 谷氨酸钠 | 629.618 | 2 | 314.809 | 4.714 * |
| 误差 | 1 335.498 | 8 | 66.775 | |

经验证试验,在最佳组合的条件下测得鲁氏酵母菌存活率最高,为78.62%,均高于以上9组试验水平。

## 八、喷雾干燥条件优化结果分析

### (一)不同进口温度对鲁氏酵母菌存活率的影响

不同进口温度对存活率的影响如图5－20所示。在进口温度为115 ℃时,鲁氏酵母菌存活率达到最大,极显著地高于110 ℃、125 ℃、130 ℃($p < 0.01$)时,显著高于120 ℃($p < 0.05$)时。当进口温度达到120 ℃时,存活率已呈现下降趋势,随着进口温度的持续升高,鲁氏酵母菌经受不住高温,导致存活率下降,同时制得的发酵剂颜色由白色变至稍偏黄,伴有焦煳气味产生。这可能是由于喷雾干燥机进口温度过高导致出口温度过高,进而对发酵

剂中活菌的存活率产生了较明显的影响。

## (二)不同进料流量对鲁氏酵母菌存活率的影响

如图 5 - 21 所示为不同进料流量对存活率的影响。随着进料流量的增大,鲁氏酵母菌存活率呈现先上升后下降的趋势。进料流量增加的同时,经雾化后的液滴数量也大量增加,热空气不能瞬间对雾滴进行干燥,导致发酵剂内的活菌数降低,影响发酵剂存活率。在进料流量为 12% ~16% 时,鲁氏酵母菌的存活率呈现先上升后下降的趋势;在进料流量 15% 时,存活率达到最高,极显著地高于 12%($p < 0.01$)时,显著地高于 13% 和 16%($p < 0.05$)时。

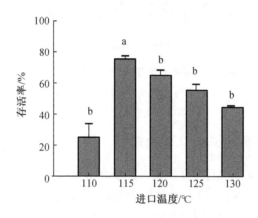

**图 5 - 20 进口温度对发酵剂的影响**

注:a、b 代表指标差异显著性,字母不同表示差异显著,字母相同表示差异不显著。

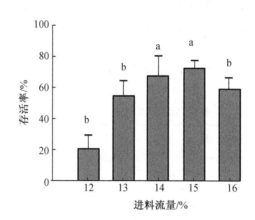

**图 5 - 21 进料流量对发酵剂的影响**

注:a、b 代表指标差异显著性,字母不同表示差异显著,字母相同表示差异不显著。

## (三)不同保护剂与菌泥比例对鲁氏酵母菌存活率的影响

如图 5 - 22 所示为不同保护剂与菌泥配比对存活率的影响。随着保护剂的增加,存活率呈现先上升后平缓下降的趋势。保护剂含量过低,导致酵母菌在干燥过程中死亡,保护效果不理想;保护剂含量过高,粉状颗粒中的菌体比例变小,影响发酵剂内的活菌数。当保护剂与菌泥配比为1∶1时存活率达到最高,为76.6%,极显著地高于1∶3时($p < 0.01$)。

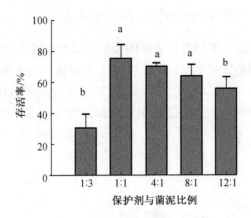

**图5-22  保护剂与菌泥比例对发酵剂的影响**

注:a、b代表指标差异显著性,字母不同表示差异显著,字母相同表示差异不显著。

### (四)喷雾干燥工艺优化正交试验结果

在单因素试验结果基础上进行了3因素3水平的正交试验,以制备的鲁氏酵母菌干酵母中活菌数存活率为检验指标,采用方差分析法分析。如表5-16、表5-17所示,试验结果表明$A$、$C$均极显著,$B$显著,各因素对试验指标影响的主次因素为$A > C > B$,即进口温度 > 保护剂与菌泥比例 > 进料流量。根据SPSS同类子集分析,$A_1$、$A_2$、$A_3$水平差异显著,即$A_3^a A_2^b A_1^c$;$B_1$、$B_2$、$B_3$水平差异显著,即$B_3^a B_2^b B_1^b$;$C_1$水平差异显著,$C_2$、$C_3$水平差异不显著,即$C_1^a C_2^b C_3^b$,确定最佳组合方式为$A_3 B_3 C_1$[进口温度为120 ℃、进料流量为17%、保护剂与菌泥比例为1∶1(g∶L)]时较好。

经验证试验,在最佳组合的条件下测得鲁氏酵母菌存活率最高,为85.63%,均高于以上9组试验水平。

**表5-16  正交试验及结果**

| 因素 | $A$ 进口温度 /℃ | $B$ 进料流量 （蠕动泵转速占比） | $C$ 保护剂与菌泥 比例(g∶L) | $D$ 空列 | 存活率 |
| --- | --- | --- | --- | --- | --- |
| 1 | 1 | 1% | 1 | 1 | 64.12% |
| 2 | 1 | 2% | 2 | 2 | 60.02% |
| 3 | 1 | 3% | 3 | 3 | 65.03% |
| 4 | 2 | 1% | 2 | 3 | 72.15% |
| 5 | 2 | 2% | 3 | 1 | 70.23% |
| 6 | 2 | 3% | 1 | 2 | 74.35% |
| 7 | 3 | 1% | 3 | 2 | 72.48% |
| 8 | 3 | 2% | 1 | 3 | 83.65% |
| 9 | 3 | 3% | 2 | 1 | 79.23% |

表5-17 试验结果方差分析

| 变异来源 | Ⅲ型平方和 | 自由度 | 均方 | $F$ |
|---|---|---|---|---|
| 进口温度 | 860.894 | 2 | 430.447 | 72.384 * * |
| 进料流量 | 65.653 | 2 | 32.111 | 5.520 * |
| 保护剂与菌泥比例 | 77.670 | 2 | 38.835 | 6.531 * * |
| 误差 | 118.935 | 8 | 5.947 | |

注:* 表示显著,$p < 0.05$;* * 表示极显著,$p < 0.01$。

### (五)喷雾干燥动力研究

在喷雾干燥过程中,热量和质量的传递过程是同时发生的。雾滴和干燥介质接触时,热量以对流的方式由空气传给液滴,将空气的显热转化为潜热。加热器的入口温度直接影响干物料的水分蒸发含量,对于本研究发酵剂的制备,不但要考虑干物料的湿含量,更为重要的是要考虑活菌的存活率。根据单因素及正交试验结果可知,进口温度是影响存活率的重要因素。随着进口温度升高,发酵剂活菌存活率呈现先上升后下降的趋势,故以进口温度为研究对象,确定鲁氏酵母菌发酵剂活菌存活率与加热器进口温度的相关性。在原物料初始湿基含量相同,进料流量为17%,保护剂与菌泥配比1:1(g:L),室温条件下,可得不同进口温度下,发酵剂内活菌总数、存活率、平均换热温差变化,如表5-18所示。

表5-18 鲁氏酵母菌发酵剂喷雾干燥过程中发酵剂活菌数和存活率值

| 进口温度($T_入$)<br>/℃ | 出口温度($T_出$)<br>/℃ | 平均换热温差<br>($\Delta T_m$)/℃ | 初始活菌数($G_0$)<br>/($\times 10^8$ CFU $\cdot$ g$^{-1}$) | 发酵剂活菌数($G_t$)<br>/($\times 10^8$ CFU $\cdot$ g$^{-1}$) | 存活率<br>($G_v$) |
|---|---|---|---|---|---|
| 105 | 42 | 67 | 2.32 | 1.619 | 69.5% |
| 110 | 44 | 72 | 2.32 | 1.819 | 78.6% |
| 115 | 46 | 75 | 2.32 | 1.877 | 80.4% |
| 120 | 48 | 78 | 2.32 | 1.921 | 82.3% |
| 125 | 50 | 82 | 2.32 | 1.895 | 81.5% |
| 130 | 53 | 86 | 2.32 | 1.763 | 76.7% |
| 135 | 55 | 89 | 2.32 | 1.577 | 68.4% |
| 140 | 56 | 93 | 2.32 | 1.345 | 58.4% |
| 145 | 59 | 95 | 2.32 | 1.229 | 53.6% |
| 150 | 62 | 98 | 2.32 | 0.904 | 39.2% |

对表中的数据进行线性回归拟合,如图5-23所示。

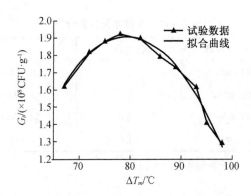

图 5 - 23　表 5 - 18 中发酵剂活菌数($G_t$)与平均换热温差($\Delta T_m$)的数据拟合

上图的拟合相关系数 $R^2$ 为 0.991 4,可得式

$$G_v = \frac{G_t}{G_0} = -\frac{1}{G_0} \cdot 0.001\,8\Delta T_m^2 + \frac{1}{G_0} \cdot 0.28\Delta T_m - \frac{1}{G_0} \cdot 9.46 \qquad (5-9)$$

由于喷雾干燥在室温条件下进行,根据喷雾干燥热量衡算,$\Delta T_m$ 为平均换热温差可用公式(5 - 8)进行计算。

根据公式(5 - 8),$G_v$ 为理论计算的存活率,与试验数据有一定的差距,需引进校正系数 $k$ 进行修正,并将式(5 - 8)与式(5 - 9)联立,则存活率 $G_v$ 可表示为

$$G_v = k\left(-\frac{1}{G_0} \cdot 0.0018\Delta T_m^2 + \frac{1}{G_0} \cdot 0.28\Delta T_m - \frac{1}{G_0} \cdot 9.46\right) \qquad (5-10)$$

$$\Delta T_m = \frac{T_入 - T_出}{\ln \dfrac{T_入}{T_出}} \qquad (5-11)$$

式(5 - 8)、式(5 - 10)为理论喷雾干燥过程的动力学模型。将 $-0.001\,8\dfrac{k}{G_0}$ 记为 $a$,将 $0.28\dfrac{k}{G_0}$ 记为 $b$,将 $-9.46\dfrac{1}{G_0}$ 记为 $c$,代入式(5 - 10),得

$$G_v = a\Delta T_m^2 + b\Delta T_m + kc \qquad (5-12)$$

采用 Polynomial 线性拟合的方法对公式(5 - 10)中的参数进行拟合,结果如表 5 - 19 所示。

表 5 - 19　喷雾干燥动力学参数值

| $G_v = a\Delta T_m^2 + b\Delta T_m + kc$ | | | | |
|---|---|---|---|---|
| $a$ | $b$ | $c$ | $k$ | $R^2$ |
| - 0.000 825 | 0.128 | - 1.39 | 1.3 | 0.999 8 |

（六）鲁氏酵母菌发酵剂喷雾干燥过程模型验证

为验证所得到的喷雾干燥过程的动力学模型,以喷雾干燥进口温度为变量对模型计算

值和实测值进行计算,结果如表 5-20 所示。表中可见,不同的进口温度工艺条件下的存活率的计算值和试验值,相对误差值均为 1% 左右。总体上看,模型精度较高,因此采用公式(5-11)模型能够较好地描述鲁氏酵母菌发酵剂的喷雾干燥过程,反应喷雾干燥工艺进口温度与发酵剂内菌种存活率的关系。

表 5-20 不同进口温度下发酵剂内的存活率

| 进口温度/℃ | 105 | 110 | 115 | 120 | 125 | 130 | 135 | 140 | 145 | 150 |
|---|---|---|---|---|---|---|---|---|---|---|
| 平均换热温差 | 67 | 72 | 75 | 78 | 82 | 86 | 89 | 93 | 95 | 98 |
| 模型计算值 | 69.90 | 77.80 | 81.80 | 83.10 | 80.50 | 75.20 | 68.60 | 59.40 | 52.50 | 39.60 |
| 试验值 | 69.50 | 78.60 | 80.40 | 82.30 | 81.50 | 76.70 | 68.40 | 58.40 | 53.60 | 39.20 |
| 绝对误差 | −0.46 | 0.80 | −1.40 | −0.80 | 1.00 | 1.50 | −0.20 | −1.00 | 1.07 | −0.40 |
| 相对误差 | −0.66% | 1.02% | 1.71% | −0.96% | 1.24% | 1.99% | −0.29% | −1.68% | 2.03% | −41.01% |

同时,对试验值和理论计算值进行图形模拟,试验存活率与理论计算值曲线如图 5-24 所示。图中可见,在温度范围内,存活率的试验与模型理论计算曲线趋势一致。起初,随着温度的升高,存活率呈现上升趋势;当 $\Delta T_m$ 为 78 ℃时($T_入$为 120 ℃,$T_出$为 48 ℃),试验及理论存活率均达到最高;当温度继续升高,存活率呈现明显下降趋势。可见,过高的温度对发酵剂活菌存活率影响较大。当 $\Delta T_m$ 较低时,喷雾干燥室内的热空气未能将雾滴表面的水分及时蒸发,导致干物料的湿含量增加,制备的发酵剂相对黏性较大,对活菌的存活率产生影响;当 $\Delta T_m$ 较高时,对应 $T_入$、$T_出$均升高,在 $\Delta T_m$ 为 86 ℃时,$T_出$达到 53 ℃,几乎达到酵母菌的生存极限,故过高的温度对鲁氏酵母菌发酵剂存活率有重要影响。通过图 5-24 可得,理论模拟曲线与实际情况相符,进一步验证了公式(5-12)为鲁氏酵母菌发酵剂喷雾干燥过程的动力学模型。

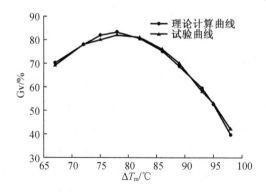

图 5-24 存活率随平均换热温差变化的理论和试验曲线

# 第四节 结 论

通过以上试验的研究,确定了半数分批补料连续培养动力学模型和参数,生产效率为一次全培养的 1.78 倍。在培养的各个阶段(即 Stage 0、Stage 1、Stage 2 和 Stage 3),Stage 3 阶段底物消耗比例和细胞生成贡献率最低,证明了补料三次时效率大大降低,再次补料操作意义不大,因此确定最佳补料次数为 3 次。在此基础上,确定了鲁氏酵母菌的最佳增香工艺条件及参数,即接种量为 $5 \times 10^7$ CFU/mL,培养时间为 5 d,FDP 质量浓度为 120 g/L,NaCl 质量浓度为 180 g/L 是鲁氏酵母菌产呋喃酮含量的最佳培养条件。同时确定了保护剂和喷雾干燥法的最佳工艺条件以及工艺过程数据模拟方程,即保护剂最佳组合为脱脂奶粉 10%、海藻糖 5%、谷氨酸钠 1.5%。喷雾干燥最佳条件为进料温度为 120 ℃、进料流量为 17%(蠕动泵转速占比)、保护剂与菌泥比例为 1∶1(g∶L),此时鲁氏酵母菌发酵剂活菌存活率为 85.6%。通过相对误差确定模拟方程,精度较高,并且能够较好地描述试验过程。

工业生产中的微生物高密度培养目的是最大可能的获得生物量,分批培养是一种常用的高密度培养方法,通过补充新鲜培养基消除底物抑制效应,以达到提高微生物生产效率和细胞干重的目的。试验研究以鲁氏酵母菌高密度培养为目标,对进入稳定时期的培养体系进行半数分割,同时分别补充三次半数的新鲜培养基,达到连续三批次的高效培养效果,为鲁氏酵母菌生产提供了一种新型的指数级培养策略,为其进一步生产和应用提供了基础数据和模型。采用半数分批补料策略,有利于工厂化操作生产,鲁氏酵母菌细胞生产总量是一次全培养的 1.78 倍,生产效率得到了提升。同时,采用指数时期分割,鲁氏酵母菌生长旺盛,鲁氏酵母菌的数量和分裂能力得到了保障,细胞生长状态良好,为制备高活性酵母和发酵应用提供了优势菌种。与连续培养和传统的分批培养相比较,半数分批补料培养策略减少了 Crabtree 效应、提高了生物量产量,有利于酵母的高密度培养,由于每次分批培养后细胞生长率、底物消耗能力和细胞增加量逐渐降低,因此,选择补料三次完成半数分批补料培养较为适宜。在 Stage 0、Stage 1、Stage 2 和 Stage 3 阶段,Stage 3 阶段底物消耗比例和细胞生成贡献率最低,也证明了补料三次时效率大大降低,再次补料操作意义不大。

HDMF 作为鲁氏酵母菌产生香气成分中的代表,能够在传统豆酱和酱油中丰富产品的风味和口感,发挥重要的作用。在试验过程中,FDP 作为鲁氏酵母菌的次级代谢产物,同时也是鲁氏酵母菌产 HDMF 的最理想的碳源之一。试验中发现,在培养基中添加 FDP、NaCl 含量依次过高时,鲁氏酵母菌产 HDMF 的含量反而降低。这可能是由于过高的 FDP 浓度影响了鲁氏酵母菌的生产能力;另一方面,鲁氏酵母菌虽为耐盐微生物,但过高的 NaCl 浓度可能会对酵母菌的身体造成伤害,造成鲁氏酵母菌的死亡,进而影响 HDMF 的产量。

微生物发酵剂在食品加工中的应用越来越广泛,是解决传统发酵食品工业生产的重要方法。本研究以传统豆酱酿造过程中重要增香微生物为研究基础,制备鲁氏酵母菌发酵剂,试图解决豆酱后发酵期增香能力不足的问题。经过对不同制备工艺,如冷冻干燥、喷雾干燥等的对比,最终根据喷雾干燥方法产量高,成本低、耗时少等优点,确定了用其制备活化干酵母,并对其制备工艺进行优化来弥补喷雾干燥法制备干酵母存活率低的问题。同时,喷雾干燥法可批量制备产业化、规模化用量的干酵母,能够显著缩短发酵周期,增加收益。试验利用 YDP 培养基及 20 L 微生物发酵罐制备鲁氏酵母菌悬液。在试验的过程中发现,进口温度是影响发酵剂内菌种存活率的最主要因素。过高的温度能够通过瞬间的高温将酵母菌破坏。

通过对不同因素对鲁氏酵母菌高细胞密度制备的影响研究,从多种角度对鲁氏酵母菌的培养、制备等方面做出优化。从半数补料分批培养鲁氏酵母菌生产效率分析的结果来看,半数补料的培养策略能够较好地应用到酵母菌的培养当中。鲁氏酵母菌作为增香酵母之一,能够产生呋喃酮类等香气成分,增加豆酱和酱油的风味口感。以某工厂条件为基础对鲁氏酵母菌的增香效果进行了研究,样品均取自工厂实际生产的后发酵时期的豆酱。与未接种鲁氏酵母菌的样品对比,添加鲁氏酵母菌的样品增加了酯类和氨基酸态氮的含量,同时降低了豆酱样品中的总酸含量,进而提高了豆酱的风味和口感。从鲁氏酵母菌的高密度培养到活性干酵母的制备研究均以工厂化生产为基础,对鲁氏酵母菌产呋喃酮的条件进行了优化等一系列的研究,最终目的是希望能将鲁氏酵母菌活性干酵母工业化制备,应用到我省豆酱的生产过程中。研究表明,鲁氏酵母菌之所以能够产生呋喃酮类的香气成分在于前驱物质的诱导,前驱物质 FDP 的添加量直接影响 HDMF 的产量,但对于 HDMF 在鲁氏酵母菌体内的合成路径和机理研究尚不明确。在后续的研究中将着重对鲁氏酵母菌体内合成 HDMF 的机理进行研究。目前,检测鲁氏酵母菌发酵液中的 HDMF 的含量均使用高效液相色谱法,对于利用微生物发酵法制备 HDMF 成品的研究较少。模拟移动床法对溶液的提取和纯化具有较好的作用,具有工业化生产的前景,在后续的研究中,将把应用此方法提取和纯化 HDMF 作为主要的研究方向。

# 第六章 鲁氏酵母菌对发酵香肠性能及品质的影响

## 第一节 概 述

发酵香肠是将动物的瘦肉、脂肪及发酵剂等混合灌入动物肠衣,在一定条件下进行发酵的一种传统发酵肉制品。在发酵和成熟阶段,由发酵剂发酵产酸,使肉的 pH 值下降,同时也促进了水分的降低,在香辛料和盐类共同作用下赋予了发酵香肠以特殊风味、色泽和质地。发酵香肠具有色泽诱人、风味独特、质量稳定、货架期较长以及易于消化和营养保健等优点,广受国内外消费者喜爱。

在 20 世纪 40 年代,国内外研究者便开始了对肉制品中功能性微生物的深入研究,包括对菌株的筛选及深加工应用等多个领域。Nurmi 等(1995)研究表明,单一发酵剂生产的发酵香肠,其产品品质有待进一步提升,而以恰当比例复配具有优良性状的发酵剂菌株可以对发酵香肠的品质起到更好的提升效果。基于此,复配发酵剂的研究与开发受到密切关注。Erkkila 等(2001)将植物乳杆菌、鼠李糖乳杆菌及戊糖片球菌等进行复配研究,生产的发酵香肠品质出众。于海等(2012)对中式传统发酵香肠中的几种能够长期有效保持香肠良好风味的抗氧化剂进行了深入研究,指出脂肪氧化对发酵香肠的风味产生了影响以及发酵香肠贮存时间的影响因素。马汉军等(2006)结合中西方发酵香肠的生产经验及加工技术,研发出了新型的中式发酵香肠加工工艺。目前,我国对发酵香肠的研究与开发仍有更大的进步空间,因此这也将继续成为我国学者们的研究热点。

研究将从鲁氏酵母菌的各项生产性能着手,将其与植物乳杆菌复配成复合发酵剂,并应用于发酵香肠。分析鲁氏酵母菌在发酵香肠成熟过程中的理化和微生物变化,及其对发酵香肠的感官和风味的影响。重点研究添加鲁氏酵母菌后的发酵香肠风味物质的变化,以便生产出新型的具有特殊风味的发酵香肠,进而拓宽微生物菌种的应用领域。

## 第二节 材料与方法

### 一、试验材料

#### (一)发酵剂菌种来源

试验用到的发酵剂菌种及来源如表 6 – 1 所示。

表 6 – 1　试验发酵剂菌种

| 发酵剂菌种 | 菌种来源 |
|---|---|
| 鲁氏酵母菌（*Zygosaccharomyces rouxii*） | 中国工业微生物菌种保藏管理中心（No. 32899） |
| 大肠杆菌（*Escherichia coli*） | 黑龙江八一农垦大学微生物实验室 |
| 金黄色葡萄球菌（*Staphylococcus aureus*） | 黑龙江八一农垦大学微生物实验室 |
| 植物乳杆菌（*Lactobacillus plantarum*） | 东北农业大学微生物实验室 |

## （二）原辅料与试验试剂

原料：猪里脊、脂肪购自北京华联超市；肠衣购自天津市利成肠衣厂。

辅料：食盐、味素购自商超。

试验所用主要试验试剂如表 6 – 2 所示，其他试剂均为分析纯级。

表 6 – 2　主要试验试剂

| 试剂名称 | 生产厂家 |
|---|---|
| 葡萄糖 | 北京北方霞光食品添加剂有限公司 |
| 亚硝酸钠 | 北京北方霞光食品添加剂有限公司 |
| YPD 液体培养基 | 青岛高科技工业园海博生物技术有限公司 |
| MRS 肉汤培养基 | 青岛高科技工业园海博生物技术有限公司 |
| 营养肉汤培养基 | 青岛高科技工业园海博生物技术有限公司 |
| 蛋白胨水培养基 | 青岛高科技工业园海博生物技术有限公司 |
| Kovacs 氏靛基质试剂盒 | 青岛高科技工业园海博生物技术有限公司 |
| 血琼脂平板 | 广东环凯微生物科技有限公司 |
| 药敏纸片：诺氟沙星、氧氟沙星、环丙沙星、红霉素、阿莫西林、氨苄西林和链霉素 | 杭州滨和微生物试剂有限公司 |
| 十一碳酸甘油三酯内标溶液 | 广州市自力色谱科仪有限公司 |
| 正亮氨酸内标标准品 | 广州谱恩科学仪器有限公司 |
| 氨基酸标准品 | 北京谱析科技有限公司 |
| 宽分子量蛋白 Marker 标准品 | 北京中科泰瑞生物科技有限公司 |

## （三）主要仪器设备

试验所用主要仪器设备如表 6 – 3 所示。

表 6 - 3　主要仪器设备

| 仪器设备名称 | 生产厂家 |
| --- | --- |
| MET - TLERAE 100 型分析天平 | 沈阳龙腾电子称量仪器公司 |
| LDZX - 50 KBS 型立式压力蒸汽灭菌器 | 上海电安医疗器械厂 |
| DGG - 914 OA 型电热恒温鼓风干燥箱 | 上海森信实验仪器有限公司 |
| SW - CJ - 1 FD 型超净工作台 | 苏州安泰空气技术有限公司 |
| HZQ - QX 型全温振荡器 | 哈尔滨市东联电子技术开发有限公司 |
| SHP - 250 型生化培养箱 | 上海森信实验仪器有限公司 |
| TU - 1800 紫外可见分光光度计 | 北京普析通用仪器有限公司 |
| DELTA - 320 型 pH 计 | 梅特勒 - 托利多仪器(上海)有限公司 |
| CR400 色彩色差计 | 日本柯尼卡美能达有限公司 |
| TAXTPlus 物性测定仪 | 英国 SMS 公司 |
| NM120 - Analys 核磁共振分析仪 | 上海纽迈电子科技有限公司 |
| Scientz - 04 无菌均质器 | 宁波新芝生物科技股份有限公司 |
| MB 45 水分测定仪 | 瑞士奥豪斯仪器有限公司 |
| H1850 R 型医用冷冻离心机 | 湖南湘仪实验室仪器开发有限公司 |
| 安捷伦 1100 高效液相色谱仪 | 杭州瑞析科技有限公司 |
| ND300 - 1 氮气吹干仪 | 杭州瑞诚仪器有限公司 |
| FD - 1A - 50 实验室真空冷冻干燥机 | 上海兰仪实业有限公司 |
| RV10 auto pro 旋转蒸发仪 | 德国 IKA 集团/艾卡(广州)仪器设备有限公司 |
| 6890 气相色谱仪/5973 质谱仪 | 美国 Agilent 公司 |

## 二、试验方法

### (一)菌种活化

1.鲁氏酵母菌的活化

挑取鲁氏酵母菌冻干粉进行活化,将鲁氏酵母菌冻干粉在无菌工作台中倒入 100 mL 的 YPD 液体培养基中,在 28 ℃、180 r/min 恒温振荡培养箱中培养 3 d。将 5 mL 已活化的鲁氏酵母菌液加入 100 mL 的 YPD 培养基中,在 28 ℃、180r/min 条件下培养 30 h,扩培至菌落总数达 $1 \times 10^8$ CFU/mL 备用。

2.植物乳杆菌的活化

植物乳杆菌的菌种活化方法及扩培操作如上,试验选用 MRS 肉汤培养基进行培养,在 37 ℃恒温培养 18 ~ 24 h,扩培至菌落总数达 $1 \times 10^8$ CFU/mL 备用。

### （二）鲁氏酵母菌的发酵生产性能研究

**1. 不同 pH 值对鲁氏酵母菌生长的影响**

应用比浊法原理，通过菌液 OD 值的变化，判断菌液中菌株的存活情况。依据朗伯比耳定律 $OD = \log \frac{I_0}{I} = kbc$，c 表示菌液浓度，若样品液厚度 b 一定，则 OD 值与菌液的浊度相关。在无菌条件下，将活化好的鲁氏酵母菌液以 1% 的接种比例，分别加入用 1 mol/L HCl 和 1 mol/L NaOH 调至 pH 值分别为 3、4、5、6、7 的已灭菌 YPD 液体培养基中，于 28 ℃、180 r/min 的全温振荡培养箱中培养 48 h 后，将菌液稀释至合适倍数（吸光值在 0.1 ~ 0.8 之间），在波长 600 nm 处测量吸光度值，每组试验做三组平行。

**2. 不同食盐浓度对鲁氏酵母菌生长的影响**

试验选用不同 NaCl 浓度（0、2%、4%、6%、8%、10%）的灭菌 YPD 液体培养基，每组试验做三组平行。

**3. 不同亚硝酸盐浓度对鲁氏酵母菌生长的影响**

试验选用不同 NaNO$_2$ 含量（0 mg/kg、50 mg/kg、100 mg/kg、150 mg/kg、200 mg/kg）的灭菌 YPD 液体培养基，每组试验做三组平行。

**4. 不同温度对鲁氏酵母菌生长的影响**

试验选用 YPD 液体培养基分装 5 只试管，分别将培养温度调至 22℃、25℃、28℃、31℃和 34 ℃，每组试验做三组平行。

### （三）鲁氏酵母菌的安全性能研究

**1. 吲哚试验**

在无菌条件下，将 3% 的鲁氏酵母菌接入蛋白胨水培养基中，在 28 ℃倒置培养 72 h 后，加入 3 ~ 4 滴吲哚试剂，观察试验结果。同时，用大肠杆菌做阳性对照，并做平行及空白试验。

**2. 溶血试验**

在无菌条件下，将活化好的鲁氏酵母菌在血琼脂平板中用接菌环划线培养，倒置于 28 ℃恒温培养箱中培养 48 h，观察平皿的溶血情况。用金黄色葡萄球菌做阳性对照，并做平行及空白试验。

**3. 药敏试验**

无菌条件下，将鲁氏酵母菌涂布于 YPD 固体培养基中，静置 1 min，放入药敏纸片，静置 1 h 后倒置于 28 ℃恒温培养箱中培养 24 h，记录抑菌圈直径。每组试验做三组平行，试验中菌株的敏感性标准参照 CLSI 的最新版本标准。

### （四）鲁氏酵母菌与植物乳杆菌之间的相互作用

**1. 拮抗试验**

在无菌条件下，用接种环在营养琼脂固体培养基上划一直线接种植物乳杆菌，在 32 ℃恒温培养箱中倒置培养 24 h 后，从垂直方向用接种环划线接种鲁氏酵母菌，倒置于 28 ℃恒温培养箱中培养 72 h，观察有无抑菌区。

**2. 单因素试验**

(1)鲁氏酵母菌与植物乳杆菌复配的最适培养温度的测定

无菌条件下,在营养肉汤培养基中分别以 1% 的接种量接种鲁氏酵母菌和植物乳杆菌的混合菌悬液,混匀后分别在 20 ℃、22 ℃、25 ℃、28 ℃、30 ℃恒温培养箱中培养 24 h,利用涂布计数法测定菌落总数,并测定其 pH 值,以最终确定该复配菌的最适培养温度。每组试验均进行空白及平行试验。

(2)鲁氏酵母菌与植物乳杆菌复配的最适培养时间的测定

无菌条件下,将营养肉汤培养基分装 5 只试管,分别接种 1% 的鲁氏酵母菌和植物乳杆菌的混合菌悬液,置于 22 ℃恒温培养箱中培养 12 h、24 h、36 h、48 h、60 h,利用涂布计数法测定菌落总数,并测定其 pH 值,以最终确定该复配菌的最佳培养时间。每组试验均进行空白及平行试验。

(3)鲁氏酵母菌与植物乳杆菌复配的最佳复配配比的测定

无菌条件下,将鲁氏酵母菌和植物乳杆菌菌悬液分别以 3:1、2:1、1:1、1:2、1:3 的比例混合制成菌悬液,以 1% 的接种量分别接入营养肉汤培养基中,并于 22 ℃恒温培养箱中培养 24 h,利用涂布计数法测定菌落总数,并测定其 pH 值,以最终确定该复配菌的最佳复配配比。每组试验均进行空白试验及平行试验。

**3. 响应面法优化鲁氏酵母菌与植物乳杆菌复配的最佳培养条件**

在上述三组单因素试验的基础上,以复配菌的最佳培养温度($A$)、最佳培养时间($B$)和复配配比($C$)为响应因素,根据 Box – Behnken 试验设计原理,分别以 pH 值($Y_1$)和菌落总数($Y_2$)为响应值,进行两组三因素三水平的响应面设计试验,并对两组试验数据进行回归分析及显著性检验,最终分析确定鲁氏酵母菌与植物乳杆菌复配的最佳培养条件。试验的因素和水平设计如表 6 – 4 所示。

表 6 – 4 响应面试验的因素水平表

| 水平 | 因素 | | |
| --- | --- | --- | --- |
| | $A$ 培养温度/ ℃ | $B$ 培养时间/h | $C$ 复配配比 |
| – 1 | 20 | 12 | 1:2 |
| 0 | 22 | 24 | 1:1 |
| 1 | 25 | 36 | 2:1 |

**(五)发酵香肠的生产工艺及试验设计**

**1. 发酵香肠制作基本工艺流程**

脂肪、瘦肉→加辅料腌制→接种发酵剂→灌肠→发酵成熟(22 ~ 25 ℃,75% ~ 95% RH)→蒸熟

**2. 发酵香肠的生产配方**

瘦肉为大孔径肉馅,脂肪为丁状,发酵香肠的肥瘦比为 1:9,其他调料按肉重,玉泉大曲

1%，葡萄糖5%，味素0.3%，盐2%，$NaNO_2$ 0.01%，发酵剂1%。

3. 发酵香肠的试验设计及取样

试验将发酵香肠分成四组，分别为未添加菌种(对照组)、添加鲁氏酵母菌、添加植物乳杆菌、添加鲁氏酵母菌及植物乳杆菌的复配菌种，采用相同制作工艺及发酵工艺制作发酵香肠。

在各组发酵香肠发酵成熟阶段的第0 d、3 d、6 d、9 d和12 d进行取样，每组分别抽取两根香肠，分别对发酵香肠的微生物指标、理化指标、风味特性及感官品质进行测定，并对最终的四组发酵香肠进行感官评分测定。

(六)四组发酵香肠的微生物指标测定

1. 四组发酵香肠的乳酸菌数测定

在无菌操作台中，将去除肠衣和脂肪的发酵香肠剪碎，取10 g样品加入90 mL无菌生理盐水，高速均质1 min，然后将样品稀释至$1 \times 10^{-6}$ CFU/mL，每个稀释梯度做三组重复，用MRS肉汤培养基进行平板涂布，倒置于32 ℃恒温培养箱中培养48 h，准确记录乳酸菌数。

2. 四组发酵香肠的酵母菌数测定

乳酸菌数测定的样品制备及稀释操作如上，试验选用YPD培养基进行平板涂布计数法测定，并于28 ℃恒温培养箱中倒置培养，并记录酵母菌数。

3. 四组发酵香肠的总菌数测定

乳酸菌数测定的样品制备及稀释操作如上，培养基选用营养肉汤培养基，涂布后倒置于28 ℃恒温培养，并记录菌落总数。

(七)四组发酵香肠的理化指标测定

1. 四组发酵香肠的pH值测定

取10 g样品，均质30 s后测pH值，并记录。每组试验均进行三组平行试验。

2. 四组发酵香肠的水分含量测定

水分含量参照GB/T 5009.3 - 2010常压干燥法测定。

3. 四组发酵香肠的核磁共振氢谱测定

试验将直径为2 cm的发酵香肠切成高为0.8 cm大小的柱状，用塑料胶带包裹好备用，在指定磁场中放入校准油样，并进行参数设置，如表6 - 5所示。设置完毕，将包好的样品放入试管，分别测定香肠的水分核磁共振的$T_2$弛豫谱和核磁共振图像数据，所得的数据经反演后导出，并进行分析，每组发酵香肠做三组平行。

表6 - 5　香肠核磁共振测试参数及设置值

| 参数 | 设置值 | 参数 | 设置值 |
| --- | --- | --- | --- |
| 主题线圈 | 1 ~ 15 mm | P2($\mu$s) | 26 |
| 队列名称 | Q - CPMG | NECH | 3 000 |

表 6 – 5(续)

| 参数 | 设置值 | 参数 | 设置值 |
|---|---|---|---|
| SEQ | CPMG | DL1(ms) | 0.200 |
| O1(Hz) | 580 925.3 | SW(KHz) | 100 |
| SF(Hz) | 19 | RFD(ms) | 1 500.000 |
| TD | 127 800 | RG1(db) | 20.0 |
| DR | 0 | DRG1 | 3 |
| Peaks parity | 全部 | NS | 4 |

4. 四组发酵香肠的挥发性盐基总氮(TVB – N)测定

试验采用半微量定氮法,部分参照 GB 5009.228 – 2016 对四组发酵香肠的 TVB – N 进行测定。试验结果以三次独立测定结果的算术平均值 ± 标准差表示,保留三位有效数字。计算公式为

$$X = \frac{(V_1 - V_2) \times C_1 \times 14}{m \times \frac{100}{5}} \times 100 \qquad (6-1)$$

式中　$X$——挥发性盐基氮的含量,mg/100 g 或 mg/100 mL;

　　　$V_1$——试液消耗盐酸标液的体积,mL;

　　　$V_2$——试剂空白消耗盐酸标液的体积,mL;

　　　$C_1$——盐酸标液的浓度,mol/L;

　　　$m$——试样质量,g。

5. 四组发酵香肠的过氧化值(POV)测定

称取 2 g 样品去除肠衣、脂肪,切碎后加入 15 mL 存放于 4 ℃ 的氯仿 – 甲醇(2∶1,V/V)溶液,均质 30 s 后加 5% 的 NaCl 溶液 3 mL,于 3 000 r/min、4 ℃ 冷冻离心 10 min,取 5 mL 下层液相依次加入 5 mL 冷却后的氯仿 – 甲醇(2∶1,V/V)溶液、25 μL 氯化亚铁(0.35%)溶液、25 μL 硫氰酸铵(30%)溶液,分别涡旋混匀 3 s,静置 5 min 后取上清液于 500 nm 处测定其吸光度值。每组样品做三组平行试验,并以还原铁粉的吸光度做标准曲线计算其脂肪含量。

6. 四组发酵香肠的硫代巴比妥酸值(TBARS)的测定

将发酵香肠去肠衣、脂肪后,取 2 g 样品,加入 3 mL 的 TBA 溶液、15 mL 的 TCA – HCl 溶液以及 0.05 mL 的 0.01% 的 BHT 溶液,高速均质 30 s,沸水浴 30 min 后迅速将其冷却。取上述溶液 5 mL,加入 5 mL 的 CHCl₃,在 3 000 r/min、4 ℃ 条件下离心 10 min,取上清液,测出 532 nm 处的吸光度值。每组试验做三组平行。计算公式为

$$TBARS\left(\frac{mg}{kg}\right) = \frac{9.48 \times A_{532}}{m} \qquad (6-2)$$

式中　$A_{532}$——532 nm 下的吸光度值;

　　　$m$——样品质量,g。

(八)四组发酵香肠的风味特性测定

1. 四组发酵香肠的游离脂肪酸测定

试验采用气相色谱法,参照 GB 5009.168 - 2016 对四组发酵香肠进行游离脂肪酸测定。

样品脂肪提取:将发酵香肠样品去肠衣,称取均匀试样 5 g(精确至 0.1 mg,约含脂肪 100 ~ 200 mg)移入 250 mL 平底烧瓶中,准确加入 2 mL 十一碳酸甘油三酯内标溶液,再加入约 100 mg 焦性没食子酸、几粒沸石、2 mL 95% 乙醇和 4 mL 水,混匀。待试样水解后,加入 10 mL 95% 乙醇,混匀。将烧瓶中的水解液转移到分液漏斗中,用 50 mL 乙醚 - 石油醚混合液冲洗烧瓶和塞子,冲洗液并入分液漏斗中,加盖振摇 5 min,静置 10 min,将醚层提取液收集到 250 mL 烧瓶中。同上步骤重复水解 3 次,最后用乙醚 - 石油醚混合液冲洗分液漏斗,同水解液一并收集,利用旋转蒸发仪浓缩至干,残留物即为脂肪提取物。在脂肪提取物中加入 2% 氢氧化钠甲醇溶液 8 mL,连接回流冷凝器,80 ℃ ±1 ℃ 水浴上回流,油滴消失后,从回流冷凝器上端加入 15% 三氟化硼 - 甲醇溶液 7 mL,继续水浴回流 2 min。用少量水冲洗回流冷凝器,停止加热,将取下的烧瓶迅速冷却至室温。准确加入 10 ~ 30 mL 正庚烷,振摇 2 min,再加入饱和氯化钠水溶液,静置分层。取 5 mL 上层正庚烷提取溶液,加入 3 ~ 5 g 无水硫酸钠,振摇 1 min,静置 5 min,吸取上层溶液到进样瓶中待测定。

色谱参考条件:取单个脂肪酸甲酯标准溶液和脂肪酸甲酯混合标准溶液分别注入气相色谱仪,对色谱峰进行定性。毛细管色谱柱:聚二氰丙基硅氧烷强极性固定相,柱长 100 m,内径 0.25 mm,膜厚 0.2 μm。进样器温度:270 ℃。检测器温度:280 ℃。程序升温:初始温度 100 ℃,持续 13 min;100 ~ 180 ℃,升温速率 10 ℃/min,保持 6 min;180 ~ 200 ℃,升温速率 1 ℃/min,保持 20 min;200 ~ 230 ℃,升温速率 4 ℃/min,保持 10.5 min。载气为氮气。分流比为 100:1。进样体积:1.0 μL。在上述色谱条件下将脂肪酸标准测定液及试样测定液分别注入气相色谱仪,以色谱峰峰面积定量,结果保留 4 位有效数字。试样中单个脂肪酸甲酯含量按式(6 - 3)计算。

$$X_i = F_i \times \frac{A_i}{A_{C11}} \times \frac{\rho_{C11} \times V_{C11} \times 1.006\ 7}{m} \times 100 \qquad (6-3)$$

式中　$X_i$——试样中脂肪酸甲酯含量,g/100 g;

　　　$F_i$——脂肪酸甲酯的响应因子;

　　　$A_i$——试样中脂肪酸甲酯的峰面积;

　　　$A_{C11}$——试样中加入的内标物十一碳酸甲酯峰面积;

　　　$\rho_{C11}$——十一碳酸甘油三酯浓度,mg/mL;

　　　$V_{C11}$——试样中加入十一碳酸甘油三酯体积,mL;

　　　1.006 7——十一碳酸甘油三酯转化成十一碳酸甲酯的转换系数;

　　　$m$——试样的质量,mg;

　　　100——将含量转换为每 100 g 试样中含量的系数。

2. 四组发酵香肠的游离氨基酸测定

试验采用液相色谱法,部分参照 NYT 1975 - 2010 对四组发酵香肠的游离氨基酸进行测定。

样本前处理步骤:样品去除肠衣,称取0.2 g,加入1.5 mL 0.1%苯酚的6 mol/L盐酸水溶液,研磨成浆后移入EP管中。然后将EP管置于100 ℃烘箱中水解20 h左右。取出冷却,取水解液1 mL,氮吹仪吹至近干,加入1 mL 0.1 mol/L的稀盐酸溶解,过滤膜待衍生。取上述待衍生的清液200 μL以及200 μL氨基酸标准品溶液,分别置于1.5 mL的EP管中,往每个离心管中准确加入20 μL正亮氨酸内标溶液,分别加入200 μL三乙胺乙腈溶液(以确保溶液pH >7),100 μL异硫氰酸苯酯乙腈溶液,混匀后25 ℃下放置1 h。而后在离心管中加入400 μL正己烷,振摇后放置10 min,取下层溶液,0.45 μm针式过滤器过滤。

液相色谱分析条件:流动相A:称取7.6 g无水乙酸钠,加入925 mL水,溶解后用冰醋酸调节pH值至6.5,然后加入70 mL乙腈,混匀,用0.45 μm滤膜过滤;流动相B:80%乙腈水溶液;开启电脑、检测器和泵,安装上色谱柱,打开软件,在方法组中设置进样量为10 μL,流速为1.0 mL/min,柱温为40 ℃,走样时间为45 min,设置完毕保存方法组。

以氨基酸混合系列标准工作液中各氨基酸浓度为横坐标,以峰面积为纵坐标,绘制标准工作曲线。将待测液注入高效液相色谱仪,测定待测液中各氨基酸色谱峰面积,由标准工作曲线计算样品中各氨基酸浓度。试验结果以重复性条件下获得的两次独立测定结果的算术平均值表示,结果保留至小数点后一位。样品中各氨基酸的含量按式(6-4)计算。

$$X_i = c_i \times n \qquad\qquad (6-4)$$

式中  $X_i$——样品中各氨基酸的含量,mg/L;

  $c_i$——从标准曲线求得待测液中氨基酸的含量,mg/L;

  $n$——样品稀释倍数。

3. 四组发酵香肠的挥发性成分测定

试验采用顶空固相微萃取气相色谱法(GC-MS),参照SN/T 3626-2013对各组发酵香肠进行挥发性香气成分分析。

取同一批次3个最小完整包装样品,去肠衣,取3.00 g(精确到0.01 g)加入10 mL的SPME萃取瓶中,用顶端带有聚四氟乙烯隔垫的盖子密封。将在300 ℃下活化1 h之后的SPME萃取纤维穿过隔垫插入萃取瓶中,推出针管内的纤维,使其处于液面上方0.5 cm,准确萃取15 min后,将纤维收回针管内,取出SPME手柄进样。进样时将SPME纤维直接插入气相色谱进样口,推出针管内的纤维,热解吸3 min,收回纤维并取出SPME手柄。待进行气相色谱分析。

气相色谱工作条件:色谱柱为DB-5熔融石英毛细管柱(30 m×0.25 mm×0.25 μm);载气:高纯氮气,纯度大于99.99%;柱流量控制模式:恒压模式,柱流量为1.33 mL/min;进样模式:分流进样,分流比为1∶10;进样口温度:240 ℃;检测器温度:300 ℃;尾吹气流量:30 mL/min;检测器气体流量:氢气,40 mL/min,空气,400 mL/min;色谱柱温度程序:初始温度为40 ℃,保留6 min后,以5 ℃/min的升温速率至60 ℃,不保留,继续以30 ℃/min的速率升温至280 ℃,保留2 min,参考保留时间为6.3 min。

(九)四组发酵香肠的感官指标测定

1. 四组发酵香肠的色差测定

将样品去除肠衣,挑出脂肪颗粒,均匀平铺于托盘。色差仪接通电源,确保使用 D 60,10°标准光源,先利用仪器自带白板进行矫正,然后将样品置于色差仪反射区(57 mm),将反射区完全覆盖,进行测量。记录亮度值 $L^*$、发红度值 $a^*$ 和发黄度值 $b^*$,并计算色差影响参数 $e$ 值,作为评判发酵香肠色泽的主要参数,该值表示亮度和偏黄度影响下样品的偏红度值,计算公式为

$$e = \frac{a^*}{L^*} + \frac{a^*}{b^*} \qquad (6-5)$$

2. 四组发酵香肠的质构测定

将样品切 2 cm 中段,参数设置完毕,且仪器校正后,放于平台中心位置开始测定,每组样品做三次平行,处理并分析数据。

测定参数如下:测前速度为 1 mm/s;测试速度为 1 mm/s;测试后速度为 1 mm/s;位移为 10 mm;2 次下压间隔时间为 5.00 s;负载类型为 auto – 5 g;下压距离为样品高度的50%;高度校正返回距离为 40 mm,返回速度为 20 mm/s,接触力为 1 g;探头类型为 P/50(50 mm cylinder stainless);数据收集率为 200 pps;环境温度为室温。

3. 四组发酵香肠的感官评分测定

采用描述定量分析法对四组发酵香肠进行感官评定,由具有食品专业背景的成员组成感官评定小组,设计如表 6 – 6 所示的感官评分标准,对四组发酵香肠进行评定。

表 6 – 6　四组发酵香肠的感官评分标准

| 分值 | 外观(20%) | 质地(30%) | 风味(50%) |
|---|---|---|---|
| 81 ~ 100 分 | 切面光泽,肌肉玫瑰色 | 弹性好,切面坚实,整齐 | 气味正常,有浓郁的酱香风味,酸甜适中,硬度适中,有嚼劲 |
| 71 ~ 80 分 | 切面光泽,肌肉灰红发暗 | 弹性好,切面齐,有裂隙但不明显 | 气味正常,有酱香风味,有酸味,略硬,咀嚼略费力 |
| 61 ~ 70 分 | 部分肉有光泽,肉深部呈咖啡色 | 无弹性,切面齐,有明显裂隙 | 略有酱香风味,酸味浓,偏硬,咀嚼稍费力 |
| 0 ~ 60 分 | 肉馅无光泽,肌肉呈灰暗色 | 无弹性,切面不齐,裂隙明显,中心软化 | 有异味,特酸,特硬,咀嚼费力 |

## 三、数据处理

运用 Design – Expert. V8.0.6.1 对鲁氏酵母菌和植物乳杆菌的两组响应面试验进行分析,进行回归方程方差分析显著性检验,并做出各因素交互作用三维图及等高线图,最终确定鲁氏酵母菌和植物乳杆菌复配菌株的最佳培养条件。利用 Statistix 8.0 软件对试验数据进行相应的统计分析,利用 SigmaPlot 12.5 软件对试验数据的图表进行绘制。

## 四、技术路线(图6-1)

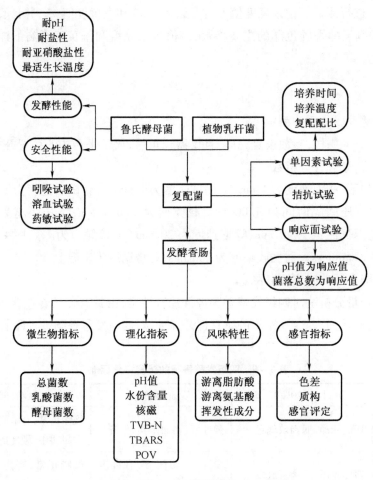

图6-1　技术路线

# 第三节　结果与分析

## 一、鲁氏酵母菌的发酵性能及安全性能分析

### (一)鲁氏酵母菌的发酵生产性能分析结果

1.鲁氏酵母菌的生长曲线测定

微生物生长曲线的绘制是为了方便了解该微生物菌种的生长动态,当改变微生物的种类或改变培养条件时,微生物菌种的生长曲线也会随之发生改变。

如图6-2所示为鲁氏酵母菌生长标准曲线。在刚接种鲁氏酵母菌时,测其吸光度值为0,说明此时鲁氏酵母菌还未生长;在培养0~48 h期间,测得的鲁氏酵母菌的吸光度值不断增大,直到培养 48 h 时吸光度值最大;在培养 36 ~ 72 h 期间,吸光度值在 0.60 ~ 0.90,此时的生长曲线呈对数增长,说明鲁氏酵母菌在此时间内生长最旺盛。

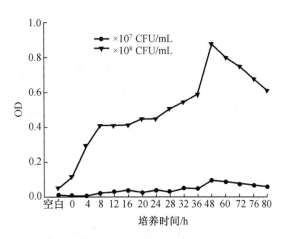

**图 6 - 2 鲁氏酵母菌生长标准曲线**

### 2. 不同 pH 值对鲁氏酵母菌生长的影响

相关研究表明,酵母菌一般不会单独添加在发酵肉制品中,而是同传统的乳酸菌发酵剂进行复配应用,因此,能够应用于发酵香肠中的酵母菌必须适应一定的酸性环境。

测定了鲁氏酵母菌在不同 pH 值下的生长情况,如图 6 - 3 所示,鲁氏酵母菌在 pH 值为 3 时吸光度值最低,随着 pH 值的增大吸光度值越来越高,说明鲁氏酵母菌的存活率越来越高。在 pH 值为 4 ~ 6 的酸性环境中,鲁氏酵母菌的吸光度值均大于 0.4,说明在此期间其生长良好。综上所述,鲁氏酵母菌能够在含有乳酸菌的酸性环境下稳定生长,能够作为肉品发酵剂同乳酸菌复配应用于发酵香肠。

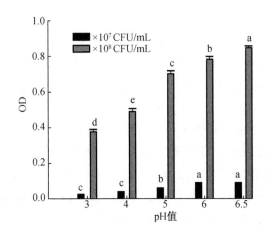

**图 6 - 3 不同的 pH 值对鲁氏酵母菌生长的影响**

注:同种浓度不同小写字母表示不同 pH 值的 OD 值差异显著,$p < 0.05$。

**3. 不同食盐浓度对鲁氏酵母菌生长的影响**

相关资料显示,腌制发酵香肠时,通常添加2%左右的食盐,但随着发酵过程的进行,香肠内部水分含量会逐渐减少,食盐浓度会逐渐升高,在一般的发酵香肠中,食盐含量可达5%。因此,欲将鲁氏酵母菌作为发酵剂应用于发酵香肠中,必将考虑其对食盐的耐受能力,试验测定鲁氏酵母菌的最大食盐耐受浓度为6%。

由图6-4可知,添加食盐浓度对鲁氏酵母菌的生长影响较大,食盐浓度越高,抑制越明显。在食盐浓度为2%时,鲁氏酵母菌的生长未发生明显变化;当食盐浓度大于2%时,OD值随着浓度的增加而减小;当食盐浓度达到8%时,OD值小于0.4,鲁氏酵母菌的生长处于缓慢趋势。该试验说明,鲁氏酵母菌能够在含6%食盐的条件下良好生长,能够作为肉品发酵剂应用于发酵香肠中。

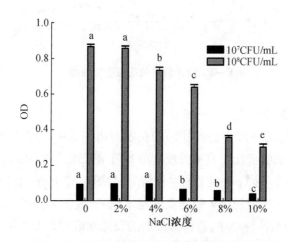

**图6-4 不同食盐浓度对鲁氏酵母菌生长的影响**

注:同种浓度不同小写字母表示不同 NaCl 浓度的 OD 值差异显著,$p < 0.05$。

**4. 不同亚硝酸盐浓度对鲁氏酵母菌生长的影响**

亚硝酸盐是生产发酵香肠必不可少的调料之一,在发酵过程中,亚硝酸盐有利于发酵香肠颜色的形成,产生特殊风味;对于肉制品中危害较大的致病菌有显著的抑制其生长繁殖的作用,确保产品的生物安全性。对于食品中亚硝酸盐的添加量我国有着严格的规定(不得超过 30 mg/kg)。

如图6-5所示为不同浓度亚硝酸盐对鲁氏酵母菌生长情况的影响。当亚硝酸盐含量为0.005%时,鲁氏酵母菌的吸光度值骤然下降,生长速度明显迟缓;当培养基中添加0.015%的亚硝酸盐时,鲁氏酵母菌的生长状态仍维持在活跃阶段;当亚硝酸盐浓度升高至0.020%时,吸光度值便明显小于0.4,处于生长滞缓阶段。由此说明,鲁氏酵母菌具有较高的耐受亚硝酸盐能力,可作为发酵香肠的发酵剂使用。

**5. 不同温度对鲁氏酵母菌生长的影响**

发酵香肠的发酵温度通常为22~28℃,为了将鲁氏酵母菌作为发酵剂菌株应用于发酵香肠中,必须保证菌株能够在适当的生产条件下良好生长。

如图6-6所示,鲁氏酵母菌在22℃时可良好生长;在28℃时生长最旺盛。此后,随着温度升高,吸光度值也逐渐降低,说明鲁氏酵母菌生长数量逐渐下降,当34 ℃时吸光度值小于0.4,鲁氏酵母菌生长最为迟缓。由此可见,鲁氏酵母菌在22~31 ℃之间可良好生长,最适生长温度为28 ℃,符合作为发酵剂的要求。

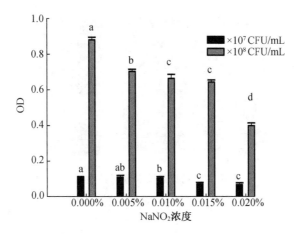

**图6-5    不同浓度亚硝酸盐对鲁氏酵母菌生长情况的影响**

注:同种浓度不同小写字母表示不同 $NaNO_2$ 浓度的 OD 值差异显著, $p < 0.05$。

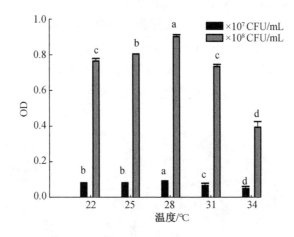

**图6-6    不同温度对鲁氏酵母菌生长的影响**

注:同种浓度不同小写字母表示不同温度的 OD 值差异显著, $p < 0.05$。

### (二)鲁氏酵母菌的安全性能分析结果

#### 1.吲哚试验

吲哚试验的主要目的是检测菌株在培养过程中是否产生能够分解色氨酸的吲哚类有害物质。研究表明,人体中的色氨酸对人体内蛋白质的合成有至关重要的作用,能够调节免疫功能,促进人体的消化吸收。若色氨酸在人体代谢过程中受到阻碍,会使人肝功能受损,甚至引发恶性肿瘤等疾病。

如图6-7所示为向添加不同菌种的菌悬液中滴加指示剂后的反应情况,空白对照组与鲁氏酵母菌的三组平行试验均未出现红色圆环,而大肠杆菌中出现红色圆环,该试验结果表明鲁氏酵母菌为呈阴性,大肠杆菌为呈阳性,即鲁氏酵母菌未产生吲哚类有害物质不会分解色氨酸,而大肠杆菌会产生此类有害物质。

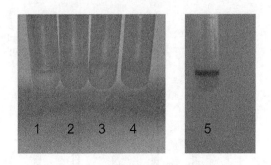

**图 6 – 7　鲁氏酵母菌吲哚试验结果**

注:1 为未添加菌种;2 ~ 4 为添加鲁氏酵母菌;5 为添加大肠杆菌。

### 2. 溶血试验

溶血现象是指红细胞发生破裂溶解的现象。例如溶血性链球菌会同产气的荚膜杆菌引发败血症,疟原虫会破坏红细胞,进而分解红细胞膜。

如图 6 – 8 所示,在添加鲁氏酵母菌的血琼脂平板中,鲁氏酵母菌生长良好,琼脂周围未出现透明溶血圈,说明鲁氏酵母菌没有产生 α – 溶血和 β – 溶血现象,即不属于溶血菌株。而在接种金黄色葡萄球菌的培养基中,菌株周围有明显的透明溶血圈产生,说明金黄色葡萄球菌发生了 β – 溶血现象。说明鲁氏酵母菌不是溶血细菌,可用于食品的安全生产。

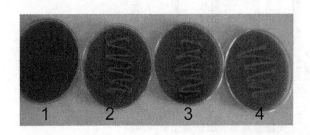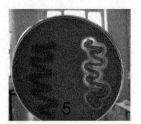

**图 6 – 8　鲁氏酵母菌溶血试验结果**

注:1 为未接种菌种;2 ~ 4 为接种鲁氏酵母菌;5 为左侧为接种鲁氏酵母菌,右侧为接种金黄色葡萄球菌。

### 3. 药敏试验

采用 K – B 纸片扩散法测定了鲁氏酵母菌对 7 种抗生素的抗药性情况,试验依据 WS/T 125 – 1999 纸片法抗菌药物敏感试验标准进行结果分析,测定结果如表 6 – 7 所示。

表6-7 鲁氏酵母菌的抑菌圈直径及抗性结果

| 药敏纸片名称 | 氧氟沙星 | 诺氟沙星 | 环丙沙星 | 阿莫西林 | 链霉素 | 氨苄西林 | 红霉素 |
|---|---|---|---|---|---|---|---|
| 抑菌圈直径/mm | 16.13 ± 0.18 | 18.26 ± 0.05 | 29.91 ± 0.08 | 7.95 ± 0.04 | 22.27 ± 0.04 | 19.03 ± 0.11 | 42.63 ± 0.12 |
| 抗性结果 | S | S | S | R | S | S | S |

注:鲁氏酵母菌对某抗生素敏感(susceptible)用S表示,中度敏感(intermediate)用I表示,有抗性(resistant)用R表示。

由表6-9可知,鲁氏酵母菌除了对阿莫西林有抗性外,对其他六种抗生素均敏感,试验说明鲁氏酵母菌对大环内酯类药物、青霉素类药物、喹诺酮类药物以及氨基糖苷类药物敏感,对阿莫西林有抗性。试验结果表明,鲁氏酵母菌虽对大多数抗生素类敏感,但药敏特性还是有所差别的。

## 二、鲁氏酵母菌与植物乳杆菌之间的相互作用研究

### (一)鲁氏酵母菌与植物乳杆菌复配拮抗试验

研究表明,若将两种微生物发酵剂复配成复合发酵剂应用于发酵香肠中,必须对两种微生物进行拮抗试验,以确定两菌株之间能否共存。本研究欲将鲁氏酵母菌和植物乳杆菌复配后应用于发酵香肠的生产中,因此,设计如下拮抗试验,以验证鲁氏酵母菌与植物乳杆菌之间的共存情况。

由图6-9可知,植物乳杆菌与鲁氏酵母菌在同一培养基上培养时,两菌株之间没有产生互相排斥的菌圈,说明两菌株之间不存在拮抗作用,菌株之间可良好共存。因此,能够将鲁氏酵母菌和植物乳杆菌以相应比例混合,制成复配发酵剂应用于发酵香肠的生产加工。

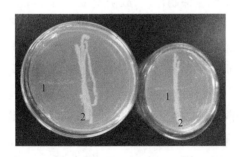

图6-9 鲁氏酵母菌与植物乳杆菌的拮抗试验

注:1为植物乳杆菌;2为鲁氏酵母菌。

### (二)鲁氏酵母菌与植物乳杆菌复配条件的单因素试验

1.鲁氏酵母菌与植物乳杆菌复配的最适培养温度的测定

由图6-10可知,复配菌的培养温度从20℃到22℃时,复配菌的pH值迅速下降,且

菌落总数直线上升,且当复配菌的培养温度为 22 ℃时,复配菌的 pH 值呈最低,菌落总数呈最多状态,说明鲁氏酵母菌与植物乳杆菌的复配菌在该温度生长状态良好,且植物乳杆菌的产酸性能没有受到限制,同时鲁氏酵母菌也并没有过多抑制植物乳杆菌的生长。

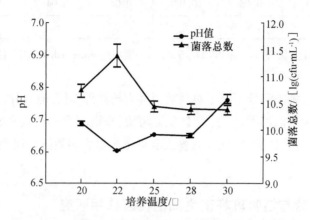

图 6 - 10　培养温度对复配菌的 pH 值及菌落总数的影响

图 6 - 10 中,当培养温度达到 22 ℃时,随着培养温度的升高,pH 值逐渐升高,菌落总数下降,可能是因为此时培养温度接近于鲁氏酵母菌的最适培养温度 28 ℃,致使鲁氏酵母菌生长速度有所提高,从而对植物乳杆菌的生长有所限制。当培养温度为 30 ℃时,复配菌的 pH 值迅速上升,菌落总数处于平稳状态。可能由于鲁氏酵母菌在高温下生长速度缓慢,当温度达到 30 ℃时,鲁氏酵母菌的生长处于停滞或凋零状态,但是植物乳杆菌的最适培养温度为 37 ℃,在 30 ℃时植物乳杆菌逐渐活性增强,并迅速增长,导致此时 pH 值迅速上升,而鲁氏酵母菌的停滞或凋零状态恰巧与植物乳杆菌的迅速生长状态近乎持平,因此菌落总数处于稳定状态。由此可见,复配菌在 20 ~ 25 ℃之间培养,可使复配菌的生长处于平稳状态,考虑到高温可能会使菌种间产生抑制作用,故确定最适培养温度为 22 ℃。

2. 鲁氏酵母菌与植物乳杆菌复配的最适培养时间的测定

由图 6 - 11 可知,鲁氏酵母菌与植物乳杆菌的复配菌从培养 12 h 至 24 h,pH 值略有下降,菌落总数有所增加,说明当培养 12 h 时,鲁氏酵母菌与植物乳杆菌均生长稳定。当培养 24 h 时,pH 值略有下降,菌落总数增长幅度较大,说明此时植物乳杆菌生长良好,能够产生乳酸,即降低 pH 值,鲁氏酵母菌也能良好生长。当培养时间达到 36 h 时,pH 值迅速增大,菌落总数下降明显,说明此时鲁氏酵母菌增长速度远大于植物乳杆菌。这可能是因为植物乳杆菌的最适培养时间是 24 h,达到 24 h 后,植物乳杆菌的生长便处于缓慢衰亡阶段,生长缓慢。当培养温度达到 60 h 时,pH 值又一次大幅度增大,且菌落总数明显增加,这可能是因为鲁氏酵母菌已完全占领优势菌株地位,植物乳杆菌的生长几近停滞。因此,介于两组指标对复配菌培养时间的研究,最终确定该复配菌的最适培养时间为 24 h。

3. 鲁氏酵母菌与植物乳杆菌复配的最佳复配配比的测定

由图 6 - 12 可知,复配配比(即鲁氏酵母菌:植物乳杆菌)从 3:1 换至 2:1 时,鲁氏酵母菌含量仍远高于植物乳杆菌,因此,当 pH 值偏高时,菌落总数变化不大。当复配配比为 1:1

时,pH 值明显降低,菌落总数小幅度增长,说明当两菌种添加量相同时,两菌种均稳定生长,且无抑制作用,导致菌落总数有所增加。当植物乳杆菌的添加量高于鲁氏酵母菌的添加量时,pH 值明显降低,该现象符合客观逻辑事实。因此,基于两组指标显示复配配比对复配菌的影响,可以确定鲁氏酵母菌和植物乳杆菌在添加量为 1:1 时,两菌株生长情况最佳。

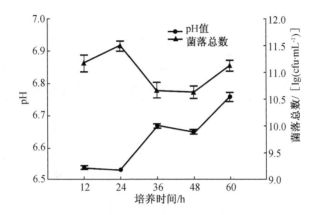

**图 6 – 11　培养时间对复配菌的 pH 值及菌落总数的影响**

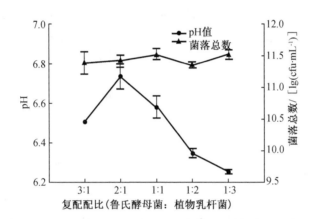

**图 6 – 12　复配配比对复配菌的 pH 值及菌落总数的影响**

### (三)鲁氏酵母菌与植物乳杆菌复配条件的响应面试验

1. 以 pH 值为响应值的响应面试验研究

通过上述三组单因素试验,根据 Box – Behnken 试验设计原理,设计以 pH 值为响应值的三因素三水平的响应面试验,设计方案及结果如表 6 – 8 所示。

使用软件 Design – Expert V8.0.6 以培养温度、培养时间、复配配比为响应因素,以 pH 值为响应值分析处理表 6 – 8,得到如表 6 – 9 所示的回归方程方差分析表,并对该模型进行二次多项式的非线性拟合,预测的二次回归方程模型如下:

$$Y = 7.09 - 0.11A - 0.064B + 0.029C - 0.038AB + 0.028AC - 0.17BC + 0.048A^2 - 0.08B^2 - 0.11C^2$$

根据表 6 - 9 中的回归方程方差分析及显著性检验分析可以看出,$P < 0.000\,1$,表明该模型极显著,为回归显著型,且失拟项不显著,为 0.093 9。该模型 $R^2 = 0.880\,1$,$R^2_{Adj} = 0.978\,3$,说明该模型具有较好的拟合性,各因素与响应值之间的线性关系显著,可以用于鲁氏酵母菌与植物乳杆菌复配菌的复配条件试验的预测。

表 6 - 8  响应面试验设计方案及 pH 值结果

| 序号 | 编码水平 | | | pH 值 |
| --- | --- | --- | --- | --- |
| | $A$ 培养温度/ ℃ | $B$ 培养时间/h | $C$ 复配配比 | |
| 1 | − 1 | − 1 | 0 | 7.10 |
| 2 | 1 | − 1 | 0 | 6.98 |
| 3 | − 1 | 1 | 0 | 7.02 |
| 4 | 1 | 1 | 0 | 6.75 |
| 5 | − 1 | 0 | − 1 | 7.05 |
| 6 | 1 | 0 | − 1 | 6.76 |
| 7 | − 1 | 0 | 1 | 7.04 |
| 8 | 1 | 0 | 1 | 6.86 |
| 9 | 0 | − 1 | − 1 | 6.74 |
| 10 | 0 | 1 | − 1 | 6.98 |
| 11 | 0 | − 1 | 1 | 7.15 |
| 12 | 0 | 1 | 1 | 6.71 |
| 13 | 0 | 0 | 0 | 7.08 |
| 14 | 0 | 0 | 0 | 7.10 |
| 15 | 0 | 0 | 0 | 7.11 |
| 16 | 0 | 0 | 0 | 7.08 |
| 17 | 0 | 0 | 0 | 7.08 |

表 6 - 9  回归方程方差分析表

| 方差来源 | 平方和 | 自由度 | 均方 | $F$ 值 | $P$ 值 | 显著性 |
| --- | --- | --- | --- | --- | --- | --- |
| 模型 | 0.36 | 9 | 0.040 | 81.11 | < 0.000 1 | ＊ ＊ |
| $A$ | 0.092 | 1 | 0.092 | 188.95 | < 0.000 1 | ＊ ＊ |
| $B$ | 0.033 | 1 | 0.033 | 66.45 | < 0.000 1 | ＊ ＊ |
| $C$ | $6.613 \times 10^{-3}$ | 1 | $6.613 \times 10^{-3}$ | 13.51 | 0.007 9 | ＊ |
| $AB$ | $5.625 \times 10^{-3}$ | 1 | $5.625 \times 10^{-3}$ | 11.50 | 0.011 6 | ＊ |
| $AC$ | $3.025 \times 10^{-3}$ | 1 | $3.025 \times 10^{-3}$ | 6.18 | 0.041 8 | ＊ |
| $BC$ | 0.12 | 1 | 0.12 | 236.26 | < 0.000 1 | ＊ ＊ |
| $A^2$ | $9.500 \times 10^{-3}$ | 1 | $9.500 \times 10^{-3}$ | 19.42 | 0.003 1 | ＊ |

表6-9(续)

| 方差来源 | 平方和 | 自由度 | 均方 | F 值 | P 值 | 显著性 |
|---|---|---|---|---|---|---|
| $B^2$ | 0.027 | 1 | 0.027 | 55.07 | 0.000 1 | * |
| $C^2$ | 0.056 | 1 | 0.056 | 113.81 | <0.000 1 | * * |
| 残差 | $3.425 \times 10^{-3}$ | 7 | $4.893 \times 10^{-4}$ | | | |
| 失拟项 | $2.625 \times 10^{-3}$ | 3 | $8.750 \times 10^{-4}$ | 4.37 | 0.093 9 | 不显著 |
| 纯误差 | $8.000 \times 10^{-4}$ | 4 | $2.00 \times 10^{-4}$ | | | |
| 总和 | 0.36 | 16 | | | | |

注：* 表示显著，$p < 0.05$；* * 表示极显著，$p < 0.01$。

**2. 各因素及其交互作用对复配菌 pH 值的影响**

根据表6-9的回归模型方差分析，用 Design 做出培养温度($A$)、培养时间($B$)以及复配配比($C$)三种因素对复配菌 pH 值的等高线图和三维图，如下图6-13~6-15所示。其中，两因素之间交互作用的显著程度可以通过等高线的形状和密集程度判断，椭圆形表示交互作用显著，圆形表示不显著。

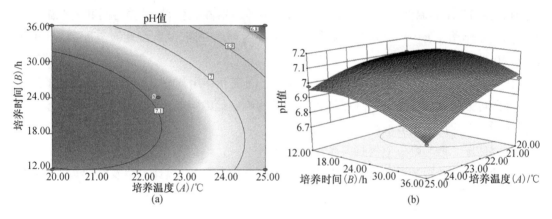

**图6-13　培养温度和培养时间对复配菌 pH 值影响的响应面图**

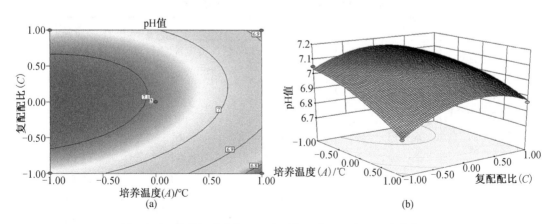

**图6-14　培养温度和复配配比对复配菌 pH 值影响的响应面图**

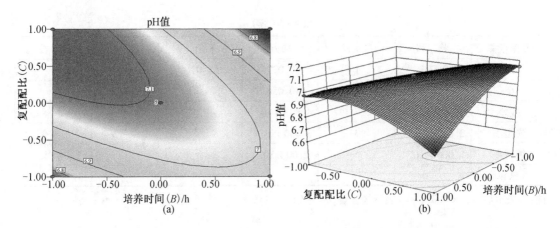

图 6 – 15   培养时间和复配配比对复配菌 pH 值影响的响应面图

由图 6 – 13 可以看出,当不考虑复配配比时,培养温度和培养时间之间的等高线图是椭圆形,说明两者交互作用显著。同时,根据等高线的疏密程度可以判断,培养温度对复配菌 pH 值的影响较培养时间大。由图 6 – 14 分析可知,当不考虑培养时间时,培养温度和复配配比两者之间交互作用显著。同时,根据等高线的疏密程度可以判断,复配配比对复配菌 pH 值的影响较培养温度大。在图 6 – 15 中,当不考虑培养温度时,培养时间和复配配比两者之间交互作用显著。同时根据等高线的疏密程度可以判断,复配配比对复配菌 pH 值的影响较培养时间大。

由于培养时间、培养温度和复配配比两两之间交互作用均显著,因此综合上述的三组响应面图可以得到以下结论,在以复配菌 pH 值为响应值的响应面试验中,各影响因素的影响排序为培养时间 < 培养温度 < 复配配比。

3. 以菌落总数为响应值的响应面试验研究

设计以菌落总数为响应值的三因素三水平的响应面试验,设计方案及结果如表 6 – 10 所示。

表 6 – 10   试验设计方案及菌落总数结果

| 序号 | 编码水平 | | | 菌落总数/ $[\lg(CFU \cdot mL^{-1})]$ |
| --- | --- | --- | --- | --- |
| | $A$ 培养温度/ ℃ | $B$ 培养时间/h | $C$ 复配配比 | |
| 1 | – 1 | – 1 | 0 | 11.333 8 |
| 2 | 1 | – 1 | 0 | 11.223 2 |
| 3 | – 1 | 1 | 0 | 11.362 9 |
| 4 | 1 | 1 | 0 | 11.176 1 |
| 5 | – 1 | 0 | – 1 | 11.297 4 |
| 6 | 1 | 0 | – 1 | 11.230 1 |
| 7 | – 1 | 0 | 1 | 11.333 9 |
| 8 | 1 | 0 | 1 | 11.156 5 |
| 9 | 0 | – 1 | – 1 | 11.213 2 |

表 6 - 10（续）

| 序号 | 编码水平 | | | 菌落总数/ [lg(CFU·mL⁻¹)] |
| --- | --- | --- | --- | --- |
| | $A$ 培养温度/ ℃ | $B$ 培养时间/h | $C$ 复配配比 | |
| 10 | 0 | 1 | −1 | 11.335 9 |
| 11 | 0 | −1 | 1 | 11.343 2 |
| 12 | 0 | 1 | 1 | 11.131 1 |
| 13 | 0 | 0 | 0 | 11.377 1 |
| 14 | 0 | 0 | 0 | 11.377 1 |
| 15 | 0 | 0 | 0 | 11.353 1 |
| 16 | 0 | 0 | 0 | 11.367 4 |
| 17 | 0 | 0 | 0 | 11.367 4 |

使用软件 Design - Expert V8.0.6 以培养温度、培养时间、复配配比为响应因素，以菌落总数为响应值分析处理表 6 - 10，得到如表 6 - 11 所示的回归方程方差分析表，并对该模型进行二次多项式的非线性拟合，预测的二次回归方程模型如下：

$$Y = 11.37 - 0.068A - 0.013B - 0.014C - 0.019AB - 0.028AC - 0.084BC - 0.048A^2 - 0.047B^2 - 0.066C^2$$

通过表 6 - 11 的回归方差分析，可以看出预测的模型极显著（$P < 0.000\ 1$），失拟项不显著，为 0.107 0。该模型 $R^2 = 0.833\ 3$，$R^2_{Adj} = 0.9692$，说明该模型有较好的拟合性，各因素与响应值之间的关系显著，可以用于鲁氏酵母菌与植物乳杆菌复配菌的复配条件试验的预测。

表 6 - 11 回归方程方差分析表

| 方差来源 | 平方和 | 自由度 | 均方 | $F$ 值 | $P$ 值 | 显著性 |
| --- | --- | --- | --- | --- | --- | --- |
| 模型 | 0.11 | 9 | 0.013 | 57.01 | < 0.000 1 | ＊＊ |
| $A$ | 0.037 | 1 | 0.037 | 165.95 | < 0.000 1 | ＊＊ |
| $B$ | $1.442 \times 10^{-3}$ | 1 | $1.442 \times 10^{-3}$ | 6.51 | 0.038 0 | ＊ |
| $C$ | $1.565 \times 10^{-3}$ | 1 | $1.565 \times 10^{-3}$ | 7.07 | 0.032 5 | ＊ |
| $AB$ | $1.452 \times 10^{-3}$ | 1 | $1.452 \times 10^{-3}$ | 6.56 | 0.037 5 | ＊ |
| $AC$ | $3.031 \times 10^{-3}$ | 1 | $3.031 \times 10^{-3}$ | 13.69 | 0.007 7 | ＊ |
| $BC$ | 0.028 | 1 | 0.028 | 126.59 | < 0.000 1 | ＊＊ |
| $A^2$ | $9.660 \times 10^{-3}$ | 1 | $9.660 \times 10^{-3}$ | 43.64 | 0.000 3 | ＊ |
| $B^2$ | $9.113 \times 10^{-3}$ | 1 | $9.113 \times 10^{-3}$ | 41.17 | 0.000 4 | ＊ |
| $C^2$ | 0.018 | 1 | 0.018 | 82.97 | < 0.000 1 | ＊＊ |
| 残差 | $1.550 \times 10^{-3}$ | 7 | $2.214 \times 10^{-4}$ | | | |
| 失拟项 | $1.162 \times 10^{-3}$ | 3 | $3.874 \times 10^{-4}$ | 4.00 | 0.107 0 | 不显著 |
| 纯误差 | $3.875 \times 10^{-4}$ | 4 | $9.687 \times 10^{-5}$ | | | |
| 总和 | 0.12 | 16 | | | | |

注：＊表示显著，$p < 0.05$，＊＊表示极显著，$p < 0.01$。

4. 各因素及其交互作用对复配菌菌落总数的影响

根据表 6-11 的回归模型方差分析,用 Design 软件做出的培养温度($A$)、培养时间($B$)以及复配配比($C$)对复配菌菌落总数的响应面图如图 6-16~6-18 所示。

由图 6-16 分析可知,培养温度和培养时间两者之间交互作用显著,根据等高线的疏密程度可以判断,培养温度对复配菌菌落总数的影响较培养时间大。在图 6-17 中,培养温度和复配配比两者之间交互作用显著,根据等高线的疏密程度可以判断,复配配比对复配菌菌落总数的影响较培养温度大。在图 6-18 中,培养时间和复配配比两者之间交互作用显著,根据等高线的疏密程度可以判断,复配配比对复配菌菌落总数的影响较培养时间大。

由于培养时间、培养温度和复配配比两两之间交互作用均显著,因此综合以上的三组响应面图可以得到以下结论,以复配菌菌落总数为响应值的响应面试验中,各因素影响排序为培养时间 < 培养温度 < 复配配比。

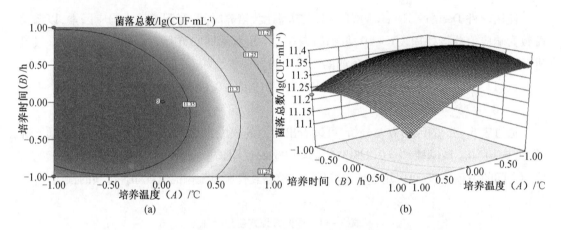

**图 6-16 培养温度和培养时间对复配菌菌落总数影响的响应面图**

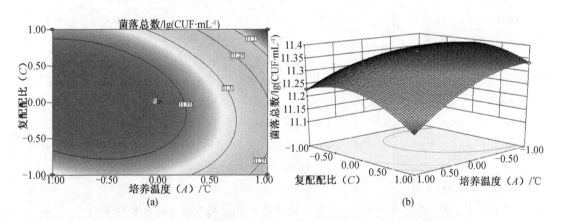

**图 6-17 培养温度和复配配比对复配菌菌落总数影响的响应面图**

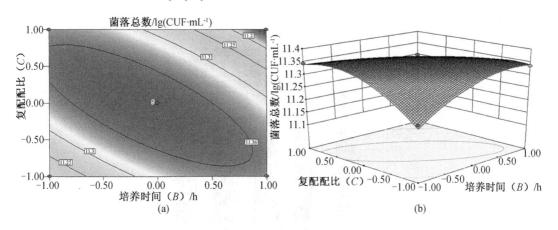

图 6 – 18  培养时间和复配配比对复配菌菌落总数影响的响应面图

5. 两组响应面试验的综合结果与分析

试验通过以培养温度、培养时间、复配配比为响应因素,以 pH 值和菌落总数为响应值进行两组三因素三水平的响应面试验,并进行方差分析处理,进行二次多项式非线性拟合。

结果显示,两组试验的预测模型中模型均为极显著($p < 0.000\ 1$),失拟项不显著,属于回归显著型二次回归方程。在两组模型中 $R^2_{\text{Adj}}$ 均大于 0.900 0,说明该模型与实际试验的拟合性较好,相应因素与响应值之间的线性关系显著。通过两组试验的等高线图和三维图分析可知,培养温度、培养时间和复配配比之间两两交互作用均显著,影响因素排序为培养时间 < 培养温度 < 复配配比。其中,培养时间对复配菌的影响最小,复配配比影响因素最大,考虑到发酵香肠发酵时间过长,因此,预测的鲁氏酵母菌与植物乳杆菌复配菌的复配条件中,可进一步应用于发酵香肠生产的复配条件是培养温度为 22 ℃和复配配比 = 1∶1(鲁氏酵母菌∶植物乳杆菌)。

## 三、添加鲁氏酵母菌对发酵香肠的性能及品质的影响

### (一)四组发酵香肠的微生物指标测定

1. 四组发酵香肠发酵过程中的乳酸菌数变化

乳酸菌是发酵香肠中的传统发酵剂菌株,其生长情况对发酵香肠的品质影响较大,可以通过对乳酸菌数的测定,进一步研究添加鲁氏酵母菌后发酵香肠中乳酸菌数的变化,分析鲁氏酵母菌在发酵香肠中对乳酸菌的影响。

由图 6 – 19 可知,发酵初期,添加植物乳杆菌及添加鲁氏酵母菌和植物乳杆菌的两组发酵香肠乳酸菌数最高,这可能是因为在发酵初期添加植物乳杆菌的两组发酵香肠中的乳酸菌生长良好,该结果符合客观事实。在发酵 3 d 后,未添加菌种及添加鲁氏酵母菌的两组发酵香肠的乳酸菌数有所增加,其他两组发酵香肠的乳酸菌数有所下降,这是因为在自然发酵状态下,未添加乳酸菌的发酵香肠可能会在原料肉和制作过程中混入乳酸菌,从而促进香肠的发酵;而添加乳酸菌的两组发酵香肠随着发酵时间的增加,发酵香肠中的水分等环境因素改变使乳酸菌的活性逐渐降低,总数下降,该现象符合客观事实。试验表明,鲁氏酵母菌不会影响发酵香肠中乳酸菌的生长,复配菌中的鲁氏酵母菌亦不会产生不利影响。

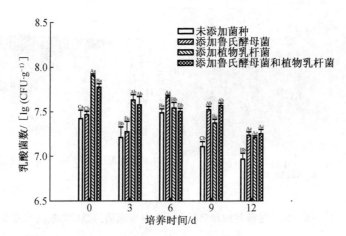

**图 6 – 19　四组发酵香肠发酵过程中的乳酸菌数的变化**

注:同一组不同小写字母表示不同培养时间的乳酸菌数差异显著,$p < 0.05$;同一培养时间不同大写字母表示不同组的乳酸菌数差异显著,$p < 0.05$。

**2. 四组发酵香肠发酵过程中的酵母菌数变化**

添加酵母菌有助于发酵香肠中风味物质的产生,因此研究酵母菌数在发酵过程中的变化,有助于推进鲁氏酵母菌在发酵香肠生产中的进一步应用。

根据图 6 – 20 可以看出,发酵初期添加鲁氏酵母菌的两组发酵香肠的酵母菌数较高,说明在发酵初期酵母菌将充分利用发酵香肠的优势环境迅速生长成为优势菌,促进发酵香肠香气物质的形成。在发酵 3 d 后,未添加鲁氏酵母菌的两组发酵香肠中酵母菌的数量增加而后又降低,由于在自然条件下发酵,香肠本身会产生一定数量的酵母菌,分解蛋白质产生醇类、醛类及酮类等改善风味的物质,随着时间的增加,香肠中的环境逐渐不适合酵母菌的生长,因此会出现下降趋势,符合客观事实。试验表明,鲁氏酵母菌能够在发酵香肠中良好生长。

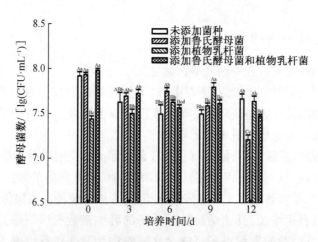

**图 6 – 20　四组发酵香肠发酵过程中的酵母菌数的变化**

注:同一组不同小写字母表示不同培养时间的酵母菌数差异显著,$p < 0.05$;同一培养时间不同大写字母表示不同组的酵母菌数差异显著,$p < 0.05$。

### 3. 四组发酵香肠发酵过程中的菌落总数的变化

对发酵香肠中的菌落总数进行测定,可以更准确地掌握微生物菌株在发酵香肠中的生长和抑制情况,能够更进一步分析各菌株在发酵香肠中产生的作用及其对发酵香肠感官品质的影响。

由图6-21可知,四组发酵香肠发酵过程中菌落总数呈先增长后降低趋势。在发酵0~3 d时,添加发酵菌种的三组发酵香肠的微生物数量增长明显,未添加发酵菌种的发酵香肠的菌落总数明显较低,说明由于添加发酵剂菌种,发酵香肠中的微生物数量有所增加。在发酵6 d时,四组发酵香肠中的微生物数量均有明显减少,但添加微生物发酵剂的发酵香肠中的数量仍较多,可能是因为在发酵6 d时已经超过鲁氏酵母菌和植物乳杆菌的最适生长时间,所以数量有所下降。而且从图6-19、图6-20综合分析可以看出,鲁氏酵母菌能够在发酵香肠中良好生长,并可能对发酵香肠的感官品质产生一定影响。

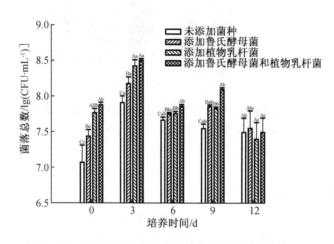

**图6-21 四组发酵香肠发酵过程中的菌落总数变化**

注:同一组不同小写字母表示不同培养时间的菌落总数差异显著,$p < 0.05$;同一培养时间不同大写字母表示不同组的菌落总数差异显著,$p < 0.05$。

### (二)四组发酵香肠的理化指标测定

#### 1. 四组发酵香肠发酵过程中 pH 值的变化

发酵香肠中的发酵剂菌株大多为乳酸菌,在发酵过程中,部分微生物菌株也会通过对碳水化合物的降解,生成酸类化合物,大幅度降低发酵香肠的 pH 值,进而改善产品品质。

由图6-22可知,在发酵初期阶段四组发酵香肠的 pH 值相近,随着发酵时间的增加,pH 值均明显降低,但添加菌种的发酵香肠的 pH 值均显著低于未添加菌种的发酵香肠,说明添加发酵剂菌株能够加速发酵香肠中碳水化合物的分解,提高发酵产酸速率,可以抑制发酵香肠中腐败菌的生长繁殖,达到提高产品安全性,加快香肠发酵成熟的速度的作用。在整个发酵过程中,pH 值的大小排序大致为添加鲁氏酵母菌的发酵香肠 pH 值 > 添加鲁氏酵母菌和植物乳杆菌的发酵香肠的 pH 值 > 传统添加植物乳杆菌的发酵香肠的 pH 值,可能是因为低酸度的环境会抑制氨基酸脱羧酶的产生,因此传统会选择添加植物乳酸菌系列的乳酸菌而降低香肠中的 pH 值,而添加两种菌种的发酵香肠中的植物乳酸菌同样发挥了乳酸菌的作用。在发酵 3 ~ 15 d 时,四组发酵香肠的 pH 值均有缓慢增加,可能是因为香肠中的微生物和酶分解产生的含氮物质,使 pH 值有所上升。试验表明,添加鲁氏酵母菌不影响发酵剂,有助于发酵香肠的 pH 值变化,起到促进发酵香肠的发酵成熟的作用。

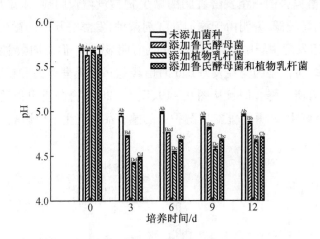

**图 6 - 22    四组发酵香肠发酵过程中的 pH 值变化**

注:同一组不同小写字母表示不同培养时间的 pH 值差异显著,$p < 0.05$;同一培养时间不同大写字母表示不同组的 pH 值差异显著,$p < 0.05$。

### 2. 四组发酵香肠发酵过程中的水分含量的变化

发酵香肠在发酵过程中的水分含量,可以直观迅速地说明发酵香肠的产品品质。

由图 6 - 23 可知,随着发酵时间的增加,四组发酵香肠的水分含量逐渐降低。在 0 ~ 6 d 时,四组发酵香肠的水分含量均明显降低,且在发酵 3 d 时,未添加菌种的发酵香肠的水分含量较其他组较低,可能是由于添加发酵菌种的发酵香肠在发酵初期菌种的活性较高,可以在该阶段控制水分的流失,以确保发酵剂菌株能够在发酵香肠中发挥作用。在发酵 6 d 至 12 d 时,四组发酵香肠的水分含量均缓慢下降,且添加鲁氏酵母菌和植物乳杆菌的发酵香肠水分含量最低,说明添加发酵菌种的发酵香肠中的菌种在 6 d 后生长速度缓慢或止步,进而促使水分降低从而加速发酵进程。试验说明,添加鲁氏酵母菌并不影响发酵剂在发酵香肠中降低水分含量、缩短发酵时间的作用。

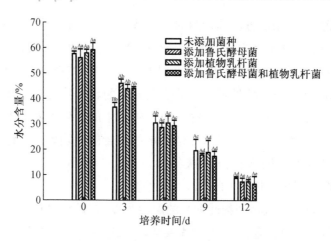

图 6-23 四组发酵香肠发酵过程中的水分含量变化

注:同一组不同小写字母表示不同培养时间的水分含量差异显著,$p < 0.05$;同一培养时间不同大写字母表示不同组的水分含量差异显著,$p < 0.05$。

### 3. 四组发酵香肠发酵过程中的核磁共振氢谱变化

利用低场核磁共振 CPMG 序列测量样品的 $T_2$ 谱,得到如图 6-24 所示的发酵香肠在发酵 0 d 时未添加菌种的发酵香肠,和发酵 12 d 时四组发酵香肠中水分的弛豫信号曲线,根据不同水分反映的信号强度,反映出蛋白质内部的结构变化对水分分布的影响。反演得出相应的水分相对面积占比即 $T_{21}$、$T_{22}$、$T_{23}$,其中,$T_{21}$ 代表弛豫时间在 $1 \sim 10$ ms 的结合水,$T_{22}$ 代表弛豫时间在 $10 \sim 100$ ms 的不易流动水,$T_{23}$ 则代表弛豫时间在 $100 \sim 1\ 000$ ms 的自由水。

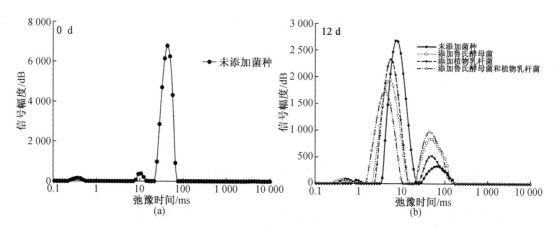

图 6-24 四组发酵香肠在发酵结束弛豫时间的变化

试验结果显示,在发酵第 0 d 时,发酵香肠的水分分布主要以不易流动水 $T_{22}$ 为主。在发酵的第 12 d 时,发酵香肠中的蛋白质结构发生变化,不易流动水 $T_{22}$ 向细胞内迁移,使得 $T_{22}$ 弛豫时间变小,四组发酵香肠的 $T_{22}$ 均向左迁移,其中添加鲁氏酵母菌和植物乳杆菌的发酵香肠的 $T_{22}$ 向左迁移的程度更加明显,幅度变化情况由低到高依次为添加鲁氏酵母菌和植物乳杆菌的发酵香肠、添加鲁氏酵母菌的发酵香肠、添加植物乳杆菌的发酵香肠和未添加菌种的发酵香肠。可能是因为,在发酵环境下,鲁氏酵母菌和植物乳杆菌都能够产生大量的微生物酶,使蛋白质发生变性,从而破坏肌原纤维蛋白,水分大量流失。而由图6-23中的幅度变化情况,说明鲁氏酵母菌产生的蛋白分解酶较植物乳杆菌多,而在添加鲁氏酵母菌和植物乳杆菌的发酵香肠中,两菌株共同作用产生的微生物酶最多,因此蛋白质破坏最严重,使肌原纤维细胞与不易流动水和结合水的结合能力均较差。综上所述,添加鲁氏酵母菌对缩短发酵香肠的发酵时间有积极作用。

4. 四组发酵香肠发酵过程中的TVB-N的变化

研究表明,TVB-N表示动物性食品的腐败程度,在贮藏过程中,一些细菌会通过分解蛋白质产生碱性的含氮化合物,引起肉类腐败。因此,可以通过TVB-N检测产品的腐败程度,TVB-N越大,腐败越严重。

由图6-25可知,在整个发酵过程中,未添加菌种的发酵香肠中的TVB-N值均高于添加发酵剂菌种的发酵香肠,说明添加发酵剂菌株能够对发酵香肠中的腐败菌产生抑制,从而提高发酵香肠的保藏性。在发酵过程中,添加植物乳杆菌的发酵香肠的TVB-N高于添加鲁氏酵母菌和植物乳杆菌的发酵香肠,高于添加鲁氏酵母菌的发酵香肠,但三者差异不显著,说明添加菌种对发酵香肠的腐败程度有明显的抑制作用,对提高发酵香肠的品质有积极影响。试验说明,添加鲁氏酵母菌可适当降低发酵香肠的腐败程度,对发酵有利。

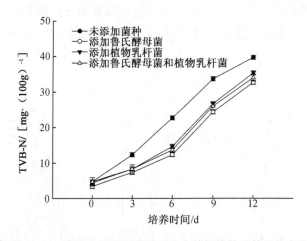

图6-25　四组发酵香肠发酵过程中的挥发性盐基总氮变化

5. 四组发酵香肠发酵过程中的过氧化值(peroxide value,POV)的变化

肉制品中呈现出的典型的香味是由于脂肪适度氧化引起的,因为脂肪适度氧化可以产生一些相应的醛、醇、酮和酯等,从而增加肉制品的香气,但过度的脂肪氧化会引起产品酸败,对产品的品质造成影响,还有可能危害健康。

试验通过在发酵过程中测定发酵香肠的POV,分析在发酵香肠中添加鲁氏酵母菌对香肠脂肪氧化的影响。如图6-26所示,在第0 d时,四组发酵香肠的POV均在0.115 mmol/kg左右,在0~3 d增长加快并在第3 d时达到最高值,说明在发酵香肠发酵的第3 d,产品中的脂质氧化程度最高,这可能是因为发酵香肠中残存的氧与脂肪发生氧化反应引起的。在发酵时间大于 3 d 时,随着时间的增加,其 POV 逐渐减小,这说明过氧化物的形成速率比其分解速率慢。从图 6-26 还可以看出,添加菌种发酵剂的发酵香肠,其 POV 显著低于未添加菌种的发酵香肠,且随着发酵时间的延长,POV 越来越小,这说明添加发酵剂菌种可以有效地抑制发酵香肠中过氧化物的生成。试验说明,鲁氏酵母菌同植物乳杆菌均可有效抑制发酵香肠氧化,防止酸败。

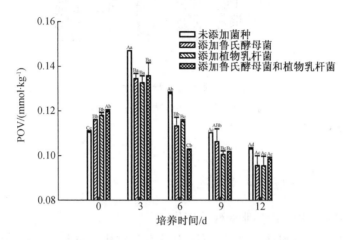

**图 6-26 四组发酵香肠发酵过程中的 POV 的变化**

注:同一组不同小写字母表示不同培养时间的 POV 差异显著,$p < 0.05$;同一培养时间不同大写字母表示不同组的 POV 差异显著 $p < 0.05$。

### 6. 四组发酵香肠发酵过程中的 TBARS 的变化

肉制食品中,通常以 TBARS 值来表示肉制品中脂质氧化程度。通常香肠发生变质的原因可能是腐败微生物的滋生,但是脂质氧化同样也是引起香肠变质的重要因素。因为在香肠的贮藏过程中发生脂质氧化,会产生一些刺激性气味的有机化合物和过氧化物产物,迫使产品品质下降,甚至危害健康。因此,产品的 TBARS 值越低,说明其脂质氧化程度越低,食用品质越好。

试验通过对四组发酵香肠 TBARS 值的测定,得到发酵香肠脂质氧化程度以及不同发酵剂对其影响,结果如图 6-27 所示。图中可以看出,在发酵第 0 d 时,四组发酵香肠的 TBARS 值没有显著差异,在第 0 d 到 12 d 的发酵过程中,四组发酵香肠的 TBARS 值均呈先下降后上升的趋势,添加发酵剂的发酵香肠 TBARS 值均显著低于未添加菌种的发酵香肠,且添加鲁氏酵母菌的发酵香肠的 TBARS 值 > 添加植物乳杆菌的发酵香肠的 TBARS 值 > 添加鲁氏酵母菌和植物乳杆菌的发酵香肠的 TBARS 值。试验说明,添加发酵剂可以有效降低香肠中脂质氧化,改善香肠的品质以及贮藏性,提高食用安全性,同时鲁氏酵母菌的添加可以进一步控制发酵香肠的脂质氧化,对发酵有积极的影响。

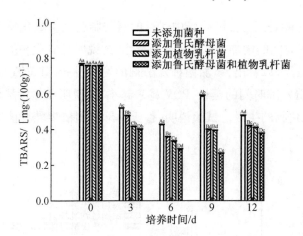

**图 6 - 27　四组发酵香肠发酵过程中的 TBARS 的变化**

注:同一组不同小写字母表示不同培养时间的 TBARS 值差异显著,$p < 0.05$;同一培养时间不同大写字母表示不同组的 TBA 差异显著,$p < 0.05$。

### (三)四组发酵香肠的风味特性测定

**1. 四组发酵香肠中的游离脂肪酸的变化**

游离脂肪酸是许多风味物质的前体,发酵香肠在成熟过程中,一定程度甘油三酯的水解和一定量游离脂肪酸的释放,对发酵香肠独特良好风味的形成具有十分重要的作用。

在发酵香肠中脂肪可以分解成游离脂肪酸,影响发酵香肠的风味,脂肪酸也能够在水解后发生酶和非酶化反应,生成醇醛等挥发性化合物,产生特殊的风味物质,因此游离脂肪酸是许多风味物质的前体。试验通过对四组不同添加剂的发酵香肠中的 37 种游离脂肪酸的含量进行测定,分析四组发酵香肠中游离脂肪酸的变化,试验结果如表 6 - 12 和表 6 - 13 所示。

**表 6 - 12　四种发酵香肠的 37 种游离脂肪酸的最终单脂肪酸含量**

| 序号 | 脂肪酸名称 | 最终单脂肪酸含量/$[g \cdot (100\ g)^{-1}]$ | | | |
|---|---|---|---|---|---|
| | | 未添加菌种 | 添加鲁氏酵母菌 | 添加植物乳杆菌 | 添加鲁氏酵母菌和植物乳杆菌 |
| 1 | C4:0 丁酸 | | | | |
| 2 | C6:0 己酸 | | | | |
| 3 | C8:0 辛酸 | | | | |
| 4 | C10:0 癸酸 | $0.075 \pm 0.001\ 0^a$ | $0.076 \pm 0.001\ 0^a$ | $0.074 \pm 0.001\ 0^a$ | $0.074 \pm 0.000\ 1^a$ |
| 5 | C11:0 十一碳酸 | | $0.007 \pm 0.002\ 3^a$ | $0.006 \pm 0.001\ 1^a$ | $0.006 \pm 0.000\ 3^a$ |
| 6 | C12:0 十二碳酸 | $0.070 \pm 0.000\ 1^b$ | $0.070 \pm 0.001\ 1^b$ | $0.071 \pm 0.003\ 1^a$ | $0.071 \pm 0.000\ 2^a$ |
| 7 | C13:0 十三碳酸 | $0.009 \pm 0.000\ 1^d$ | $0.014 \pm 0.002\ 0^b$ | $0.013 \pm 0.002\ 1^c$ | $0.016 \pm 0.000\ 1^a$ |
| 8 | C14:0 十四碳酸 | $1.058 \pm 0.002\ 0^c$ | $1.067 \pm 0.001\ 2^b$ | $1.085 \pm 0.000\ 2^a$ | $1.049 \pm 0.000\ 4^d$ |
| 9 | C16:0 十六碳酸 | $21.835 \pm 0.000\ 9^c$ | $21.894 \pm 0.001\ 2^b$ | $21.896 \pm 0.000\ 2^a$ | $21.520 \pm 0.000\ 2^d$ |

表 6 – 12（续）

| 序号 | 脂肪酸名称 | 最终单脂肪酸含量/[g·(100 g)$^{-1}$] | | | |
|---|---|---|---|---|---|
| | | 未添加菌种 | 添加鲁氏酵母菌 | 添加植物乳杆菌 | 添加鲁氏酵母菌和植物乳杆菌 |
| 10 | C15:0 十五碳酸 | 0.036 ± 0.000 1[a] | 0.033 ± 0.001 0[b] | 0.033 ± 0.001 0[b] | 0.030 ± 0.000 1[c] |
| 11 | C17:0 十七碳酸 | 0.106 ± 0.001 0[a] | 0.088 ± 0.000 1[c] | 0.091 ± 0.001 0[b] | 0.062 ± 0.000 1[d] |
| 12 | C18:0 十八碳酸 | 11.694 ± 0.115 4[a] | 11.469 ± 0.000 1[b] | 11.312 ± 0.001 0[c] | 11.080 ± 0.000 2[d] |
| 13 | C20:0 二十碳酸 | | | | |
| 14 | C21:0 二十一碳酸 | | | | |
| 15 | C22:0 二十二碳酸 | 0.168 ± 0.000 4[a] | 0.149 ± 0.000 1[b] | 0.136 ± 0.000 4[d] | 0.140 ± 0.001 0[c] |
| 16 | C23:0 二十三碳酸 | | | | |
| 17 | C24:0 二十四碳酸 | | | | |
| 18 | C14:1 顺 – 9 – 十四碳一烯酸 | | 0.011 ± 0.000 9[a] | 0.011 ± 0.000 8[a] | 0.010 ± 0.000 1[a] |
| 19 | C15:1 顺 – 10 – 十五碳一烯酸 | | | | |
| 20 | C16:1 顺 – 9 – 十六碳一烯酸 | 1.905 ± 0.000 3[c] | 2.062 ± 0.000 5[a] | 1.998 ± 0.000 4[b] | 1.998 ± 0.000 3[b] |
| 21 | C17:1 顺 – 10 – 十七碳一烯酸 | 0.105 ± 0.000 1[d] | 0.131 ± 0.000 2[a] | 0.119 ± 0.000 3[b] | 0.112 ± 0.000 2[c] |
| 22 | C18:1n9c 反 – 9 – 十八碳一烯酸 | | | | |
| 23 | C18:1n9c 顺 – 9 – 十八碳一烯酸 | 40.522 ± 0.002 0[d] | 41.493 ± 0.001 0[b] | 41.225 ± 0.001 0[c] | 41.564 ± 0.001 0[a] |
| 24 | C20:1 顺 – 11 – 二十碳一烯酸 | 0.840 ± 0.000 6[d] | 0.957 ± 0.001 0[b] | 0.995 ± 0.002 0[a] | 0.943 ± 0.000 2[c] |
| 25 | C22:1n9 顺 – 13 – 二十二碳一烯酸 | 0.682 ± 0.000 1[a] | 0.569 ± 0.000 2[b] | 0.409 ± 0.001 0[d] | 0.456 ± 0.001 0[c] |

表 6 - 12(续)

| 序号 | 脂肪酸名称 | 最终单脂肪酸含量/[g·(100 g)⁻¹] | | | |
|---|---|---|---|---|---|
| | | 未添加菌种 | 添加鲁氏酵母菌 | 添加植物乳杆菌 | 添加鲁氏酵母菌和植物乳杆菌 |
| 26 | C24:1 顺 - 15 - 二十四碳一烯酸 | 0.166 ± 0.001 1ᵃ | 0.152 ± 0.000 7ᵇ | 0.136 ± 0.002 2ᵈ | 0.140 ± 0.000 4ᶜ |
| 27 | C18:2n6t 反,反 - 9, 12 - 十八碳二烯酸 | | | | |
| 28 | C18:2n6c 顺,顺 - 9, 12 - 十八碳二烯酸 | 18.420 ± 0.001 1ᵃ | 17.503 ± 0.001 1ᵈ | 18.072 ± 0.002 2ᵇ | 18.383 ± 0.002 2ᶜ |
| 29 | C18:3n6 顺,顺,顺 - 9,12, 15 - 十八碳三烯酸 | 0.279 ± 0.000 2ᵃ | 0.271 ± 0.000 2ᵈ | 0.265 ± 0.000 1ᶜ | 0.266 ± 0.001 3ᵇ |
| 30 | C18:3n3 顺,顺,顺 - 9,12, 15 - 十八碳三烯酸 | 0.979 ± 0.000 3ᵃ | 0.944 ± 0.000 4ᵇ | 0.993 ± 0.000 4ᶜ | 1.017 ± 0.000 4ᶜ |
| 31 | C20:2 顺,顺 - 11, 14 - 二十碳二烯酸 | 0.835 ± 0.001 3ᶜ | 0.818 ± 0.000 4ᵈ | 0.847 ± 0.000 6ᵇ | 0.851 ± 0.000 5ᵃ |
| 32 | C20:3n6 顺,顺,顺 - 8, 11,14 - 二十碳三烯酸 | | | | |
| 33 | C20:3n3 顺 - 11, 14,17 - 二十碳三烯酸 | 0.142 ± 0.000 5ᶜ | 0.144 ± 0.001 1ᵇ | 0.139 ± 0.000 5ᵈ | 0.158 ± 0.000 4ᵃ |
| 35 | C20:4n6 顺 - 5,8,11, 14 - 二十碳四烯酸 | | | | |
| 36 | C20:5n3 顺 - 5,8,11, 14,17 - 二十碳五烯酸 | | | | |
| 37 | C22:6n3 顺 - 4,7, 10,13,16, 19 - 二十二碳六烯酸 | 0.063 ± 0.000 5ᵃ | 0.056 ± 0.000 5ᵇ | 0.063 ± 0.000 4ᵃ | 0.047 ± 0.000 9ᶜ |

注:空白表示测试结果未检出。

在表 6 - 12 中,若从游离脂肪酸的组成来看,四组发酵香肠的游离脂肪酸的组成相似,含量差异不明显($p > 0.05$),含量最高的游离脂肪酸有 C16:0、C18:0、C18:1 和 C18:2,C16:1 和 C14:1,游离脂肪酸含量达到 1 mg/g,其他脂肪酸的含量均低于 1 mg/g。

从表 6 - 13 可以看出,未添加菌种的发酵香肠饱和脂肪酸的含量较高;添加鲁氏酵母菌的发酵香肠中,SFA 数量减少,而 MUFA 和 PUFA 的数量有所增加;添加植物乳杆菌的发酵香肠具有同样的趋势,并且 PUFA 的数量高于只添加鲁氏酵母菌的样品,说明植物乳杆菌在发酵香肠生产过程中更有利于 PUFA 的生成;添加复配菌的发酵香肠,相对于其他三组样品,SFA 降到最低,而 MUFA 和 PUFA 都有所升高,并且游离脂肪酸的总数达到最高,说明添加复配菌种更有利于脂肪水解产生不同种类游离脂肪酸,还可促进 SFA 降解、加速 MUFA 和 PUFA 的释放,可以促进发酵肉制品的风味形成,并且部分多不饱和脂肪酸具有较强的生理功能,值的进一步深入研究。

表 6 - 13　四组发酵香肠不同游离脂肪酸含量变化

| 不饱和脂肪酸种类 | 未添加菌种 | 添加鲁氏酵母菌 | 添加植物乳杆菌 | 添加鲁氏酵母菌和植物乳杆菌 |
|---|---|---|---|---|
| 饱和脂肪酸(SFA) | 35.055% | 34.871% | 34.722% | 34.053% |
| 单一不饱和脂肪酸(MUFA) | 44.123% | 45.377% | 44.895% | 45.227% |
| 多不饱和脂肪酸(PUFA) | 18.502% | 19.739% | 20.382% | 20.725% |
| 总量 | 97.770% | 99.987% | 99.999% | 100.005% |

2. 四组发酵香肠中的游离氨基酸的变化

在发酵成熟过程中,发酵香肠中会发生蛋白质降解,进而生成肽、游离氨基酸等化合物,这些化合物通过酶或非酶化反应进一步发生脱羧反应、脱氨反应或美拉德反应产生一系列小分子挥发性化合物,而上述反应对发酵香肠的风味和气味的形成有至关重要的影响。

发酵香肠在发酵成熟过程中的时间和温度的变化,都会对其中的游离氨基酸产生影响,添加不同发酵剂的发酵香肠之间的游离氨基酸含量也有不同。如图 6 - 28 所示为四组不同发酵剂的发酵香肠的各游离氨基酸的变化趋势。

由图 6 - 28 可以看出,在四组发酵香肠的氨基酸含量中,蛋氨酸(Met)、甘氨酸(Gly)和丝氨酸(Ser)的含量均较低,在添加发酵剂菌种的发酵香肠中呈甜味的丙氨酸(Ala)、苏氨酸(Thr)、脯氨酸(Pro)和呈鲜味的天冬氨酸(Asp)、谷氨酸(Glu)、组氨酸(His)含量显著增加,以上呈味氨基酸含量的变化与发酵香肠的风味状况密切相关。

对比四组不同发酵香肠中游离氨基酸的含量可以看出,添加鲁氏酵母菌和添加复配菌的试验组中,谷氨酸、精氨酸、苏氨酸、丙氨酸、半胱氨酸、异亮氨酸、苯丙氨酸、组氨酸、赖氨酸的含量均高于对照组和添加植物乳杆菌组的样品,说明鲁氏酵母菌具有较强分解蛋白质能力,这与其在酱油生产中能够增鲜的作用相似,但二者由于底物蛋白结构不同,酶解机制是否一致有待于进一步研究。

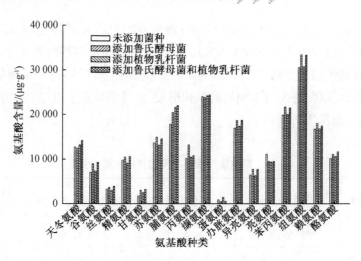

**图6-28 四组发酵香肠中17种氨基酸分布图**

3.四组发酵香肠中的挥发性成分的变化

利用顶空固相萃取 GC-MS 法检测四组发酵香肠的挥发性香气成分,结果如表6-14和表6-15 所示。

表6-14 四组发酵香肠中挥发性香气成分含量分析表

| 序号 | 化合物名称 | 峰面积/% | | | |
|---|---|---|---|---|---|
| | | 未添加菌种 | 添加鲁氏酵母菌 | 添加植物乳杆菌 | 添加鲁氏酵母菌和植物乳杆菌 |
| 1 | 乙酸 | $0.582 \pm 0.001^{d}$ | $1.832 \pm 0.001^{a}$ | $1.267 \pm 0.002^{c}$ | $1.390 \pm 0.003^{b}$ |
| 2 | 丙酸 | $0.045 \pm 0.002^{c}$ | $0.061 \pm 0.001^{c}$ | $0.252 \pm 0.001^{a}$ | $0.216 \pm 0.001^{b}$ |
| 3 | 异丁酸 | $0.122 \pm 0.001^{b}$ | $0.170 \pm 0.003^{a}$ | $0.118 \pm 0.002^{b}$ | |
| 4 | 丁酸 | $0.567 \pm 0.002^{b}$ | $0.691 \pm 0.002^{a}$ | $0.445 \pm 0.002^{d}$ | $0.497 \pm 0.001^{e}$ |
| 5 | 癸酸 | $0.124 \pm 0.001^{bc}$ | $0.133 \pm 0.001^{b}$ | $1.124 \pm 0.003^{a}$ | $0.074 \pm 0.003^{c}$ |
| 6 | 异戊酸 | $0.548 \pm 0.002^{b}$ | $0.496 \pm 0.002^{c}$ | $0.474 \pm 0.001^{c}$ | $1.313 \pm 0.001^{a}$ |
| 7 | 戊酸 | $0.084 \pm 0.001^{a}$ | | $0.059 \pm 0.001^{b}$ | |
| 8 | 己酸 | $0.924 \pm 0.002^{d}$ | $1.436 \pm 0.002^{b}$ | $1.580 \pm 0.004^{a}$ | $1.253 \pm 0.004^{c}$ |
| 9 | 正戊酸 | | | | $0.071 \pm 0.003$ |
| 10 | 正己酸 | | | $1.689 \pm 0.002^{a}$ | $2.523 \pm 0.001^{b}$ |
| 11 | 乙醇 | $15.872 \pm 0.002^{d}$ | $30.926 \pm 0.002^{a}$ | $29.580 \pm 0.002^{c}$ | $30.248 \pm 0.001^{b}$ |
| 12 | 异丁醇 | $0.175 \pm 0.003^{b}$ | $0.178 \pm 0.001^{b}$ | $0.070 \pm 0.002^{a}$ | $0.310 \pm 0.001^{c}$ |
| 13 | 2-戊醇 | | $0.118 \pm 0.001^{a}$ | | $0.213 \pm 0.002^{b}$ |
| 14 | 正丁醇 | $0.113 \pm 0.002^{ab}$ | $0.121 \pm 0.001^{ab}$ | $0.091 \pm 0.001^{b}$ | $0.132 \pm 0.001^{a}$ |
| 15 | 异戊醇 | $0.167 \pm 0.002^{d}$ | $1.583 \pm 0.001^{b}$ | $1.134 \pm 0.001^{c}$ | $1.659 \pm 0.003^{a}$ |
| 16 | 2-甲基庚醇 | | | $0.37 \pm 0.002$ | |

表 6-14（续）

| 序号 | 化合物名称 | 峰面积/% | | | |
|---|---|---|---|---|---|
| | | 未添加菌种 | 添加鲁氏酵母菌 | 添加植物乳杆菌 | 添加鲁氏酵母菌和植物乳杆菌 |
| 17 | 正戊醇 | $0.467 \pm 0.003^a$ | | | $1.390 \pm 0.001^b$ |
| 18 | 正己醇 | $0.730 \pm 0.001^a$ | $1.830 \pm 0.002^c$ | $0.391 \pm 0.002^b$ | $2.475 \pm 0.003^d$ |
| 19 | 1-辛烯-3-醇 | $0.462 \pm 0.002^b$ | $0.256 \pm 0.002^a$ | $0.316 \pm 0.001^b$ | $0.392 \pm 0.002^b$ |
| 20 | 2-乙基己醇 | $0.071 \pm 0.001$ | | | |
| 21 | 2,3-丁二醇 | | | $0.152 \pm 0.002^a$ | $0.131 \pm 0.001^a$ |
| 22 | 4-萜烯醇 | $0.155 \pm 0.001^b$ | $0.180 \pm 0.001^c$ | $0.136 \pm 0.002^b$ | $0.119 \pm 0.002^a$ |
| 23 | 苯乙醇 | | | $0.079 \pm 0.002^a$ | $0.091 \pm 0.003^a$ |
| 25 | 4-甲基-2-己酮 | $0.568 \pm 0.001$ | | | |
| 26 | 2-戊酮 | | | $0.72 \pm 0.003^a$ | $0.845 \pm 0.001^b$ |
| 27 | 2-庚酮 | $0.136 \pm 0.002^a$ | $0.214 \pm 0.001^b$ | | $0.319 \pm 0.002^c$ |
| 28 | 4-壬酮 | | | $0.438 \pm 0.001^b$ | $0.300 \pm 0.003^a$ |
| 29 | 3-羟基-2-丁酮 | $1.588 \pm 0.003^b$ | $2.062 \pm 0.003^c$ | $1.121 \pm 0.001^a$ | $2.762 \pm 0.003^d$ |
| 30 | 4-甲基-2-己酮 | | $1.560 \pm 0.001^b$ | $0.817 \pm 0.001^a$ | $2.185 \pm 0.001^c$ |
| 31 | N-甲基吡咯烷酮 | | | $0.080 \pm 0.002$ | |
| 32 | 乙醛 | $1.023 \pm 0.001^a$ | $2.595 \pm 0.002^c$ | $1.185 \pm 0.003^b$ | $2.771 \pm 0.001^d$ |
| 33 | 丁醛 | $0.671 \pm 0.001^b$ | | | $0.705 \pm 0.001^a$ |
| 34 | 3-甲基丁醛 | | $0.474 \pm 0.002^c$ | $0.409 \pm 0.012^b$ | $0.367 \pm 0.002^a$ |
| 35 | 2-甲基丁醛 | $0.191 \pm 0.002^b$ | | | $0.154 \pm 0.001^a$ |
| 36 | 戊醛 | $0.397 \pm 0.002^a$ | | $0.647 \pm 0.001^b$ | $0.740 \pm 0.003^c$ |
| 37 | 己醛 | $0.389 \pm 0.003^a$ | $0.968 \pm 0.001^c$ | $0.503 \pm 0.013^b$ | $1.872 \pm 0.002^d$ |
| 38 | 壬醛 | | $0.240 \pm 0.001^b$ | $0.136 \pm 0.002^a$ | $0.231 \pm 0.002^b$ |
| 39 | 正己醛 | | $1.082 \pm 0.001^b$ | $0.021 \pm 0.002^a$ | $1.821 \pm 0.001^c$ |
| 40 | 甲苯 | $0.363 \pm 0.003^b$ | $0.479 \pm 0.002^c$ | $0.222 \pm 0.001^a$ | $0.241 \pm 0.001^a$ |
| 41 | 乙苯 | | $0.134 \pm 0.003^b$ | $0.056 \pm 0.001^a$ | $0.162 \pm 0.002^c$ |
| 42 | 邻二甲苯 | $0.070 \pm 0.002^a$ | $0.160 \pm 0.003^b$ | | $0.213 \pm 0.002^c$ |
| 43 | 间二甲苯 | | $0.368 \pm 0.001^c$ | $0.132 \pm 0.003^b$ | $0.045 \pm 0.003^a$ |
| 44 | 对二甲苯 | $0.291 \pm 0.001^c$ | $0.126 \pm 0.001^a$ | $0.208 \pm 0.002^b$ | $0.442 \pm 0.001^d$ |
| 45 | 氯苯 | $0.173 \pm 0.002^a$ | $0.202 \pm 0.001^b$ | $0.461 \pm 0.001^c$ | $0.530 \pm 0.001^d$ |
| 46 | 1-乙基-4-甲基苯 | | $0.134 \pm 0.002^a$ | | $0.121 \pm 0.001^a$ |
| 47 | 乙酸乙酯 | $1.285 \pm 0.001^a$ | $5.191 \pm 0.001^c$ | $2.892 \pm 0.012^b$ | $5.932 \pm 0.002^d$ |
| 48 | 丙酸乙酯 | $0.270 \pm 0.003^a$ | $1.756 \pm 0.002^d$ | $0.765 \pm 0.010^b$ | $1.473 \pm 0.002^c$ |
| 49 | 异丁酸乙酯 | $0.772 \pm 0.002^a$ | $1.490 \pm 0.002^c$ | $1.269 \pm 0.003^b$ | $1.745 \pm 0.012^d$ |

表 6 – 14（续）

| 序号 | 化合物名称 | 峰面积% | | | |
|---|---|---|---|---|---|
| | | 未添加菌种 | 添加鲁氏酵母菌 | 添加植物乳杆菌 | 添加鲁氏酵母菌和植物乳杆菌 |
| 50 | 丁酸乙酯 | 3.307 ± 0.002ᵃ | 5.987 ± 0.003ᶜ | 5.171 ± 0.003ᵇ | 6.824 ± 0.001ᵈ |
| 51 | 2 – 甲基丁酸乙酯 | | 0.911 ± 0.001ᵃ | 1.173 ± 0.002ᵇ | 1.913 ± 0.002ᶜ |
| 52 | 3 – 甲基丁酸乙酯 | | | 1.501 ± 0.001ᵃ | 1.316 ± 0.002ᵇ |
| 53 | 庚酸乙酯 | | 0.544 ± 0.002ᵇ | 0.111 ± 0.001ᵃ | 0.744 ± 0.013ᶜ |
| 54 | 异戊酸乙酯 | 1.361 ± 0.001ᵃ | 2.092 ± 0.001ᶜ | | 1.768 ± 0.002ᵇ |
| 55 | 己酸乙酯 | | | 5.420 ± 0.002ᵃ | 12.101 ± 0.002ᵇ |
| 56 | 己酸甲酯 | | | 1.360 ± 0.002ᵇ | 0.987 ± 0.003ᵃ |
| 57 | 正己酸乙酯 | 22.895 ± 0.002ᵃ | 26.937 ± 0.001ᵇ | 29.063 ± 0.001ᶜ | 29.781 ± 0.003ᶜ |
| 58 | 乳酸乙酯 | 1.141 ± 0.001ᵃ | 2.879 ± 0.002ᵇ | | 3.400 ± 0.001ᶜ |
| 59 | 辛酸乙酯 | | | 0.219 ± 0.002ᵃ | 0.191 ± 0.001ᵇ |
| 60 | γ – 丁内酯 | | 0.213 ± 0.001ᵇ | 0.054 ± 0.001ᵃ | 0.189 ± 0.002ᶜ |
| 61 | 癸酸乙酯 | 0.121 ± 0.002ᵃ | 0.132 ± 0.002ᵃ | 0.124 ± 0.002ᵃ | 0.173 ± 0.002ᵇ |
| 62 | 柠檬烯 | | 0.050 ± 0.001ᵃ | 0.098 ± 0.002ᵇ | 0.040 ± 0.002ᵇ |
| 63 | 六甲基二硅氧烷 | | 0.744 ± 0.002ᵃ | 3.362 ± 0.001ᵇ | 0.671 ± 0.001ᵃ |
| 64 | 正己烷 | 1.461 ± 0.002ᵃ | 2.755 ± 0.001ᵇ | | 1.415 ± 0.003ᵃ |
| 65 | 六甲基环三硅氧烷 | | | | 0.333 ± 0.001 |
| 66 | 八甲基环四硅氧烷 | 1.040 ± 0.001ᶜ | 0.725 ± 0.001ᵇ | 0.665 ± 0.001ᵃ | 1.507 ± 0.002ᵈ |
| 67 | 甲基三(三甲基硅氧烷基)硅烷 | | | 0.024 ± 0.001ᵃ | 0.123 ± 0.002ᵇ |
| 68 | 十甲基环五硅氧烷 | 0.736 ± 0.001ᶜ | 0.497 ± 0.002ᵃ | 0.501 ± 0.002ᵇ | 1.349 ± 0.001ᵈ |
| 69 | 氯仿 | 0.121 ± 0.001ᵇ | 0.129 ± 0.002ᵇ | 0.070 ± 0.003ᵃ | 0.071 ± 0.001ᵃ |

注:空白表示测试结果未检出。

由表 6 – 14、表 6 – 15 可以得出,添加不同发酵剂的香肠和未添加发酵剂的对照组相比,在挥发性成分的种类和含量上有一定的差异。单独添加鲁氏酵母菌的样品检测出醇类、酮类和酯类物质总数比对照组增加了 16.99%、1.56%、16.96%;单独添加植物乳杆菌的样品检测出酸类、醇类、酮类和酯类物质总数比对照组增加了 4.00%、14.11%、0.89%、17.92%;添加鲁氏酵母菌和植物乳杆菌的发酵香肠的各化合物含量不仅高于对照组,还高于添加单一菌种的发酵香肠,说明复配菌种更有利于发酵香肠风味的提高。

表6-15 四种不同发酵香肠挥发性风味物质的比较

| 化合物种类 | 未添加菌种 | | 添加鲁氏酵母菌 | | 添加植物乳杆菌 | | 添加鲁氏酵母菌和植物乳杆菌 | |
|---|---|---|---|---|---|---|---|---|
| | 种类 | 面积 | 种类 | 面积 | 种类 | 面积 | 种类 | 面积 |
| 酸类 | 8 | 2.96% | 7 | 4.80% | 9 | 6.96% | 8 | 7.31% |
| 醇类 | 9 | 18.18% | 8 | 35.17% | 10 | 32.29% | 11 | 37.12% |
| 酮类 | 3 | 2.27% | 3 | 3.83% | 5 | 3.16% | 5 | 6.39% |
| 醛类 | 5 | 2.65% | 5 | 5.34% | 6 | 2.87% | 8 | 8.64% |
| 芳香族化合物 | 4 | 0.86% | 7 | 1.57% | 5 | 1.06% | 7 | 1.72% |
| 酯类 | 8 | 31.13% | 11 | 48.09% | 13 | 49.05% | 15 | 58.48% |
| 其他类 | 4 | 3.35% | 6 | 4.87% | 6 | 4.70% | 8 | 5.49% |

酸类物质是发酵香肠中具有代表性和重要作用的风味物质,它对酯类物质的形成起到了不可替代的作用。同时,酸类物质可以提高产品的风味复杂性,促进发酵香肠形成其独有的感官风味特点。在四种发酵香肠中,添加植物乳杆菌和复配菌的样品中酸类物质的含量高于其他两组,说明植物乳杆菌具有很好的产酸能力,赋予发酵香肠特殊的风味。

发酵香肠中醇类的来源范围广泛,其中绝大多数来源于微生物碳水化合物的代谢,另外一些醇来自脂肪氧化,在添加鲁氏酵母菌和复配菌的发酵香肠中检测出2-戊醇、异戊醇、正己醇的含量高于对照组,说明鲁氏酵母菌的加入有利于发酵香肠中醇的产生。

发酵香肠中挥发性风味物质酯类物质的产生是由于酸和醇之间的酯化作用所形成的。酯类物质嗅觉阈值较低,所以可能对发酵香肠风味的形成有很重要的作用。在添加鲁氏酵母菌的两种样品中,检测出乙酸乙酯、丙酸乙酯、2-甲基丁酸乙酯、庚酸乙酯、乳酸乙酯、γ-丁内酯等的含量较高,说明鲁氏酵母菌在发酵过程中有利于酯类的产生,但具体产生机制还不清楚,有待于进一步研究。

醛类物质不但直接影响香肠的风味,而且还是包括杂环化合物在内的其他芳香化合物质的前提物质。四组发酵香肠样品中鉴定出的差异较大的醛类物质主要有壬醛、己醛、正己醛。其中,壬醛具有烤香味,嗅觉阈值很低,因此,可能对香肠的风味形成有重要作用。

发酵香肠中检测的酮类物质一般来自酯类氧化与进一步反应,四组发酵香肠中检测出的酮类物质种类较少。但在添加鲁氏酵母菌和复配菌的发酵香肠中发现4-甲基-2-己酮、3-羟基-2-丁酮、2-庚酮的含量高于其他组,可能形成特异性风味。

发酵香肠风味物质主要来源于发酵过程中碳水化合物代谢、蛋白质水解、脂肪水解和氧化以及香辛料。复合发酵剂可促进蛋白质、脂质分解,提供风味物质生成的前体,提高发酵香肠中特征风味物质含量。对比试验中四组不同发酵香肠中的挥发成分同样得出,添加鲁氏酵母菌和植物乳杆菌的发酵香肠的各化合物含量均高于单一添加植物乳杆菌和鲁氏酵母菌的发酵香肠,但是这些风味物质的产生机理还有待进一步研究。

（四）四组发酵香肠的感官指标测定

1. 四组发酵香肠发酵过程中的色差变化

用色彩色差计测定,发酵香肠的 $L^*$、$a^*$、$b^*$ 值,并引入了评判香肠色泽的主要参数 $e$ 值,对发酵香肠的颜色进行评价如表 6 – 16 所示。

表 6 – 16　四组发酵香肠发酵过程中的色差值变化

| 组别 | 培养时间/d | $L^*$ | $a^*$ | $b^*$ | $e$ |
|---|---|---|---|---|---|
| 未添加菌种 | 0 | 46.14 ± 0.10[a] | 19.27 ± 0.64[a] | 11.74 ± 0.33[ab] | 2.06 |
| | 3 | 44.18 ± 0.87[ab] | 19.03 ± 1.01[a] | 11.32 ± 0.27[ab] | 2.11 |
| | 6 | 39.76 ± 0.48[c] | 15.73 ± 0.33[b] | 9.410 ± 0.17[c] | 2.07 |
| | 9 | 43.98 ± 0.21[b] | 11.01 ± 0.08[c] | 11.81 ± 0.06[ab] | 1.18 |
| | 12 | 39.08 ± 1.50[c] | 18.57 ± 0.94[a] | 10.74 ± 0.75[b] | 1.80 |
| 添加鲁氏酵母菌 | 0 | 44.77 ± 1.39[a] | 18.94 ± 1.54[a] | 11.02 ± 0.08[cd] | 2.14 |
| | 3 | 44.39 ± 1.55[a] | 19.48 ± 0.77[a] | 11.26 ± 0.13[c] | 2.17 |
| | 6 | 41.36 ± 0.30[bc] | 18.50 ± 0.32[a] | 10.83 ± 0.24[d] | 2.15 |
| | 9 | 40.75 ± 0.14[c] | 19.37 ± 0.28[a] | 12.13 ± 0.13[b] | 2.07 |
| | 12 | 43.44 ± 0.65[ab] | 17.81 ± 0.19[a] | 11.27 ± 0.02[c] | 1.99 |
| 添加植物乳杆菌 | 0 | 45.90 ± 0.45[a] | 17.06 ± 0.11[c] | 10.87 ± 0.24[c] | 1.94 |
| | 3 | 42.91 ± 0.51[b] | 19.42 ± 0.26[ab] | 10.72 ± 0.17[cd] | 2.26 |
| | 6 | 41.44 ± 0.08[c] | 18.50 ± 0.16[b] | 11.55 ± 0.13[b] | 2.05 |
| | 9 | 41.55 ± 0.45[c] | 19.63 ± 0.70[a] | 11.40 ± 0.23[b] | 2.19 |
| | 12 | 43.70 ± 0.54[b] | 15.99 ± 0.28[d] | 10.23 ± 0.19[d] | 1.93 |
| 添加鲁氏酵母菌和植物乳杆菌 | 0 | 43.25 ± 0.27[b] | 19.15 ± 0.53[a] | 10.41 ± 0.05[c] | 2.28 |
| | 3 | 46.87 ± 1.48[a] | 18.83 ± 0.05[a] | 10.66 ± 0.45[c] | 2.17 |
| | 6 | 40.96 ± 0.09[bc] | 19.53 ± 0.12[a] | 11.58 ± 0.03[b] | 2.16 |
| | 9 | 41.59 ± 1.11[bc] | 16.72 ± 0.05[b] | 11.05 ± 0.13[bc] | 1.92 |
| | 12 | 43.70 ± 0.54[c] | 18.82 ± 0.13[a] | 10.61 ± 0.32[c] | 2.02 |

注:同一列不同小写字母表示差异显著,$p < 0.05$。

由表 6 – 16 可以看出,未添加菌种和仅添加乳酸菌的发酵香肠的 $e$ 值在发酵过程中,随着时间的增加呈现不规则的起伏状态;添加鲁氏酵母菌的发酵香肠的 $e$ 值则处于先上升而后缓慢下降的趋势;而第四组添加鲁氏酵母菌及植物乳杆菌的发酵香肠的 $e$ 值则呈现先缓慢下降而后上升再下降的趋势。

未添加菌种和常规的添加乳酸菌制作的发酵香肠发酵 3 d 时 $e$ 值分别为 2.11 和 2.26,说明添加传统的植物乳杆菌能够加快发酵香肠中由亚硝酸钠作用产生的亚硝酸肌红蛋白和亚硝酸血红蛋白的合成,促进发酵香肠的呈色,增加发酵香肠的发红度。而添加鲁氏酵母菌的发酵香肠在发酵过程中 $e$ 值最高为 2.17,且在发酵后熟阶段 $e$ 值呈下降趋势,可能是由于鲁氏酵母菌对于促进发酵香肠发色的蛋白合成能力较弱。在添加两种菌种的发酵香肠中发酵初期的 $e$ 值最高,为 2.28,在发酵过程中 $e$ 值处于缓慢下降阶段,说明应用鲁氏酵母及乳酸菌的复合发酵剂不会减弱乳酸菌的发色作用,同时也不会因鲁氏酵母菌而抑制发酵香肠的发色。试验说明,鲁氏酵母菌对发酵香肠的呈色作用有一定的促进作用。

2. 四组发酵香肠发酵过程中的质构变化

TPA 质构测试是通过质构仪模拟人体口腔对发酵香肠样品进行的压缩测定试验,试验结果会以硬度、弹性和咀嚼性等表示。

由表 6 – 17 可以看出,未添加菌种的发酵香肠与其他添加发酵剂菌种的发酵香肠的 TPA 均有显著差异,而添加鲁氏酵母菌、添加植物乳杆菌以及添加鲁氏酵母菌和植物乳杆菌的发酵香肠的样品经两两比较,TPA 差异均不显著。尤其在硬度上,未添加菌种的发酵香肠与添加发酵剂菌种的发酵香肠之间差异显著明显。另外,在硬度、弹性、咀嚼性三项指标所测数据中,未添加菌种的发酵香肠的数据均为最低,说明添加鲁氏酵母菌、植物乳杆菌或两者均添加的发酵香肠各项指标的检测数据最稳定,且变化差异最小,可能是因为添加发酵剂菌种有助于发酵速度的提升,缩短发酵时间,致使发酵香肠的硬度降低较快,弹性下降明显,咀嚼力变大。以上结果说明,添加鲁氏酵母菌可以加快发酵进程,缩短发酵时间。加菌对发酵香肠的差异不显著,发酵后期对质构差异不显著,前期加菌可以辅助发酵香肠发酵。

表 6 – 17 四组发酵香肠发酵过程中的质构变化

| 组别 | 培养时间/d | 硬度/g | 弹性 | 咀嚼度 |
| --- | --- | --- | --- | --- |
| 未添加菌种 | 0 | 902.670 ± 162.910[b] | 0.5280 ± 0.011[ab] | 102.830 ± 39.295[b] |
| | 3 | 6640.400 ± 1444.508[a] | 0.424 ± 0.025[a] | 843.209 ± 195.309[a] |
| | 6 | 14623.009 ± 501.401[a] | 0.394 ± 0.021[a] | 2254.900 ± 52.631[a] |
| | 9 | 21066.045 ± 14583.022[a] | 0.371 ± 0.024[a] | 2928.778 ± 2549.109[a] |
| | 12 | 35140.034 ± 1444.580[a] | 0.344 ± 0.025[a] | 4843.224 ± 195.348[a] |
| 添加鲁氏酵母菌 | 0 | 802.350 ± 170.082[ab] | 0.549 ± 0.0345[ab] | 228.630 ± 54.496[ab] |
| | 3 | 7022.567 ± 703.457[a] | 0.451 ± 0.018[a] | 1189.250 ± 166.368[a] |
| | 6 | 16648.067 ± 1000.078[a] | 0.423 ± 0.034[a] | 2830.408 ± 418.930[a] |
| | 9 | 26917.012 ± 3221.654[a] | 0.404 ± 0.020[a] | 4522.536 ± 952.667[a] |
| | 12 | 37022.012 ± 703.459[a] | 0.361 ± 0.019[a] | 5189.252 ± 166.362[a] |
| 添加植物乳杆菌 | 0 | 1141.201 ± 95.851[a] | 0.562 ± 0.028[a] | 255.020 ± 60.383[a] |
| | 3 | 7117.008 ± 1449.487[a] | 0.477 ± 0.029[a] | 1149.300 ± 107.488[a] |
| | 6 | 17243.034 ± 3014.63[a] | 0.416 ± 0.049[a] | 2970.806 ± 506.530[a] |
| | 9 | 26169.175 ± 3734.054[a] | 0.412 ± 0.017[a] | 4601.997 ± 883.097[a] |
| | 12 | 36617.002 ± 1449.475[a] | 0.367 ± 0.029[a] | 5149.335 ± 107.484[a] |

表 6 – 17（续）

| 组别 | 培养时间/d | 硬度/g | 弹性 | 咀嚼度 |
|---|---|---|---|---|
| | 0 | 1129.203 ±298.901[a] | 0.549 ±0.050[b] | 279.595 ±68.004[a] |
| | 3 | 7335.708 ±463.467[a] | 0.479 ±0.001[a] | 1121.108 ±147.141[a] |
| 添加鲁氏酵母菌和植物乳杆菌 | 6 | 16078.023 ±842.024[a] | 0.422 ±0.032[a] | 2800.698 ±117.139[a] |
| | 9 | 25492.057 ±4690.540[a] | 0.402 ±0.035[a] | 4850.979 ±635.314[a] |
| | 12 | 37335.002 ±463.468[a] | 0.369 ±0.023[a] | 5121.135 ±147.143[a] |

注:同一列不同小写字母表示差异显著,$p < 0.05$。

3. 四组发酵香肠的感官评定分数变化

感官评分是能够直观地说明大众对于新产品研发结果的接受程度,也是对产品进行评价最准确的指标(表 6 – 18)。

表 6 – 18　四组发酵香肠的感官评分表

| 组别 | 外观(20 分) | 质地(30 分) | 风味(50 分) | 总分(100 分) |
|---|---|---|---|---|
| 未添加菌种 | 18.50 ±0.54[a] | 28.50 ±0.54[a] | 39.16 ±1.16[c] | 86.33 ±1.03[c] |
| 添加鲁氏酵母菌 | 19.50 ±0.54[a] | 28.50 ±0.54[a] | 46.00 ±0.89[ab] | 93.83 ±1.16[a] |
| 添加植物乳杆菌 | 18.83 ±0.75[a] | 28.16 ±0.98[a] | 45.16 ±0.98[bc] | 92.16 ±0.75[b] |
| 添加鲁氏酵母菌和植物乳杆菌 | 19.67 ±0.51[a] | 28.67 ±0.516 | 47.67 ±1.03[a] | 96.00 ±0.89[a] |

注:同一列不同小写字母表示差异显著,$p < 0.05$。

由表 6 – 18 可知,添加鲁氏酵母菌的发酵香肠的感官评分为 93.83,说明鲁氏酵母菌产生的各类化合物对于发酵香肠的风味及香气成分的形成有促进作用,且产生的香气成分在发酵香肠中起到了提鲜增香的作用。添加传统植物乳杆菌的发酵香肠同样接受度极高,这是由于添加的乳酸菌产酸使香肠内 pH 值降低,能够加快发酵进程,增加香肠的口感。而未添加菌种的发酵香肠的感官评分最低,可能是由于自然发酵产生的菌种并不能迅速且明显地对香肠的内部条件进行调整,致使感官稍低于添加发酵剂的各组发酵香肠。同时,添加鲁氏酵母菌及植物乳杆菌的发酵香肠感官评分最高,表明鲁氏酵母菌在发酵香肠中产生的风味物质与植物乳杆菌在香肠中产酸的特性相结合,使发酵香肠的接受度得到进一步提升。

# 第四节　结　论

## 一、鲁氏酵母菌的发酵性能及安全性能分析

根据发酵肉制品中发酵剂的标准,对鲁氏酵母菌进行生产性能及安全性能指标的分析

测定。由于发酵肉制品中一般会有乳酸菌或其他产酸的发酵剂,使发酵肉制品处于 pH 值较低的酸性环境下,因此,发酵剂必须有很强的耐酸性。研究发现,鲁氏酵母菌可以在 pH 值为 3 的酸性环境下稳定生长,说明鲁氏酵母菌在含有乳酸菌的发酵香肠中能够稳定生长。发酵肉制品的含盐率相对其他肉制品较大,鲁氏酵母菌能够接受 6% 的食盐,在 25 ~ 32 ℃ 能够良好生长,在 28 ℃ 时生长最佳,此结果与张立文、徐莹等研究相符。发酵香肠中的亚硝酸盐可以调高产品品质,但摄入过量的亚硝酸盐对身体危害极大,而鲁氏酵母菌可以耐受亚硝酸盐能力可达 0.015%,符合肉制品中亚硝酸盐添加量小于 0.030% 的国标要求。

对鲁氏酵母菌进行安全性检验,能够避免鲁氏酵母菌在使用过程中的安全隐患。研究发现,鲁氏酵母菌不会产生吲哚类有害物质,即不是溶血细菌。采用目前临床上使用最为广泛的药敏测定法(药物纸片琼脂扩散法)对鲁氏酵母菌的耐药性进行测试,研究发现,鲁氏酵母菌对大环内酯类药物、青霉素类药物、喹诺酮类药物以及氨基糖苷类抗生素药物敏感,对阿莫西林有抗性。试验结果表明,鲁氏酵母菌虽对大多数抗生素类敏感,但药敏特性还是有所差别。

通过对鲁氏酵母菌的生产性能及安全性能检测,说明鲁氏酵母菌符合作为肉品发酵剂的要求,可应用于发酵肉制品,并对其进行进一步的试验研究。

## 二、鲁氏酵母菌与植物乳杆菌之间的相互作用研究

根据发酵肉制品中发酵剂的条件,基于郭会婧等(2008)对菌种的拮抗性研究,对鲁氏酵母菌和植物乳杆菌进行拮抗性测试,结果显示,鲁氏酵母菌与植物乳杆菌之间不存在拮抗作用。试验通过三组单因素试验及两组响应面试验对复配菌进行研究,最终确定复配菌的最佳培养时间、培养温度以及复配配比。三组单因素试验分别通过对 pH 值及菌落总数的综合分析,得出复配菌的最佳培养条件:复配最佳配比为 1∶1、最适培养温度为 22 ℃、最佳培养时间为 24 h。通过以菌种的 pH 值和菌落总数为响应值的两组响应面试验及其回归方差分析显著性检验,分析确定鲁氏酵母菌和植物乳杆菌复配的最佳培养条件及其交互作用,并综合两组响应面试验进一步分析。结果显示,两组响应面数据模型与实际试验有很好的拟合性,培养温度、培养时间和复配配比之间两两交互作用均显著,各影响因素的排序依次为最佳培养时间 < 最适培养温度 < 复配最佳配比。其中,培养时间对复配菌的影响最小,复配配比影响因素最大。有研究发现,发酵香肠的发酵时间大多在 12 d 左右,所以不得不舍弃上述研究得出的复配最佳培养时间。因此,可进一步应用于发酵香肠生产加工的复配条件为复配最适培养温度为 22 ℃,鲁氏酵母菌与植物乳杆菌以 1∶1 的接种比例进行复配。

## 三、鲁氏酵母菌对发酵香肠的性能及品质影响研究

研究将鲁氏酵母菌应用于发酵香肠中,对其发酵生产过程进行分析。结果表明,鲁氏酵母菌在发酵香肠中良好生长,不会影响发酵香肠中乳酸菌及其他菌株的生长。鲁氏酵母菌的添加可以降低发酵香肠的 pH 值,加速碳水化合物发酵产酸速度,使蛋白质快速降解,

从而加快发酵进程,提高香肠发酵成熟的速度,有效缩短发酵时间,与其他添加菌种的发酵生产结果相似。添加鲁氏酵母菌能够有效降低香肠中脂质氧化,防止酸败,抑制香肠中过氧化物的生成及腐败菌生长繁殖,从而改善香肠的品质以及贮藏性,试验结果与大量的肉制品研究结果相吻合。添加鲁氏酵母菌能够促进发酵香肠的发色,与相关研究结果相符。且鲁氏酵母菌产生的碳水化合物、蛋白质和脂肪的降解产生小肽和游离氨基酸等可转化为不同的风味物质,从而使发酵肉制品产生特殊的风味。鲁氏酵母菌在发酵香肠中产生的风味物质与植物乳杆菌在香肠中产酸的特性相结合,再次产生特殊风味物质,从而提高产品品质,进一步提高发酵香肠的接受度。

以鲁氏酵母菌为研究对象,分析其发酵生产性能及安全性能,将其与植物乳杆菌复配,通过三组单因素试验及两组响应面试验确定复配的最佳培养条件,利用两种菌株生产发酵香肠,并对添加鲁氏酵母菌的发酵香肠的感官及风味进行分析,通过试验研究得出以下结论:

(1)研究中对鲁氏酵母菌进行生产性能及安全性能指标的分析,发现鲁氏酵母菌可以在 pH 值为3、食盐含量为6%、亚硝酸盐含量为0.015%以及22~34 ℃的条件下良好生长,最适生长温度为28 ℃,不会产生吲哚类有害物质,且不溶血,对大环内酯类药物、青霉素类药物、喹诺酮类药物以及氨基糖苷类抗生素药物敏感,对阿莫西林有抗性,符合作为肉制品发酵剂的要求。

(2)鲁氏酵母菌与植物乳杆菌之间不存在拮抗作用,且通过三组单因素试验以及以菌种的 pH 值和菌落总数为响应值的两组响应面试验及其回归方差分析显著性检验,最终确定可应用于发酵香肠生产的复配菌最佳培养条件为鲁氏酵母菌与植物乳杆菌以1∶1的接种比例复配,最适培养温度为22 ℃。

(3)研究将鲁氏酵母菌应用于发酵香肠中并对其进行理化及品质分析,结果表明,鲁氏酵母菌能够在发酵香肠中良好生长,且不会影响其他菌株的正常生长。添加鲁氏酵母菌能够抑制香肠中过氧化物的生成及腐败菌生长繁殖,有效降低香肠中脂质氧化,防止酸败,从而改善香肠的品质以及贮藏性,提高食用安全性。鲁氏酵母菌的添加可以降低发酵香肠的 pH 值,进而加速碳水化合物发酵产酸速度,使蛋白质快速降解,从而加快发酵进程,提高香肠发酵成熟的速度,有效缩短发酵时间。添加鲁氏酵母菌能够促进发酵香肠的发色,且鲁氏酵母菌产生的各类化合物对于发酵香肠的风味及香气成分的形成有一定的促进作用,产生的香气成分在发酵香肠中起到了提鲜增香的作用,使鲁氏酵母菌在发酵香肠中产生的风味物质与植物乳杆菌在香肠中产酸的特性相结合,产生特殊风味物质,提高产品品质和接受度。

综上所述,添加鲁氏酵母菌可大幅缩短发酵时间并改善产品品质,同时产生特殊的风味物质及香气成分。鲁氏酵母菌在生产发酵过程中对发酵香肠有积极影响,可应用于其他发酵肉制品中,值得进行深入研究。

# 第七章　鲁氏酵母菌在豆酱增香中的应用

## 第一节　概　　述

豆酱是我国四大传统发酵食品之一,也是我国汉族的传统佐餐调味品。我国汉族人口众多,所以豆酱在我国备受广大消费者喜爱,市场前景广阔。在我国,豆酱的主要类型有黄豆酱、豆瓣酱、豆面酱等,均是用各种豆类食品炒熟磨碎后发酵制成。全国各地都有生产,产地有山东、河南、四川、重庆、河北、江苏、山西、陕西、安徽、浙江等地,每个地区的气候和饮食习惯不同,生产的豆酱味道也不尽相同,但都有着豆酱独特的风味。典型代表有百姓自制酱(也就是通常指臭酱)、东北大酱、老北京豆酱、普宁豆酱和四川蚕豆酱等。

豆酱风味物质的形成,除了受热处理工艺和原料本身的影响外,更主要的是由于微生物的发酵过程中产生大量的酶,如淀粉酶、脂肪酶、纤维素酶等。利用制曲时微生物分泌的复杂酶将原料中大分子的蛋白质、脂肪、碳水化合物等分解成小分子的多肽、氨基酸、脂肪酸和糖等合成风味物质的前体物质。在发酵过程中经过一系列复杂的代谢和生化反应,如美拉德反应、醇发酵、酸发酵、酯化反应等,生成了大量的风味化合物,形成了豆酱的独特风味和色泽。

豆酱的制曲和酱醅发酵是多种微生物和多种酶协同作用的过程,也是决定豆酱风味和品质的优劣关键。参与制曲和发酵的微生物主要有霉菌、细菌和酵母菌。其中,霉菌大多是人工接入酱醅,属于优势菌种,主要作用于制曲和发酵前、中期工艺。细菌和酵母菌主要是由于敞口发酵,空气中带入或原料中带入,主要作用于发酵的中后期工艺。细菌中的乳酸菌和有益酵母(鲁氏酵母菌、结合酵母、球拟酵母)是形成豆酱风味物质的主要微生物,但同时也伴有有害细菌(小球菌、枯草芽孢杆菌)和有害酵母菌(毕氏酵母、醭酵母、圆酵母)共同作用,可能会造成豆酱酸败或产生恶臭,影响豆酱的品质。所以要将制曲和发酵作为关键控制点严格控制,以保证产品品质。北方速酿豆酱的后香不足,可以用人工增香的方式解决这一难题,利用鲁氏酵母菌增香既能保证豆酱的安全性又能提高产品质量。

## 第二节　材料与方法

### 一、试验材料

（一）材料

酱曲,某酱厂制曲车间。鲁氏酵母菌(编号:32899),中国工业微生物菌种保藏管理中心(CICC)。

## (二)主要试剂

试验所用主要试剂如表7-1所示。

表7-1　主要试验试剂

| 试剂名称 | 纯度 | 公司 |
|---|---|---|
| YDP 培养基 | 分析纯 | 青岛高科园海博生物技术有限公司 |
| 氢氧化钠 | 分析纯 | 天津市大茂化学试剂厂 |
| 邻苯二甲酸氢钾 | 分析纯 | 天津市大茂化学试剂厂 |
| 浓硫酸 | 分析纯 | 沈阳市华东试剂厂 |
| 酚酞 | 分析纯 | 烟台三和化学试剂有限公司 |
| 甲醛 | 分析纯 | 烟台三和化学试剂有限公司 |

## (三)主要仪器设备

试验所用主要仪器设备如表7-2所示。

表7-2　主要仪器设备

| 仪器设备名称 | 型号 | 公司 |
|---|---|---|
| 酸度计 | PE20 | 梅特勒-托利多仪器(上海)有限公司 |
| 磁力搅拌器 | 79-1 | 金坛市虹盛仪器厂 |
| 水浴恒温振荡器 | THZ-82 | 金坛市荣华仪器制造有限公司 |
| 气相(GC) | Trace 1300 | 赛默飞世尔科技 |
| 质谱(MS) | Thermo scienrific | 美国热电公司 |
| 三合一进样器 | PAL System | 瑞士 CTC 公司 |
| PDMS 萃取纤维头 | 100 μm | 美国 SUPELCO 公司 |
| 离心机 | TDZ5-WS | 长沙湘仪离心机仪器有限公司 |
| 恒温培养箱 | SHP-250 | 上海森信试验仪器有限公司 |
| 高压灭菌锅 | LDZX-50KBS | 上海申安医疗器械厂 |
| 电热套 | KDM | 山东鄄城晨博试验设备有限公司 |

# 二、检测方法和试验内容

## (一)检测方法

氨基酸态氮:GB 5009.39-2003甲醛电位法测定,单位为 g/100 mL。

总酯:GB/T 10345.5 - 1989,回流滴定法,以乙酸乙酯计,单位为 g/100 mL。

气相和质谱联用(GC - MS):参照文献赵建新方法(2011)。

## (二)试验内容

### 1. 鲁氏酵母菌的活化和扩大培养

取少量冻干粉在无菌环境下,接种至 100 mL 已灭菌的 YDP 液体培养基中,密封后放入摇床,28 ℃、180 r/min 条件下培养至液体培养基明显浑浊,摇匀取一环菌液接两只斜面,置于 30 ℃条件下培养 24 h 观察菌落生长情况,从而确定菌活性。

摇匀,取 1 mL 一代菌液接入 250 mL 已灭菌的 YDP 液体培养基,密封后放入摇床,28 ℃、180 r/min 条件下培养至液体培养基明显浑浊,摇匀取一环菌液接两只斜面,置于 30 ℃条件下培养 24 h 观察菌落生长情况,从而确定菌活性。

3 000 r/min 转数离心 5 min 弃去上清液,再加入生理盐水反复离心清洗 2～3 次,最后加入少量生理盐水洗下菌泥,置于 EP 管中放入 4 ℃冰箱备用。

### 2. 不同添加量对豆酱总酸、总酯、氨基酸态氮含量影响情况监测

在发酵第 7 d 时,不接种和分别接种 $0.5 \times 10^6$ 个/g、$1 \times 10^6$ 个/g、$1.5 \times 10^6$ 个/g、$2 \times 10^6$ 个/g 鲁氏酵母菌,接入量为酱醅质量的 2%,发酵 28 d,其间倒酱两次,根据实际情况定期搅酱,分别选取发酵第 14 d、21 d、28 d 时样品对氨基酸态氮、总酸、总酯进行测定。

### 3. 感官指标评价和风味物质检测

对豆酱的色泽、体态和香气成分三个方面进行感官评定,综合以上氨基酸态氮、总酸、总酯含量的情况选取品质佳,香气浓郁的一组样品,通过气质联用(GC - MS)的检测方法对接种组和未添加鲁氏酵母菌的对照组,分别进行风味物质检测。

①样品前处理

取 7 mL 的样品分别置于 15 mL 样品瓶中,加入 2.0 g 氯化钠,盖紧瓶盖。插入 100 μm PDMS 萃取纤维头,于 40 ℃条件下顶空萃取 50 min(转速为 250 r/min)后,将萃取头插入气质联用仪进样口,分析。

②GC - MS 操作条件

色谱柱为 DB -5 毛细管柱子(30 m×0.25 mm×0.25 μm);载气为 He,流速为 1 mL/min,不分流;进样温度为 240 ℃,柱箱温度为 50 ℃;升温程序为起始温度为 50 ℃,保持 2 min,以 4 ℃/min,升至 240 ℃,保持 5 min。

质谱条件:EI 电离源,能量为 70 eV,倍增电压为 1 400 V;离子源温度为 200 ℃,接口温度为250 ℃,四级杆温度为 150 ℃,扫描范围 40～450 m/z,间隔 0.3 s。

## 三、数据处理

采集到的质谱图利用计算机谱库进行检索,鉴定样品中的挥发性成分,并用峰面积归一化法分析各成分的相对含量,采用 Origin 8.5 软件作图。

## 第三节　结果与分析

### 一、鲁氏酵母菌斜面菌落

如图7-1所示为鲁氏酵母菌冻干粉的第二代细胞扩增形成的菌落,可以看出鲁氏酵母菌菌落为白色,边缘整齐外表光滑,且其酵母细胞活性较强,可以用于后续试验添加。

图7-1　鲁氏酵母菌菌落形态

### 二、接种不同量鲁氏酵母菌豆酱总酸、总酯和氨基酸态氮的情况监测

李志江等(2010)研究酿酒酵母对豆酱发酵的影响,研究表明,酵母在第7 d 接入为最佳接入时间。所以,本试验也选取发酵第7 d 将鲁氏酵母菌接入酱醪。如图7-2所示为不同接种量发酵第14 d 样品总酸、总酯和氨基酸态氮的含量。由图可以看出,在发酵第14 d 时,接种量为 $1.5 \times 10^6$ 个/g 的总酸和氨基酸态氮含量最高,接种量为 $2.0 \times 10^6$ 个/g 的总酯含量最高,总酯呈现逐渐升高的趋势,但最大值与其他接种量相差较大,总酸和氨基酸态氮呈现先升高后下降的趋势。说明鲁氏酵母菌的接入改变了传统自然发酵的过程,在一定程度上促进了发酵进程,有利于豆酱风味物质的积累,提高了产品的质量和风味。鲁氏酵母菌可以在高盐环境下将糖类化合物代谢为糖醇和多元醇,再与其他微生物代谢产生的酸化合,产生大量酯类,进而提高豆酱中酯类的含量,改善酱的香气。

从图7-3可以看出,不同接种量在发酵21 d 时总酸含量存在先增大后减小的趋势,在接种量为 $0.5 \times 10^6$ 个/g 时有最大值,为 3.04 g/100 g。这是由于总酸主要为有机酸和游离酸,豆酱中产酸的主要是酵母菌和乳酸菌,但酵母菌只有在无氧环境下代谢产酸,且较乳酸菌产酸能力弱,人工接入酵母菌会使酵母菌成为优势菌群会抑制酵母菌生长。总酯含量呈现上升趋势,但差距逐渐减小,这可能是由于代谢产物的阻遏作用使 $2.0 \times 10^6$ 个/g 的增长速度变缓,从而减小了各组间的差距。氨基酸态氮趋势不明显,各对照组含量相差不大,但接种量为 $2.0 \times 10^6$ 个/g 的氨基酸态氮含量最大。氨基酸态氮是指以氨基酸形式存在的氮元素,随着发酵的进行蛋白质降解产生大量氨基酸,产生鲜味,添加鲁氏酵母菌可以加速发酵进程,进而增加氨基酸态氮的含量。

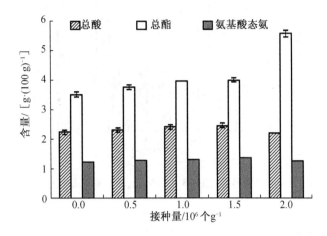

**图7-2 不同接种量发酵14 d时总酸、总酯和氨基酸态氮含量**

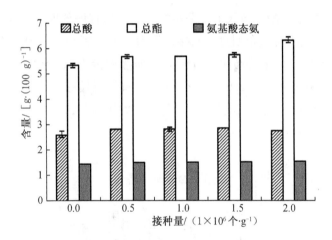

**图7-3 不同接种量发酵21 d时总酸、总酯和氨基酸态氮含量**

通过图7-4可以看出不同接种量发酵28 d时总酸含量呈现先增大后减小的趋势,未添加鲁氏酵母菌的总酸含量最低,而添加量为$2.0 \times 10^6$个/g时的总酸含量显著降低,这可能是由于酵母菌对乳酸菌的抑制作用,在豆酱发酵过程中酸度过高会影响豆酱的口感,所以豆酱酸度不宜过高。总酯含量呈现上升趋势,接种含量最低,且接种量越大总酯含量越高,但各组间含量相差不大,这主要是由代谢产物的阻遏作用和菌体老化造成的。氨基酸态氮的含量呈现逐渐上升的趋势,各组间氨基酸态氮含量差距不大,主要是因为受到菌体老化和底物等因素的限制。由于本组试验未经过淋油过程而且添加鲁氏酵母菌确实可以促进豆酱的发酵进程,所以各组分含量都比较高。

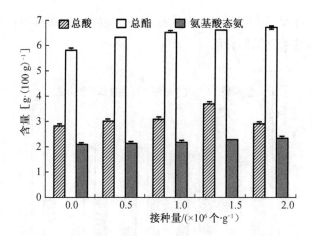

图7-4　不同接种量发酵28 d时总酸、总酯和氨基酸态氮含量

## 三、感官指标分析

通过图7-5可以看出随着鲁氏酵母菌接种量升高感官评分也逐渐升高,接种鲁氏酵母菌和不接种鲁氏酵母菌得分差距明显。而接种量为$0.5 \times 10^6$个/g、$1.0 \times 10^6$个/g、$1.5 \times 10^6$个/g时的得分逐渐升高,但上升缓慢,差距不大,而接种量为$2.0 \times 10^6$个/g时的得分明显高于其他接种量,说明接种量为$2.0 \times 10^6$个/g时感官效果最好。结合其他指标情况,选择接种量为$2.0 \times 10^6$个/g鲁氏酵母菌的样品进行风味物质检测,同时可以确定鲁氏酵母菌最佳接种量为$2.0 \times 10^6$个/g。

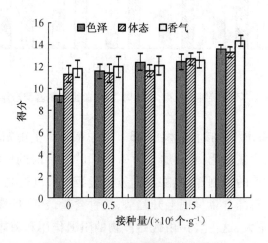

图7-5　不同接种量豆酱感官得分

## 四、香气成分分析

将挥发性成分分为5大类,醇类、酯类、酸酚类、醛酮类和其他类。由表7-3可以看出,未添加鲁氏酵母菌样品检测出挥发性香气成分共22种,其中醇类共4种,峰面积比为

5.05%;酯类共 5 种,峰面积比为 11.11%;酸酚类共 6 种,其中酸 4 种,酚 2 种,峰面积比为 12.12%;醛酮类共 4 种,未发现挥发性酮类物质,醛类峰面积比为 3.56%;其他类共 4 种,其中包括两种醚和两种烷烃,峰面积比为 3.78%。添加 $2.0 \times 10^6$ 个/g 鲁氏酵母菌样品检测出挥发性成分 34 种,其中醇类 6 种,峰面积比为 9.56%;酯类 10 种,峰面积比为 64.82%;酸酚类共 7 种,其中酸类两种,酚类 5 种,峰面积比为 5.92%;醛酮类 5 种,其中醛类共 3 种,酮类两种,峰面积比为 2.31%;其他类共 6 种,其中含有 1 种醚,3 种烷烃类物质,还有 1 种芳香化合物对二甲苯,峰面积比为 5.01%。两样品间挥发性成分总数相差 12 种,含量变化也比较大,说明鲁氏酵母菌的添加可以改善香气成分,这主要是由于鲁氏酵母菌代谢产物中很多具有香气的挥发性成分,对豆酱香气具有重要的影响。

醇类可以赋予豆酱特殊的香气,也可以为酯化反应生成酯类物质提供底物,两样品中醇类峰面积比相差比较大,但都检测出苯乙醇,其峰面积比由 1.32% 上升至 3.61%,种类也较未添加鲁氏酵母菌的样品有所增加,且多为鲁氏酵母菌的次级代谢产物。这是由于鲁氏酵母菌代谢可以产生乙醇、高级醇和芳香类杂醇类物质,高盐环境下还能转化糖类物质生成多元醇及糖醇类物质。

酯类是豆酱香气的主要来源之一,对于样品间酯类的变化情况明显,其种类由 5 种变化为 10 种,峰面积比由 11.11% 变化为 64.82%。棕榈酸乙酯和亚油酸乙酯在两样品中均有检出,棕榈酸乙酯峰面积比由 2.39% 变化为 6.43%,亚油酸乙酯峰面积比由 5.74% 变化为 8.13%,均有显著提升。鲁氏酵母菌代谢产醇可以在无氧发酵条件下进行产生醇类物质,发酵中后期倒酱频率和温度下降有利于酯类的生成。

添加鲁氏酵母菌的样品较未添加鲁氏酵母菌样品酸酚类物质峰面积比低,酸的种类和峰面积比显著下降。其中,异戊酸和 2-甲基丁酸在两样品中均有检出,异戊酸峰面积比由 3.59% 下降为 3.00%,2-甲基丁酸峰面积比由 1.38% 下降为 0.70%。这是由于鲁氏酵母菌代谢产生大量醇类物质消耗大量酸,化合生成了酯类;而添加鲁氏酵母菌样品酚类含量及数量明显高于未添加鲁氏酵母菌样品,样品均检出 4-乙基创愈木酚和对乙烯基创愈木酚,峰面积比均有显著上升,这两种酚具有香辛味,对于豆酱香气形成贡献很大。

醛酮类物质含量相对较低,两种样品均检测出 3 种醛类。两种样品中均含有苯乙醛和苯甲醛,含量相差不大。这两种醛都是由高级醇和不饱和脂肪酸的氧化产生的;酮类具有果香和花香,生成酮类物质一般是通过三种途径:微生物代谢、不饱和脂肪酸热氧化降解、氨基酸降解。但试验只在接种鲁氏酵母菌的样品中检测出酮类物质,说明 3,5-二甲基-4-庚酮、苯磺唑酮很有可能是鲁氏酵母菌代谢产物,其含量与鲁氏酵母菌代谢有关。

其他类物质含量相差不大,主要是烷烃类化合物和醚类物质,烷烃及其衍生物是豆酱发酵初期微生物代谢产生的,对香气贡献不大,但可以被微生物利用生成酯类物质。醚类是由一个氧原子连接两个烷基或芳基所形成的,在微生物作用下,醇类脱水可以生成醚。

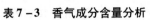

表7-3　香气成分含量分析

| 分类 | 保留时间 | 化合物名称 | 峰面积% | |
|---|---|---|---|---|
| | | | 添加量 0 | 添加量 $2.0 \times 10^6$个/g |
| 醇类 (X1) | 2.25 | 乙醇 | – | 1.70 |
| | 3.74 | 异戊醇 | 0.48 | – |
| | 4.74 | 2,3-丁二醇 | – | 1.13 |
| | 9.03 | 1-辛烯-3-醇 | – | 2.00 |
| | 9.33 | 3-甲硫基丙醇 | | 0.44 |
| | 13.22 | 苯乙醇 | 1.32 | 3.61 |
| | 29.62 | 庚乙二烯乙二醇 | 0.64 | – |
| | 30.75 | 3,6,9,12-四氧十四烷-1-醇 | 2.60 | – |
| | 32.94 | 3-二甲氨基苯基甲基甲醇 | – | 0.68 |
| | | 合计 | 5.04 | 9.56 |
| 酯类 (X2) | 2.79 | 亚硝酸丁酯 | 0.99 | |
| | 3.07 | 甲基丙烯酸3-羟丙酯 | 0.87 | |
| | 4.78 | 甲酸异丙酯 | 1.12 | |
| | 5.63 | 异戊酸乙酯 | – | 1.14 |
| | 12.39 | 3-甲硫基丙酸乙酯 | – | 0.82 |
| | 14.43 | 苯甲酸乙酯 | – | 1.88 |
| | 16.56 | 苯乙酸乙酯 | – | 1.34 |
| | 29.49 | 苯甲酸苄酯 | – | 0.19 |
| | 29.62 | 十四酸乙酯 | – | 0.29 |
| | 33.58 | 棕榈酸乙酯 | 2.39 | 6.43 |
| | 35.79 | 亚油酸乙酯 | 5.74 | 8.13 |
| | 36.08 | 三乙二醇二异辛酸酯 | – | 6.93 |
| | 36.53 | 琥布宗 | – | 37.67 |
| | | 合计 | 11.11 | 64.82 |
| 酸酚类 (X3) | 6.85 | 异戊酸 | 3.59 | 3.00 |
| | 7.07 | 2-甲基丁酸 | 1.38 | 0.70 |
| | 33.51 | 棕榈酸 | 4.18 | – |
| | 36.03 | 硬脂酸 | 1.88 | – |
| | | 合计 | 11.03 | 3.70 |
| | 15.5 | 4-乙基苯酚 | – | 0.53 |
| | 17.71 | 4-乙基愈创木酚 | 0.36 | 2.41 |
| | 18.8 | 对乙烯基愈创木酚 | 0.73 | 0.87 |

表 7 – 3(续)

| 分类 | 保留时间 | 化合物名称 | 峰面积% | |
|---|---|---|---|---|
| | | | 添加量 0 | 添加量 $2.0 \times 10^6$ 个·$g^{-1}$ |
| | 23.5 | 2,6 – 二叔丁基对甲酚 | – | 0.43 |
| | 36.35 | 间十五烷基酚 | – | 1.68 |
| | | 合计 | 1.09 | 5.92 |
| | | 总计 | 12.12 | 9.62 |
| 醛酮类 (X4) | 8.55 | 苯甲醛 | 0.49 | 0.62 |
| | 10.89 | 苯乙醛 | 1.33 | 1.07 |
| | 17.43 | 2 – 苯基巴豆醛 | – | 0.17 |
| | 28.96 | 5 – 甲氧基吲哚 – 3 – 甲醛 | 1.74 | – |
| | | 合计 | 3.56 | 1.86 |
| | 14.22 | 3,5 – 二甲基 – 4 – 庚酮 | – | 0.26 |
| | 30.77 | 苯磺唑酮 | – | 0.19 |
| | | 合计 | 0 | 0.45 |
| | | 总计 | 3.56 | 2.31 |
| 其他 (X5) | 2.45 | 正己烷 | 1.84 | – |
| | 3.76 | 甲基巽戊基醚 | – | 2.11 |
| | 6.06 | 对二甲苯 | – | 0.20 |
| | 14.95 | 十二烷 | – | 0.82 |
| | 16.98 | 正十三烷 | 0.33 | – |
| | 20.36 | 十四烷 | – | 0.17 |
| | 22.86 | 十五烷 | – | 0.37 |
| | 29.92 | 八(乙二醇)—(十二烷基)醚 | 0.89 | – |
| | 31.91 | 15 – 冠醚 | 0.72 | – |
| | 33.76 | 油酸酰胺 | – | 1.34 |
| | | 总计 | 3.78 | 5.01 |

注:表中"–"为未检出,珑布宗为 4 – 丁基 – 4 –(羟甲基)– 1,2 – 二苯基 – 3,5 – 吡唑烷二酮丁二酸单酯。

通过 SPSS 19.0 对香气成分数据进行两独立样本非参数检验即秩和检验,根据表 7 – 3 中进行分类,将豆酱香气成分分为 5 大类:醇类、酯类、酸酚类、醛酮类、其他类,分别标记为 $X_1$、$X_2$、$X_3$、$X_4$、$X_5$,进行数据分析。已知 $p = 0.05$,通过数据统计得到表 7 – 4 和表 7 – 5,可知两组独立数据 $p < 0.001$,两样本香气成分存在极显著差异,即鲁氏酵母菌添加前和添加后豆酱香气成分差异显著。这说明鲁氏酵母菌对豆酱香气的形成有显著影响,添加鲁氏酵母菌可以改善豆酱香气成分,提高产品质量。

表 7 - 4　秩和检验结果

| 组别 | N | 秩均值 | 秩和 |
| --- | --- | --- | --- |
| 未添加鲁氏酵母菌 | 36 | 37.17 | 138.00 |
| 添加鲁氏酵母菌 | 92 | 75.20 | 6 918.00 |
| | 总数 | 128 | |

表 7 - 5　检验统计量[a]

| 统计学参数 | 成分含量 |
| --- | --- |
| Mann - Whitney U | 672.000 |
| Wilcoxon W | 1 338.000 |
| Z | - 5.602 |
| 渐进显著性(双侧) | .000 |

注:a 为分组变量,组别。

# 第四节　结　　论

　　本试验研究了鲁氏酵母菌在豆酱增香中的添加量影响,并对添加鲁氏酵母菌对豆酱香气成分的影响进行了分析。鲁氏酵母菌冻干粉用生理盐水活化后培养的二代细胞的活性高,在斜面菌落生长速度快,生命力强,可以在高盐条件下继续生长,可以适应豆酱的高盐环境,试验结果也表明添加鲁氏酵母菌对豆酱风味的改善影响显著。

　　试验中对各接种量酱醪的总酸、总酯、氨基酸态氮含量进行了监测。在酱醪发酵第 7 d 接入鲁氏酵母菌,而后每 7 d 检测一次,在发酵第 14 d 时,接种量为 $1.5 \times 10^6$ 个/g 的总酸和氨基酸态氮含量最高,接种量为 $2.0 \times 10^6$ 个/g 的总酯含量最高,总酯呈现逐渐升高的趋势,但最大值与其他接种量相差较大。发酵 21 d 时,总酸含量存在先增大后减小的趋势,在接种量为 $0.5 \times 10^6$ 个/g 时有最大值 3.04 g/100 g,总酸和氨基酸态氮呈现先升高后下降的趋势,总酯含量呈现上升趋势,但差距逐渐减小,这可能是由于代谢产物的阻遏作用使 $2.0 \times 10^6$ 个/g 增长速度变缓,从而减小了各组间的差距。氨基酸态氮趋势不明显,但各对照组含量相差不大,接种量为 $2.0 \times 10^6$ 个/g 的氨基酸态氮含量最大。发酵 28 d 时,总酸含量呈现先增大后减小的趋势,未添加鲁氏酵母菌的总酸含量最低,添加量为 $2.0 \times 10^6$ 个/g 时的总酸含量显著降低,氨基酸态氮的含量总体呈现逐渐上升的趋势,各组间氨基酸态氮含量差距不大,这主要是受到了菌体老化和底物等因素的限制。总酯含量呈现上升趋势,接种含量越低,接种量越大,总酯含量越高,但各组间含量相差不大,这主要是由代谢产物的阻遏作用和菌体老化造成的。每个接种量样品的试验结果总酸、总酯和氨基酸态氮的含量均呈现逐渐上升的趋势。根据以上试验结果表明,接种鲁氏酵母菌可以增加酯类和氨基酸态氮的含量,而且在接种量为 $2.0 \times 10^6$ 个/g 时,总酸含量为 2.96 g/100 g,这与其他接种鲁氏酵母菌的样品相比总酸含量较低。可见,鲁氏酵母菌接种量足够高时对产酸微生物有抑制作用,感官评价和香气分析结果显示,鲁氏酵母菌接种后豆酱的风味有很大改善,添加鲁氏酵母菌后可根据生产条件和各指标变化量适当缩短发酵周期,提高生产效率,提高企业效益。感官分析接种量为 $2.0 \times 10^6$ 个/g 样品得分最高,可以确定鲁氏酵母菌最佳接种量为 $2.0 \times 10^6$ 个/g。香气成分分析表明,添加鲁氏酵母菌可以改善豆酱香气成分,提高产品质量。

# 第八章　鲁氏酵母菌对面团发酵特性
# 及焙烤食品品质的影响

## 第一节　概　　述

即发活性干酵母是焙烤食品中常用的发酵剂,发酵速度快,但其产香性能较差。鲁氏酵母菌是一种可代谢产生呋喃酮香气的增香微生物,可将其与活性干酵母结合,应用于面包和馒头产品中,具有较好的市场潜力,为焙烤食品品质改进提供了新的方向。

鲁氏酵母菌在酱油等领域应用较多,其在焙烤食品中的应用研究鲜有报道。本试验选用生香鲁氏酵母菌为发酵剂,探究鲁氏酵母菌的添加对面团流变学及质构性质的影响,优化面团醒发工艺参数,确定鲁氏酵母菌对面团体积、黏弹特性、拉伸特性的影响,确定面团醒发时间、稳定时间、拉伸面积、拉伸阻力等流变特性,为鲁氏面团在焙烤食品生产提供理论基础。

馒头作为我国传统主食,含有丰富的营养物质,在生活中有着其他食品不可替代的位置。馒头是以面粉、酵母以及水为原料和面,然后面团经过一段时间的发酵,蒸制而成。近年来,随着生活水平的改善,人们的饮食习惯发生了很大的变化,但是馒头仍然是我国北方小麦生产地区人们的主要食物,并且在南方也很受欢迎。据报道,北方有70%的面粉都被用来制成了馒头。馒头是很多人的最爱,尤其北方人几乎每天都吃。馒头是中国人发明的,属于发酵面团汽蒸食品,具有鲜明的民族特色,是中国传统食品文化的宝贵遗产。

如今人们对食品的要求越来越高,不仅要美味,还要吃得健康。馒头的制作方法也被中国人不断改进,使馒头朝着更好、更健康的方向发展。本试验研究的主要目的是在尽可能减少对发酵性能的影响的情况下,以面包酵母和鲁氏酵母菌为主发酵剂优化馒头生产工艺,生产出质地和风味都较好且营养丰富的馒头产品。

随着现代经济的快速发展,生活水平日益提高,日常生活的饮食已不单只是为了充饥或满足视觉、味觉方面的享受,其理性的更高追求是健康。以谷物为原料制成的发酵食品具有很高的营养价值与保健功能,面包是人类食品中营养素含量最完全的食物之一,超过了奶和奶酪,面包中蛋白质的生物学价值可以借助面包酵母菌和酸性面团细菌的发酵作用而有很大提高。它正在逐渐被人们所认识和接收,并迅速发展成食品产业工业化之后的利润丰厚的朝阳食品产业。

# 第二节 材料与方法

## 一、试验材料

### (一)材料

试验所用主要材料如表 8 - 1 所示。

表 8 - 1 主要材料

| 材料名称 | 生产厂家 |
|---|---|
| 高筋小麦面粉 | 北大荒亲民有机食品有限公司 |
| 马利即发高活性干酵母 | 英联马利北京食品销售有限公司 |
| 鸡蛋、盐、黄油 | 市场采购 |
| 直投式鲁氏酵母菌 | 黑龙江八一农垦大学实验室自制获得 |

### (二)主要设备

试验所用主要仪器设备如表 8 - 2 表示。

表 8 - 2 主要仪器设备

| 材料 | 生产厂家 |
|---|---|
| VF - 24C 醒发箱 | 成都明辉机械有限公司 |
| PHS - 3C 酸度计 | 上海雷磁仪器厂 |
| CP413 电子天平 | 美国奥豪斯仪器(上海)有限公司 |
| 高速三功能搅拌机(B10G) | 广东江门市蓬江区荷塘新丰食品机械厂 |
| 醒发箱(VF - 24C) | 成都明辉机械有限公司 |
| 远红外线食品烤炉(XYF - 3K) | 广州红菱电热设备有限公司 |

## 二、试验方法

### (一)面团发酵方法

制作面团时所用配方均以面粉为基准,准备小麦粉 500 g、清水 250 g,先将面粉倒入盆中,缓慢地加入清水并不断地搅拌成絮状,再用手反复揉捏,直至面团不黏手且表面光滑,这个过程至少耗时 15 min。揉好后分块,每个面团 10 g,要控制好设定的发酵温度和时间,随后加入酵母,反复揉捏使其均匀,之后进行初醒 30 min 左右,最后将制作好的面团放入醒发箱内进行发酵处理。

（二）面包基本方法

1. 中种部分

吐司面包粉 1 765 g，即发高活性干酵母 10 g，水 1 050 g。将所有材料搅拌均匀即可，温度为 28～30 ℃，湿度为 70%，时间为 2 h，作为中种部分。

2. 主面团部分

吐司面包粉 500 g，白砂糖 300 g，即发高活性干酵母 15 g，面包改良剂 8 g，盐 30 g，水 252 g，黄油 100 g。将发酵好的中种部分、汤种、绵白糖、水、盐、吐司面包粉、黄油、干酵母、吐司面包改良剂搅拌至糊状。加入吐司面包粉搅拌至扩展阶段，最后加入奶油搅拌至面筋完成扩展即可，即面团已经形成，面筋还未充分扩展时加入油脂，作为主面团部分。

将烤制好的面包放置在晾晒架上［温度为（19 ± 2）℃，相对湿度为 32% ± 2%］，冷却 55 min 后用面包刀切成（30 ± 3）mm 的片进行感官评分。

（三）测定方法

1. pH 值测定方法

参考 Yang 等（2007）方法测定，取 1 g 面团加入 10 mL 蒸馏水不断研磨，再进行均质，时间 1 min 左右，测定 pH 值时要进行 3 次平行样测定。

2. 比容测定方法

参照 GB/T 21118 - 2007 小麦粉馒头，采用小米填充法来测定比容。

3. 感官评分

感官评分问卷设计：

每组样品有 12 个合格的品评员参加，试验感官问答卷和试验指令如表 8 - 3 所示。

表 8 - 3　线性标度法使用问答卷

面包感官检验——线性标度法

姓名＿＿＿＿＿＿　　年级＿＿＿＿＿　　学号＿＿＿＿＿＿　　日期＿＿＿＿＿＿

试样指令：在你面前有两类（每种各 1 个样品，）面包样品，要求你从左到右品尝，并在制定的线性标度上标出你的感受。

| | 没有 | 中 | 强烈 | | 弱 | 中 | 强 |
|---|---|---|---|---|---|---|---|
| 色泽 | ├──────┼──────┤ | | | 香气 | ├──────┼──────┤ | | |

| | 弱 | 中 | 强 | | 弱 | 中 | 强 |
|---|---|---|---|---|---|---|---|
| 质感 | ├──────┼──────┤ | | | 喜爱 | ├──────┼──────┤ | | |

样品1得分：＿＿＿＿＿＿＿　　评语：

样品2得分：＿＿＿＿＿＿＿　　评语：

4.单因素试验设计

(1)发酵时间对面团性质的影响

在温度为 30 ℃,鲁氏酵母菌为 $1.0 \times 10^6$ 个/mL,商业化酵母为 $1.0 \times 10^6$ 个/mL 的条件下,控制时间分别为 1.0 h、1.5 h、2.0 h、2.5 h 进行发酵,按照试验方法进行试验,分析面团的比容和 pH 值(表 8 - 4)。

表 8 - 4　发酵时间对面团品质影响的因素水平表

| 序号 | 时间/h | 温度/℃ | 接种量/(个·mL$^{-1}$) |
|---|---|---|---|
| 1 | 1.0 | 30 | $1.0 \times 10^6$ |
| 2 | 1.5 | 30 | $1.0 \times 10^6$ |
| 3 | 2.0 | 30 | $1.0 \times 10^6$ |
| 4 | 2.5 | 30 | $1.0 \times 10^6$ |

(2)发酵温度对面团性质的影响

在时间为 2 h,鲁氏酵母菌为 $1.0 \times 10^6$ 个/mL,商业化酵母为 $1.0 \times 10^6$ 个/mL 的条件下,控制温度分别为 20 ℃、25 ℃、30 ℃、35 ℃ 进行发酵。按照试验步骤进行试验,分析面团比容和 pH 值(表 8 - 5)。

表 8 - 5　发酵温度对面团品质影响的因素水平表

| 序号 | 时间/h | 温度/℃ | 接种量/(个·mL$^{-1}$) |
|---|---|---|---|
| 1 | 2 | 20 | $1.0 \times 10^6$ |
| 2 | 2 | 25 | $1.0 \times 10^6$ |
| 3 | 2 | 30 | $1.0 \times 10^6$ |
| 4 | 2 | 35 | $1.0 \times 10^6$ |

(3)酵母菌接种量对面团性质的影响

在温度为 30 ℃,时间为 2 h 的条件下,控制酵母菌的接种量分别为 $0.5 \times 10^6$ 个/mL、$1.0 \times 10^6$ 个/mL、$1.5 \times 10^6$ 个/mL、$2.0 \times 10^6$ 个/mL 进行发酵。按照试验步骤进行试验,分析面团比容和 pH 值(表 8 - 6)。

表 8 - 6　酵母菌接种量对面团品质影响的因素水平表

| 序号 | 时间/h | 温度/℃ | 接种量/(个·mL$^{-1}$) |
|---|---|---|---|
| 1 | 2 | 30 | $1.0 \times 10^6$ |
| 2 | 2 | 30 | $1.0 \times 10^6$ |
| 3 | 2 | 30 | $1.0 \times 10^6$ |
| 4 | 2 | 30 | $1.0 \times 10^6$ |

注:做每个变量的试验时,同时进行分别添加 3 种不同类型的酵母菌的面团,并观察在商业酵母、鲁氏酵母菌以及 1∶1(m∶m)配比的鲁氏酵母菌与商业化酵母的面团中,比容及 pH 值的变化。

### 三、数据处理

利用 OriginPro 8.5 软件进行计算并制图,其中面团的比容及 pH 值均采用平均值±标准偏差来表示。

## 第三节　结果与分析

### 一、鲁氏酵母菌对面团品质的影响结果

#### (一)发酵时间对面团比容和 pH 值的影响结果

如图 8-1 所示为发酵时间对面团比容和 pH 值的影响,随着发酵时间的延长,面团的比容呈先上升后下降的趋势。在 2 h 左右面团变化较明显,面团的比容较大,且添加 1∶1(m∶m)的鲁氏酵母菌的面团的比容最大,为 1.13 mL/g。由于面团要进行初醒阶段,前期面团发酵产气量较大,但其持气能力不足,有部分气体会溢出面团,使面团体积偏小,导致比容偏小。随着发酵时间的增加,酵母在适宜的条件下发挥作用,使面团体积增大。而面团的 pH 值呈先下降后上升的趋势。其中,在 2 h 左右时,添加 1∶1(m∶m)的鲁氏酵母菌的面团 pH 值最小,为 6.01 左右,更接近发酵面团的最适条件。发酵前期面团中的一些产酸菌使得 pH 值降低,在 2 h 以后,由于发酵时间过长,面团的酸度过高,降低了酵母菌的发酵能力,使面团产生酸味,影响产品质量。

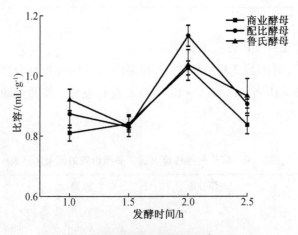

**图 8-1　发酵时间对面团比容的影响**

由图 8-1 可知,添加鲁氏酵母菌的面团比容要比添加商业化酵母的面团比容高,这可

能是由于鲁氏酵母菌的添加增强了面团的发酵能力和发酵速度,使面团的比容有所增加。配比酵母的添加使面团的比容变化最明显,效果最好。对于 pH 值,添加鲁氏酵母菌的面团下降较快,pH 值下降过快不利于芳香物质的产生,会影响产品的口感。添加商业化酵母的面团 pH 值下降缓慢,效果不明显(图 8 - 2)。在发酵的过程中乳酸菌的产量较多,它是一种较强的有机酸,是使面团的 pH 值降低的一个关键因素。但是发酵后期 pH 值下降的幅度有所减缓,这可能是因为酵母发酵过程中产生了乙醇以及其他成分,其中的乙醇与乳酸菌、醋酸菌等产酸菌还有发酵产生的酸反应,最终生成了乳酸乙酯、醋酸乙酯等酯类物质。鲁氏酵母菌有抗酸能力且生产性能稳定,酵母菌发酵的最适 pH 值在 4.0 ~ 6.0,面团发酵效果较好,添加配比酵母的面团 pH 值更接近最适值。因此,发酵时间在 2 h 左右,添加 1:1(m:m)配比的鲁氏酵母菌与商业化酵母的面团发酵效果最好。

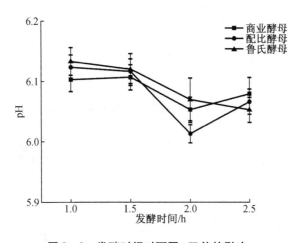

**图 8 - 2 发酵时间对面团 pH 值的影响**

### (二)发酵温度对面团比容和 pH 值的影响结果

如图 8 - 3 所示为发酵温度对面团比容和 pH 值的影响,随着发酵温度的升高,面团的比容呈缓慢上升又小幅度下降的趋势。在 30 ℃左右,添加三种酵母的面团比容都比较大;在 20 ℃时,温度较低,抑制了发酵剂的生长繁殖以及有效成分的产生,影响了面团发酵速度,使得面团比容变化不明显;随着温度的升高,面团的比容逐步增大。但在 30 ℃以上,添加鲁氏酵母菌的面团比容还在增大,这可能是因为发酵时间不足,鲁氏酵母菌的发酵能力还在发挥作用。添加配比酵母的面团比容变化较稳定,pH 值的变化呈下降趋势。酵母在发酵的过程中会产生一些有机酸,随着温度的升高,乳酸菌、醋酸菌等会大量繁殖,使得酵母菌的繁殖受到抑制,从而引起面团发酸,pH 值降低。

由图 8 - 3 可知,添加鲁氏酵母菌的面团比容较高,而添加商业化酵母的面团比容在 30 ℃后呈明显下降趋势。这是因为商业化酵母为即发高活性干酵母,其发酵耐力差,后劲不足,而鲁氏酵母菌耐高温,发酵更强劲,所以使得面团比容又继续升高。对于 pH 值,在 27 ℃左右,添加三种不同酵母的面团 pH 值都开始下降,添加商业化酵母的面团变化不大,添加鲁氏酵母菌的面团变化较大,在30 ℃左右其pH值最小,为6.14(图8-4)。在相同的发酵时间条件下,发酵温度越高,添加鲁氏酵母菌的面团pH值下降也会越快,温度越高越接近发酵菌种微生物的最适生长温度,代谢也会越快。但温度过高时,会使面团酸度增加,降低产品质量。总的来说,发酵温度在30 ℃左右,添加鲁氏酵母菌的面团发酵效果最好。

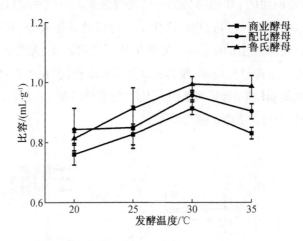

**图8-3　发酵温度对面团比容的影响**

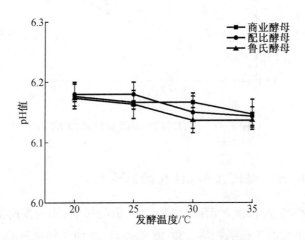

**图8-4　发酵温度对面团pH值的影响**

### (三)鲁氏酵母菌接种量对面团比容和pH值的影响结果

如图8-5所示为鲁氏酵母菌接种量对面团比容和pH值的影响,随着酵母菌添加量的增加,面团比容的变化为先上升后下降的趋势。发酵前期,酵母菌接种量过少,酵母发酵力不足,发酵速度慢,而气体保持能力的持久性会相应缩短,使面团体积变小,比容变小,所以需要延长发酵时间来提高比容。在酵母菌接种量为$1.5 \times 10^6$个/mL时,添加配比酵母的面团的比容最大,为0.92 mL/g。pH值的变化呈先下降后上升的趋势,在酵母菌接种量为$1.5 \times 10^6$个/mL时,pH值变化明显,且此时添加鲁氏酵母菌的面团pH值最小,为6.33。随着酵母菌接种量的增加,产酸量也在不断增加,pH值下降。

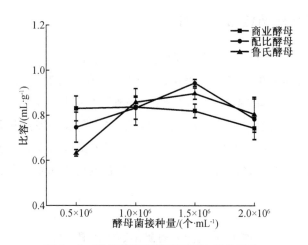

图 8 - 5　酵母菌接种量对面团比容的影响

　　由图 8 - 5 可知,添加鲁氏酵母菌的面团比容要比添加商业化酵母的面团高,这可能是由于鲁氏酵母菌的添加增强了面团的发酵能力和发酵速度,且在接种量为 $1.5 \times 10^6$ 个/mL时,添加配比酵母的面团比容最大,这说明鲁氏酵母菌与商业化酵母的适当配比,使酵母的发酵能力更强。对于 pH 值来说,在接种量为 $0.5 \times 10^6$ 个/mL 时,面团发酵时,酵母菌接种量少,导致面团发酵速度慢,使得 pH 值变化不大(图 8 - 6);在接种量为 $1.0 \times 10^6$ 个/mL时,pH 值下降较快,不利于产生芳香物质,可能会影响面团的最佳口感;在接种量大于 $1.5 \times 10^6$ 个/mL 时,酵母的面团 pH 值变化较大,pH 值较低,这主要是由于酵母添加量较多,导致发酵过程中产生了较多的酒精等物质,增大了被醋酸菌利用的概率,从而生成了较多的醋酸。虽然在接种量为 $1.5 \times 10^6$ 个/mL 时,添加配比酵母和添加鲁氏酵母菌发酵的面团 pH 值差不多,但此时添加配比酵母的面团的比容最大。总体上看,在酵母菌接种量为 $1.5 \times 10^6$ 个/mL 时,添加 1:1(m: m)配比的鲁氏酵母菌与商业化酵母的面团发酵效果最好。

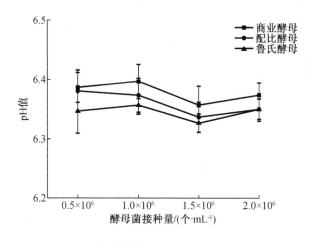

图 8 - 6　酵母菌接种量对面团 pH 值的影响

## 二、鲁氏酵母菌对面包品质影响

由表 8 – 7 可知,添加鲁氏酵母菌的面包样品比容显著高于对照样品比容,这主要是由于鲁氏酵母菌的添加显著提高了面包酵母的发酵能力和发酵速度,因此,面包比容有所增加,面包得率受酵母种类影响不显著。在感官评分评定项目中,添加鲁氏酵母菌样品的香味显著,这主要是由于鲁氏酵母菌本身就是产香菌,在面包面团发酵过程中可以产生醇、呋喃酮等具有芳香味物质,因此,给制品带来香气。由以上试验可见,鲁氏酵母菌在面包中的添加,可以显著提高面包的香气及面包比容,对提高面包品质起到了积极的作用,为焙烤制品生物增香提供理论支持。

表 8 – 7　鲁氏酵母菌对面包品质的影响

| | 比容/(mL·g$^{-1}$) | 得率 | 感官评分 | | | | |
|---|---|---|---|---|---|---|---|
| | | | 色泽 | 香气 | 质感 | 喜爱 | 得分 |
| 对照 | 3.83 ± 0.02 | 89.75% ± 0.01% | 中 | 弱 | 中偏强 | 中 | 93.24 ± 0.11 |
| 酵母:鲁氏酵母菌 = 1:1 | 4.63 ± 0.01 | 89.13% ± 0.03% | 中 | 强 | 中 | 强 | 96.52 ± 0.08 |

# 第四节　结　论

为了得到高品质的面制品,试验采用添加鲁氏酵母菌的方式制作面团,通过单因素试验确定鲁氏酵母菌对面团品质的影响。结果表明,发酵时间为 2 h,发酵温度为 30 ℃左右,酵母菌接种量为 $1.5 \times 10^{6}$ 个/mL,鲁氏酵母菌与即发高活性干酵母比例在 1:1(m:m)时可以显著提高面团的比容,且 pH 值在可接受范围内,酸度适中,使产品拥有良好的口感。将鲁氏酵母菌单独应用于面团发酵时,所表现出的面团比容和 pH 值都不是最优的。因此,将鲁氏酵母菌与即发高活性干酵母按 1:1(m:m)配比添加到面团中时,可以更好地发挥作用,说明鲁氏酵母菌可以被广泛地应用于面制品中,满足人们的消费需求。

试验通过将鲁氏酵母菌应用到二次发酵法生产面包的工艺过程中,得出鲁氏酵母菌与即发活性干酵母比例在 1:1(m:m)时可以显著提高面包的比容和感官评分,香气明显,对面包的率无显著影响。

# 参 考 文 献

[1] ABADIAS M, BENABARRE A, TEIXIDÓ N, et al. Effect of freeze drying and protectants on viability of the biocontrol yeast *Candida sake* [J]. International Journal of Food Microbiology, 2001, 65(3):173 –182.

[2] AMIN G A. Exponential fed – batch strategy for enhancing biosurfactant production by *Bacillus subtilis*[J]. Water Science & Technology, 2014, 70(2):234 –240.

[3] BELLAVER L H, CARVALHO N M B D, ABRAHÃO – NETO J, et al. Ethanol formation and enzyme activities around glucose – 6 – phosphate in *Kluyveromyces marxianus* CBS 6556 exposed to glucose or lactose excess [J]. FEMS Yeast Research, 2004, 4 (7):691 –698.

[4] BLAKEMORE W R, DAVIS S R, HRONCICH M M, et al. Carrageenan analysis. Part 1: Characterisation of the carrageenan test material and stability in swine – adapted infant formula[J]. Food Additives and Contaminants, 2014, 31(10):1661 –1669.

[5] BRADFORD M M. A rapid and sensitive method for the quantitation of microgram quantities of protein utilizing the principle of protein – dye binding [J]. Analytical Biochemistry, 1976, 72(72):248 –254.

[6] CAO X H, HOU L H, LU M F, et al. Genome shuffling of *Zygosaccharomyces rouxii* to accelerate and enhance the flavour formation of soy sauce[J]. Journal of the Science of Food and Agriculture, 2010, 90(2):281 –285.

[7] CARLISE B, FRITZEN – FREIRE, ELANE S, et al. Microencapsulation of bifidobacteria by spray drying in the presence of prebiotics[J]. Food Research International, 2012, 45 (1):306 –312.

[8] CHENG L C, WU J Y, CHEN T L. A pseudo – exponential feeding method for control of specific growth rate in fed – batch cultures[J]. Biochemical Engineering Journal, 2002, 10(3):227 –232.

[9] DAHLEN T, HAUCK T, WEIN M, et al. 2,5 – dimethyl – 4 – hydroxy – 3(2*H*) – furanone as a secondary metabolite from D – fructose – 1,6 – diphosphate metabolism by *Zygosaccharomyces rouxii* [J]. Journal of Bioscience Bioengineering, 2001, 91 (4):352 –358.

[10] DAKAL T C, SOLIERI L, GIUDICI P. Adaptive response and tolerance to sugar and salt stress in the food yeast *Zygosaccharomyces rouxii* [J]. International Journal of Food Microbiology, 2014, 185:140 –157.

[11] DEY S, BURTON R L, GRANT G A, et al. Structural analysis of substrate and effector

binding in *Mycobacterium tuberculosis* D – 3 – phosphoglycerate dehydrogenase [J].
Biochemistry, 2008, 47(32):8271 – 8282.

[12] DURÁ M, FLORES M, TOLDRÁ F. Effect of growth phase and dry – cured sausage
processing conditions on *Debaryomyces* spp. generation of volatile compounds from
branched – chain amino acids[J]. Food Chemistry, 2004, 86(3):391 – 399.

[13] ERKKIL S, PETJ E, EEROLA S, et al. Flavour profiles of dry sausages fermented by
selected novel meat starter cultures[J]. Meat Science, 2001, 58(2):111 – 116.

[14] FLORES M, DURÁ M, MARCO A, et al. Effect of *Debaryomyces* spp. on aroma
formation and sensory quality of dry – fermented sausages[J]. Meat Science, 2004, 68
(3):439 – 446.

[15] FRISÓN L N, CHIERICATTI C A, ARÍNGOLI E E, et al. Effect of different sanitizers
against *Zygosaccharomyces rouxii*[J]. Journal of Food Science and Technology, 2015, 52
(7):4619 – 4624.

[16] FU N, CHEN X D. Towards a maximal cell survival in convective thermal drying
processes[J]. Food Research International, 2011, 44(5):1127 – 1149.

[17] FU W, ETZEL M R. Spray drying of *Lactococcus lactis* ssp. *lactis* C2 and cellular injury
[J]. Journal of Food Science, 1995, 60(1):195 – 200.

[18] GAO X, BAO S, XING X, et al. Fructose – 1,6 – bisphosphate aldolase of *Mycoplasma
bovis* a plasminogen – binding adhesion [J]. Microbial Pathogenesis, 2018,
124:230 – 237.

[19] GEISEN R, GLENN E, Leistner L. Production and regeneration of protoplasts from
*Penicillium nalgiovense*[J]. Letters in Applied Microbiology, 1989, 8(3):99 – 100.

[20] GUO H, QIU Y, WEI J P, et al. Genomic insights into sugar adaptation in an
extremophile yeast *Zygosaccharomyces rouxii* [J]. Frontiers in Microbiology, 2020,
10:3157.

[21] HAMADA T, ISHIYAMA T, MOTAI H. Continuous fermentation of soy sauce by
immobilized cells of *Zygosaccharomyces rouxii* in an airlift reactor [J]. Applied
Microbiology and Biotechnology, 1989, 31(4):346 – 350.

[22] HAUCK T, BRUHLMANN F, SCHWAB W. 4 – hydroxy – 2,5 – dimethyl – 3(2*H*) –
furanone formation by *Zygosaccharomyces rouxii*: effect of the medium[J]. Journal of
Agricultural and Food Chemistry, 2003, 51(16):4753 – 4756.

[23] HAUCK T, BRUHLMANN F, SCHWAB W. Formation of 4 – hydroxy – 2,5 – dimethyl –
3(2*H*) – furanone by *Zygosaccharomyces rouxii*: Identification of an intermediate[J].
Applied and Environmental Microbiology, 2003, 69(7):3911 – 3918.

[24] HAUCK T, LANDMANN C, BRÜHLMANN F, et al. Formation of 5 – methyl – 4 –
hydroxy – 3 (2*H*) – furanone in cytosolic extracts obtained from *Zygosaccharomyces rouxii*
[J]. Journal of Agricultural Food Chemistry, 2003, 51(5):1410 – 1414.

[25] HAUCK T, LANDMANN C, RAAB T, et al. Chemical formation of 4 – hydroxy – 2,5 – dimethyl – 3 ( 2H ) – furanone from D – fructose 1, 6 – diphosphate [ J ]. Carbohydrate Research, 2002, 337( 13 ) :1185 – 1191.

[26] HAUCK T, YVONNE H, BRÜHLMANN F, et al. Alternative pathway for the formation of 4,5 – dihydroxy – 2,3 – pentanedione, the proposed precursor of 4 – hydroxy – 5 – methyl – 3 ( 2H ) – furanone as well as autoinducer – 2, and its detection as natural constituent of tomato fruit [ J ]. Biochimica et Biophysica Acta, 2003, 1623 ( 2 – 3 ) : 109 – 119.

[27] HAYASHIDA Y, HATANO M, TAMURA Y, et al. 4 – Hydroxy – 2,5 – dimethyl – 3 ( 2H ) – furanone ( HDMF ) production in simple media by lactic acid bacterium, *Lactococcus lactis* subsp. *cremoris* IFO 3427 [ J ]. Journal of Bioscience and Bioengineering, 2001, 91( 1 ) :97 – 99.

[28] HECQUET L, SANCELME M, BOLTE J. Biosynthesis of 4 – hydroxy – 2,5 – dimethyl – 3( 2H ) – furanone by *Zygosaccharomyces rouxii* [ J ]. Journal of Agricultural and Food Chemistry, 1996, 44( 5 ) :1357 – 1360.

[29] HOPKINS F G. On an autoxidisable constituent of the cell [ J ]. Biochemical Journal, 1921, 15( 2 ) :286 – 305.

[30] ISLAM M A, TCHIGVINTSEV A, YIM V, et al. Experimental validation of *in silico* model – predicted isocitrate dehydrogenase and phosphomannose isomerase from *Dehalococcoides mccartyi* [ J ]. Microbial Biotechnology, 2016, 9( 1 ) :47 – 60.

[31] IYER P V, SINGHAL R S. Glutaminase Production using *Zygosaccharomyces rouxii* NRRL – Y 2547 : Effect of aeration, agitation regimes and feeding strategies [ J ]. Chemical Engineering and Technology, 2010, 33( 1 ) :52 – 62.

[32] KALEBINA T S, REKSTINAVV. Molecular organization of yeast cell envelope [ J ]. Molecular Biology, 2019, 53( 6 ) :850 – 861.

[33] KARAMAN K, SAGDIC O. *Zygosaccharomyces bailii* and *Z. rouxii* induced ethanol formation in apple juice supplemented with different natural preservatives : A response surface methodology approach [ J ]. Journal of Microbiological Methods, 2019, 163 :105659.

[34] KOBAYASHI M, HAYASHI S. Modeling combined effects of temperature and pH on the growth of *Zygosaccharomyces rouxii* in soy sauce mash [ J ]. Journal of Fermentation and Bioengineering, 1998, 85( 6 ) :638 – 641.

[35] KOWALEWSKA J, ZELEZOWSKA H, Babuchowski A, et al. Isolation of Aroma – bearing material from *Lactobacillus helveticus* culture and cheese [ J ]. Journal of Dairy Science, 1985, 68( 9 ) :2165 – 2171.

[36] KULKARNI R, CHIDLEY H, Deshpande A, et al. An oxidoreductase from 'Alphonso' mango catalyzing biosynthesis of furaneol and reduction of reactive carbonyls [ J ].

SpringerPlus, 2013, 2(1):494 – 503.

[37]　KURTZMAN C P. The yeasts, a taxonomic study[M]. 5th ed. Amsterdam: Elsevier Science, 2011.

[38]　LEI H, XU H, FENG L, et al. Fermentation performance of lager yeast in high gravity beer fermentations with different sugar supplementations[J]. Journal of Bioscience and Bioengineering, 2016, 122(5):583 – 588.

[39]　LI B, SAINGAM P, ISHII S, et al. Multiplex PCR coupled with direct amplicon sequencing for simultaneous detection of numerous waterborne pathogens[J]. Applied Microbiology and Biotechnology, 2019, 103(2):953 – 961.

[40]　LI M, LU Y, LI Y, et al. Transketolase deficiency protects the liver from DNA damage by increasing levels of ribose – 5 – phosphate and nucleotides[J]. Cancer Research, 2019, 79(14):3689 – 3701.

[41]　LI X, DAI L, LIU H, et al. Molecular mechanisms of furanone production through the EMP and PP pathways in *Zygosaccharomyces rouxii* with D – fructose addition[J]. Food Research International, 2020,133:109137.

[42]　LI X, KANG Y, YU C, et al. Exponential feeding strategy of high – density cultivation of a salt – tolerant aroma – producing yeast *Zygosaccharomyces rouxii* in stirred fermenter [J]. Biochemical Engineering Journal, 2016, 111:18 – 23.

[43]　LI Z, ZHOU Y, YANG H, et al. A novel strategy and kinetics analysis of half – fractional high cell density fed – batch cultivation of *Zygosaccharomyces rouxii*[J]. Food Science and Nutrition, 2018, 6(4):1162 – 1169.

[44]　LIU G, ZHANG M, CHEN X, et al. Evolution of threonine aldolases, a diverse family involved in the second pathway of glycine biosynthesis [J]. Journal of Molecular Evolution, 2015, 80(2):102 – 107.

[45]　LIU H, DAI L, WANG F, et al. A new understanding: Gene expression, cell characteristic and antioxidant enzymes of *Zygosaccharomyces rouxii* under the D – fructose regulation[J]. Enzyme and Microbial Technology, 2020, 132:109409.

[46]　LU S C. Regulation of glutathione synthesis[J]. Molecular Aspects of Medicine, 2009, 30(1/2):42 – 59.

[47]　MA Z, SHENTU X, BIAN Y, et al. 1,3 – propanediol production from glucose by mixed – culture fermentation of *Zygosacharomyces rouxii* and *Klebsiella pneumonia* [J]. Engineering in Life Sciences, 2012, 12(5):553 – 559.

[48]　MARTINO G P, QUINTANA I M, ESPARIZ M, et al. Aroma compounds generation in citrate metabolism of *Enterococcus faecium*: Genetic characterization of type I citrate gene cluster[J]. International Journal of Food Microbiology, 2016, 218:27 – 37.

[49]　MICHEL M, MEIER – DÖRNBERG T, JACOB F, et al. Review: Pure non – *Saccharomyces* starter cultures for beer fermentation with a focus on secondary metabolites

and practical applications [J]. Journal of the Institute of Brewing, 2016, 122 (4):569 –587.

[50] MILLAR A H, WHELAN J, SOOLE K L, et al. Organization and regulation of mitochondrial respiration in plants[J]. Annual Review of Plant Biology, 2011, 62(1): 79 –104.

[51] MONJE –CASAS F, MICHÁ C, PUEYO C, et al. Absolute transcript levels of thioredoxin – and glutathione – dependent redox systems in Saccharomyces cerevisiae: response to stress and modulation with growth[J]. Biochemical Journal, 2004, 383(1): 139 –147.

[52] MOON H, KIM S W, LEE J, et al. Independent exponential feeding of glycerol and methanol for fed – batch culture of recombinant Hansenula polymorpha DL – 1 [J]. Applied Biochemistry and Biotechnology, 2003, 111(2):65 –79.

[53] NUNOMURA N, SASAKI M, ASAO Y, et al. Studies on flavor components in Shoyu. II. Isolation and identification of 4 – hydroxy – 2( or 5) – ethyl – 5( or 2) – methyl – 3 (2H) – furanone, as a flavor component in Shoyu ( soy sauce) [J]. Agricultural Biological Chemistry, 1976, 40(3):491 –495.

[54] OHATA M, KOHAMA K, MORIMITSU Y, et al. The formation mechanism by yeast of 4 – hydroxy – 2( or 5) – ethyl – 5( or 2) – methyl – 3(2H) – furanone in Miso[J]. Bioscience,Biotechnology,and Biochemistry, 2007, 71(2):407 –413.

[55] ORTIZ –MERINO R A, KUANYSHEV N, BYRNE K P, et al. Transcriptional response to lactic acid stress in the hybrid yeast Zygosaccharomyces parabailii[J]. Applied and Environmental Microbiology, 2018, 84(5):e02294 –17.

[56] PANG H, DU Q, PEI J, et al. Sucrose hydrolytic enzymes: old enzymes for new uses as biocatalysts for medical applications[J]. Current Topics in Medicinal Chemistry, 2013, 13(10):1234 –1241.

[57] PLACER Z A, CUSHMAN L L, JOHNSON B C. Estimation of product of lipid peroxidation ( malonyl dialdehyde) in biochemical systems[J]. Analytical Biochemistry, 1966, 16(2):359 –364.

[58] PREININGER M, GROSCH W. Determination of 4 – hydroxy – 2,5 – dimethyl – 3(2H) – furanone ( HDMF ) in cultures of bacteria [ J ]. Zeitschrift für Lebensmittel – Untersuchung und Forschung,1995, 201(1):97 –98.

[59] PROIETTI L. Structural and functional studies on trypanosoma brucei 6 – phosphogluconate dehydrogenase[D]. Ferrara:UniversitàdegliStudi di Ferrara, 2013.

[60] Qin Y. Principles of fermentation process[M]. Beijing: Chemical Industry Press, 2005.

[61] RAAB T, LÓPEZ –RÁEZ J A, KLEIN D, et al. FaQR, required for the biosynthesis of the strawberry flavor compound 4 – hydroxy – 2,5 – dimethyl – 3(2H) – furanone, encodes an enone oxidoreductase[J]. The Plant Cell, 2006, 18(4):1023 –1037.

［62］ RAAB T, SCHMITT U, HAUCK T, et al. Capillary electrophoretic resolution of the enantiomers of 2, 5 – dimethyl – 4 – hydroxy – 3 ( 2H ) – furanone, the key flavor compounds in strawberry fruit［J］. Chromatographia, 2003, 57:501 – 504.

［63］ ROSCHER R, HILKERT A, GESSNER M, et al. Progenitor of 2,5 – dimethyl – 4 – hydroxy – 3 ( 2H ) – furanone formation by *Pichia capsulata*? ［J］. Zeitschrift Für Lebensmittel – Untersuchung und Forschung, 1997, 204:198 – 201.

［64］ SASAKI M. Isolation and identification of precursor of 4 – hydroxy – 2( or 5 ) – ethyl – 5 ( or 2 ) – methyl – 3 ( 2H ) – furanone from isolated soybean protein and shoyu［J］. Journal of Agricultural and Food Chemistry, 1996, 44(1):230 – 235.

［65］ SEDAGHAT F, YOUSEFZADI M, TOISERKANI H, et al. Chitin from *penaeus merguiensis* via microbial fermentation processing and antioxidant activity［J］. International Journal of Biological Macromolecules, 2016, 82:279 – 283.

［66］ SMIT G, SMIT B A, ENGELS W J M. Flavour formation by lactic acid bacteria and biochemical flavour profiling of cheese products［J］. FEMS Microbiology Reviews, 2005, 29(3):591 – 610.

［67］ SCHÜLE S, FRIE W, BECHTOLD – PETERS K, et al. Conformational analysis of protein secondary structure during spray – drying of antibody/mannitol formulations［J］. European Journal of Pharmaceutics and Biopharmaceutics, 2007, 65(1):1 – 9.

［68］ SUGAWARA E, OHATA M, KANAZAWA T, et al. Effects of the amino – carbonyl reaction of ribose and glycine on the formation of the 2 ( or 5 ) – ethyl – 5 ( or 2 ) – methyl – 4 – hydroxy – 3 ( 2H ) – furanone aroma component specific to miso by halo – tolerant yeast［J］. Bioscience, Biotechnology, and Biochemistry, 2007, 71(7):1761 – 1763.

［69］ SUGAWARA E. Identification of 4 – hydroxy – 2( or 5 ) – ethyl – 5( or 2 ) – methyl – 3 ［2H］ – furanone as a flavor component in miso［J］. Nippon Shokuhin Kogyo Gakkaishi, 1991,38(6):491 – 493.

［70］ SUGIYAMA K, IZAWA S, INOUE Y. The Yap1 – dependent induction of glutathione synthesis in heat shock response of *Saccharomyces cerevisiae*［J］. Journal of Biological Chemistry, 2000, 275(20):15535 – 15540.

［71］ SULLIVAN A, NORD C E. Probiotics and gastrointestinal diseases ［J］. Journal of Internal Medicine, 2010, 257(1):78 – 92.

［72］ TURCATTI G, ROMIEU A, FEDURCO M, et al. A new class of cleavable fluorescent nucleotides: synthesis and optimization as reversible terminators for DNA sequencing by synthesis［J］. Nucleic Acids Research, 2008, 36(4):e25.

［73］ UEHARA K, WATANABE J, MOGI Y, et al. Identification and characterization of an enzyme involved in the biosynthesis of the 4 – hydroxy – 2( or 5 ) – ethyl – 5( or 2 ) – methyl – 3(2H) – furanone in yeast［J］. Journal of Bioscience Bioengineering, 2017, 123(3):333 – 341.

［74］ WARDAH W, KHAN M, SHARMA A, et al. Protein secondary structure prediction using neural networks and deep learning: A review［J］. Computational Biology and Chemistry, 2019, 81:1 − 8.

［75］ WAH T T, WALAISRI S, ASSAVANIG A, et al. Co − culturing of *Pichia guilliermondii* enhanced volatile flavor compound formation by *Zygosaccharomyces rouxii* in the model system of Thai soy sauce fermentation［J］. International Journal of Food Microbiology, 2013, 160(3):282 − 289.

［76］ WANG D, HAO Z, ZHAO J, et al. Comparative physiological and transcriptomic analyses reveal salt tolerance mechanisms of *Zygosaccharomyces rouxii*［J］. Process Biochemistry, 2019, 82:59 − 67.

［77］ WANG D, WANG L, HOU L, et al. Metabolic engineering of *Saccharomyces cerevisiae* for accumulating pyruvic acid［J］. Annals of Microbiology, 2015, 65(4):2323 − 2331.

［78］ WANG H, HU Z, LONG F, et al. Combined effect of sugar content and pH on the growth of a wild strain of *Zygosaccharomyces rouxii* and time for spoilage in concentrated apple juice［J］. Food Control, 2016, 59:298 − 305.

［79］ WANG J, ZHANG T, SHEN X, et al. Serum metabolomics for early diagnosis of esophageal squamous cell carcinoma by UHPLC − QTOF/MS［J］. Metabolomics, 2016, 12(7):116.

［80］ WANG L, GONG L, ZHAO E, et al. Inactivation of *Escherichia coli* by O⁻ water［J］. Letters in Applied Microbiology, 2007, 45(2):200 − 205.

［81］ WANG P M, ZHENG D Q, CHI X Q, et al. Relationship of trehalose accumulation with ethanol fermentation in industrial *Saccharomyces cerevisiae* yeast strains［J］. Bioresource Technology, 2014, 152(1):371 − 376.

［82］ WU T Y, KAN M S, SIOW L F, et al. Effect of temperature on moromi fermentation of soy sauce with intermittent aeration［J］. African Journal of Biotechnology, 2010, 9(5): 702 − 706.

［83］ XIA Z, ZHOU X, LI J, et al. Multiple − omics techniques reveal the role of glycerophospholipid metabolic pathway in the response of *Saccharomyces cerevisiae* against hypoxic stress［J］. Frontiers in Microbiology, 2019, 10:1398.

［84］ YAMADA A, ISHIUCHI K, MAKINO T, et al. A glucosyltransferase specific for 4 − hydroxy − 2, 5 − dimethyl − 3(2*H*) − furanone in strawberry［J］. Bioscience, Biotechnology, and Biochemistry, 2018, 83(1):106 − 113.

［85］ YANG H S, HWANG Y H, JOO S T, et al. The physicochemical and microbiological characteristics of pork jerky in comparison to beef jerky［J］. Meat Science, 2009, 82 (3): 289 − 294.

［86］ YOSHIDA F, YAMANE T, NAKAMOTO K I. Fed − batch hydrocarbon fermentation with colloidal emulsion feed［J］. Biotechnology and Bioengineering, 1973, 15(2):257 − 270.

[87] ZHANG Y, YIN X, XIAO Y, et al. An ETHYLENE RESPONSE FACTOR – MYB transcription complex regulates furaneol biosynthesis by activating *QUINONE OXIDOREDUCTASE* expression in strawberry [J]. Plant Physiology, 2018, 178 (1):189 – 201.

[88] ZABETAKIS I, KOUTSOMPOGERAS P, KYRIACOU A. The biosynthesis of furaneol in strawberry: the plant cells are not alone[J]. Flavour Science, 2006, 43:141 – 144.

[89] ZHANG Y, YIN X, XIAO Y, et al. An ethylene response factor – myb transcription complex regulates furaneol biosynthesis by activating quinone oxidoreductase expression in strawberry[J]. Plant Physiology, 2018, 178(1):189 – 201.

[90] 陈娜, 潘丽娟, 迟晓元, 等. 花生果糖 – 1,6 – 二磷酸醛缩酶基因 *AhFBA*1 的克隆与表达[J]. 作物学报, 2014, 40(5):934 – 941.

[91] 陈润生, 刘华荣, 林杰, 等. 影响培养基 pH 值稳定因素的探讨[J]. 海峡预防医学杂志, 2002, 8(1):58 – 59.

[92] 陈忠翔, 房志家, 陈婷, 等. 一种简单高效的酵母单菌落 PCR 方法[J]. 生物技术通讯, 2013, 24(2):225 – 229.

[93] 代志凯, 印遇龙, 阮征. 微生物发酵动力学模型及其参数拟合的软件实现[J]. 计算机与应用化学, 2011, 28(4):437 – 441.

[94] 单艺, 张兰威, 崔宏斌. 传统法酿造糯米酒中酵母菌的筛选及发酵特性研究[J]. 食品工业科技, 2007, 28(8):88 – 90, 93.

[95] 董欣福, 董亮, 董传亮, 等. 啤酒酵母在高浓度糖下胞外有机酸的分泌机制[J]. 食品与发酵工业, 2010, 36(3):70 – 74.

[96] 窦晓明, 孙高英, 单虎. 乳酸菌胞外产物对副溶血弧菌抑制作用的研究[J]. 海洋科学, 2007, 31(8):11 – 14.

[97] 杜宝, 白琰, 刘兰, 等. 混合发酵剂对羊肉发酵香肠理化品质的影响[J]. 食品科技, 2018, 43(1):104 – 109.

[98] 范方宇. 草莓粉喷雾干燥加工工艺的研究[D]. 合肥:合肥工业大学, 2006.

[99] 方冠宇, 姜佳丽, 蒋予箭. 多菌混合发酵对酱油的风味物质形成及感官指标的影响[J]. 中国食品学报, 2019, 19(9):154 – 163.

[100] 方梦琳. 羊肉对羊肉香肠加工适宜性的品质评价技术研究[D]. 北京:北京林业大学, 2008.

[101] 冯杰, 詹晓北, 季新跃, 等. *Candida etchellsii* 产 2(5) – 乙基 – 4 – 羟基 – 5(2) – 甲基 – 3(2*H*) – 呋喃酮的影响因素[J]. 食品与发酵工业, 2012, 38(1):15 – 19.

[102] 冯杰. 埃切假丝酵母产香机理及其对酱油风味的影响[D]. 无锡:江南大学, 2012.

[103] 付瑞燕, 陈坚, 李寅. 谷胱甘肽/谷胱甘肽过氧化物酶系统在微生物细胞抗氧胁迫系统中的作用[J]. 生物工程学报, 2007, 23(5):770 – 775.

[104] 巩洋, 孙霞, 杨勇, 等. 混合菌种发酵生产的低酸度川味香肠挥发性成分分析[J]. 食品与发酵工业, 2015, 41(7):175 – 181.

[105] 贡汉坤，王传荣，孙林超. 传统豆酱人工接种发酵的初步研究[J]. 食品科技，2004，10(11):37-39.

[106] 郭会婧，蒋继志，李向彬，等. 致病疫霉拮抗菌筛选及复合发酵液的抑菌作用研究[J]. 河北农业大学学报，2008，31(4):87-90.

[107] 郭丽丽，花锦，张梨花，等. 基于近红外技术测定不同鲜肉中挥发性盐基氮含量[J]. 食品安全质量检测学报，2018，9(11):2739-2743.

[108] 韩翠翠. 例析显微镜直接计数法和稀释涂布平板法[J]. 实验教学与仪器，2016，33(1):32-34.

[109] 韩冉，张珊，余倩倩，等. 鲁氏酵母不同时间的添加对高盐稀态酱油的影响[J]. 中国调味品，2020，45(9):1-4.

[110] 韩艳霞，陈金峰，刘双枝，等. 毛尖黑茶发酵生产工艺:201410760678.X[P]. 2014-12-12.

[111] 何承云，林向阳，李光磊，等. 馒头面团发酵性能的研究[J]. 食品研究与开发，2008，29(9):93-96.

[112] 胡梦蝶，陈雄，李欣，等. 不同胁迫条件对鲁氏酵母胞内海藻糖积累的影响研究[J]. 食品工业科技，2016，37(11):130-133.

[113] 胡荣飞，陈璐瑶，张小妮，等. 利用研磨仪快速提取基因组DNA用于PCR[J]. 生物技术通讯，2019，30(5):668-673.

[114] 黄立新，周瑞军，MUJUMDAR A S. 近年来喷雾干燥技术研究进展和展望[J]. 干燥技术与设备，2008，6(1):15-20.

[115] 江洁，吴耘红，蒋继峰，等. 黄稀酱生产新工艺的研究[J]. 食品科学，2002，23(10):62-64.

[116] 姜威，张善飞，陈杰，等. 不同生长条件对酵母产多糖及降糖的影响[J]. 酿酒科技，2012，28(4):50-52.

[117] 蒋丽，董丹，邢亚阁，等. 喷雾干燥法制备冰酒发酵剂的研究[J]. 中国酿造，2015，34(6):62-66.

[118] 康旭，杨进，李冬生，等. 酵母菌对黄豆酱挥发性成分的影响[J]. 中国调味品，2010，35(11):63-65.

[119] 康远军. 高耐性鲁氏酵母高密度发酵研究[D]. 武汉:湖北工业大学，2015.

[120] 孔德柱，王海鹰. 糖化增香曲在黄豆酱生产中的应用研究[J]. 中国调味品，2010，35(9):114-117.

[121] 黎文媛. 酱油行业的发展现状和趋势[J]. 江苏调味副食品，2013(1):1-3.

[122] 李斌，康壮丽，龚宸，等. 基于低场核磁共振技术分析冷冻和冷却猪肉乳化香肠的品质差异[J]. 食品工业科技，2015，36(24):142-144.

[123] 李凤彩，程文新，谢华，等. 发酵香肠菌种筛选标准探讨[J]. 食品工业科技，2002，23(6):78-79.

[124] 李合生. 植物生理生化实验原理和技术[M]. 北京:高等教育出版社，2000.

[125] 李梦琦, 赵一凡, 郑飞云, 等. 耐高糖产香酵母菌的分离鉴定及其应用[J]. 食品与发酵工业, 2019, 45(24):45-51.

[126] 李琴, 杜凤刚. 发酵过程添加生香酵母改善酱油风味的研究[J]. 中国调味品, 2005(10):30-32.

[127] 李轻舟, 王红育. 发酵肉制品研究现状及展望[J]. 食品科学, 2011, 32(3):247-251.

[128] 李翔. 甘油对巴斯德毕赤酵母甲醇代谢影响的转录组学研究[D]. 无锡:江南大学, 2018.

[129] 李晓军, 徐鹏, 栾静, 等. 耐高渗酿酒酵母的代谢流分析[J]. 食品与生物技术学报, 2009, 28(3):356-360.

[130] 李昕, 戴凌燕, 刘红, 等. D-果糖对鲁氏酵母菌生理特性及转录组学的影响[J]. 食品科学技术学报, 2020, 38(4):79-86.

[131] 李亿, 秦艳, 申乃坤, 等. 酿酒酵母 *pdc* 基因缺陷菌株的构建及其丙酮酸发酵特性[J]. 食品与发酵工业, 2020, 46(8):7-13.

[132] 李英. 关于面团发酵[J]. 食品工业科技, 1979, 2:66-71.

[133] 李志江, 戴凌燕, 王欣, 等. 酿酒酵母对豆酱发酵影响研究[J]. 黑龙江八一农垦大学学报, 2010, 22(5):68-71.

[134] 林康伟, 唐超, 杨传俊, 等. 50Hz 极低频电磁场对酵母细胞生长和氧化应激的影响初探[J]. 科学技术与工程, 2015, 15(25):11-16.

[135] 刘春燕. 传统四川泡萝卜发酵过程中酵母菌分离鉴定及其对泡菜风味的影响[D]. 成都:四川农业大学, 2015.

[136] 刘翠翠, 胡梦蝶, 王志, 等. 鲁氏酵母胞内海藻糖积累过程的代谢特征分析[J]. 中国生物工程杂志, 2017, 37(9):41-47.

[137] 刘功良, 费永涛, 余洁瑜, 等. 蜂蜜接合酵母对营养物质利用及其高糖胁迫应激代谢特性分析[J]. 食品科学, 2019, 40(14):166-171.

[138] 刘洁莹. 葡萄酒混菌苹果酸-乳酸发酵的研究[D]. 杨凌:西北农林科技大学, 2018.

[139] 刘静, 王德宝. 复合发酵剂对羊肉干发酵香肠品质的影响[J]. 食品科技, 2015, 40(8):118-121.

[140] 刘鹏雪, 孔保华. 亚硝酸钠对自然发酵哈尔滨风干肠微生物生长、脂肪氧化及挥发性化合物的影响[J]. 食品科学, 2018, 39(16):74-81.

[141] 刘云芬, 王薇薇, 祖艳侠, 等. 过氧化氢酶在植物抗逆中的研究进展[J]. 大麦与谷类科学, 2019, 36(1):5-8.

[142] 刘政, 李笑宇. 固态热带假丝酵母菌菌剂的发酵工艺研究[J]. 饲料研究, 2021, 44(3):59-64.

[143] 鲁肇元, 魏克强. "酿造酱油"高盐稀态发酵工艺综述[J]. 中国调味品, 2006(1):28-31.

[144] 罗佳琦，于晓晨，于才渊. 嗜酸乳杆菌喷雾干燥技术的研究[J]. 干燥技术与设备，2008，6(6):273 - 278.

[145] 马汉军，杨国堂，周光宏. 不同种类的糖对中式香肠发酵的影响[J]. 食品研究与开发，2006，27(3):39 - 41.

[146] 孟发宝. 影响酱油中氨基酸态氮含量的因素[J]. 中国调味品，2008 (6):29 - 30.

[147] 彭郦，曾新安. 高糖胁迫下低温对酿酒酵母生理特性的影响[J]. 中国酿造，2011，30(8):122 - 124.

[148] 乔新荣，张继英. 植物谷胱甘肽过氧化物酶(GPX)研究进展[J]. 生物技术通报，2016，32(9):7 - 13.

[149] 石娇娇，张建军，邓静，等. 自然发酵甜面酱中耐高温生香酵母的鉴定与挥发性香气成分分析[J]. 食品与发酵工业，2014，40(9):167 - 171.

[150] 时桂芹，任菲，谢冰宗，等. 高糖胁迫对酿酒酵母抗氧化活性及代谢的影响[J]. 食品工业科技，2019，40(20):94 - 100.

[151] 史笑娜，黄峰，张良，等. 红烧肉加工过程中脂肪降解、氧化和挥发性风味物质的变化研究[J]. 现代食品科技，2017，33(3):257 - 265.

[152] 宋保平. 产甘油假丝酵母生理生化特性、倍性及不同碳源发酵代谢的研究[D]. 无锡：江南大学，2012.

[153] 苏东民. 中国馒头分类专家咨询调查研究[J]. 粮食科技与经济，2006 (5):49 - 51.

[154] 孙常雁，马莺，李德海，等. 自然发酵黄豆酱酱曲培养过程中蛋白酶的形成及蛋白质的分解[J]. 食品科技，2007，8:188 - 192.

[155] 孙含，赵晓燕，刘红开，等. 酵母对面团发酵影响的进展[J]. 食品工业，2018，39(3):271 - 274.

[156] 孙洁雯，杨克玉，李燕敏，等. 东北特产许氏大酱中挥发性成分的提取与分析[J]. 食品研究与开发，2015，36(14):115 - 120.

[157] 谭忠元，张智，付茂红，等. 补料对发酵工艺中枯草芽胞杆菌 ZK8 产伊枯草菌素 A 调控基因的影响[J]. 中国农业科技导报，2015，17(3):35 - 41.

[158] 唐亮，周文龙，王伟. 谷胱甘肽胞外发酵研究进展[J]. 中国医药生物技术，2015，10(5):428 - 431.

[159] 提伟钢. 牛奶喷雾干燥技术研究进展[J]. 中国乳业，2010，(11):54 - 55.

[160] 田晶，徐龙权，鱼红闪，等. 酱油发酵过程中大豆皂苷变化[J]. 大连理工大学学报，2001，41(2):173 - 176.

[161] 仝光杰，王文伟，蔡蓓蓓，等. 人乳头瘤病毒 52 型 L1 蛋白病毒样颗粒在毕赤酵母中的优化表达、纯化及其免疫原性[J]. 中国生物制品学杂志，2019，32(12):1336 - 1342.

[162] 王鹤霖，范苗艺，李昕，等. 鲁氏酵母发酵香肠加工工艺的研究[J]. 肉类工业，2018 (5):25 - 28.

[163] 王镜岩，朱圣庚，徐长法，等. 生物化学[M]. 3版.北京：高等教育出版社，2002.

[164] 王坤，牛萌萌，赵婧. 乳酸菌胞外多糖的免疫调节及抗肿瘤特性的研究[J]. 黑龙江八一农垦大学学报，2019，31(3):51-55.

[165] 王磊，陈宇飞，杨柳. 草鱼肉发酵香肠发酵过程中微生物变化的研究[J]. 中国调味品，2016，41(2):65-68.

[166] 王鹏霄. 4-羟基-2,5-二甲基-3(2$H$)-呋喃酮高产菌株的选育及发酵条件优化[D]. 北京:北京工商大学，2010.

[167] 王曙光，王德宝，马丹，等. 混合发酵剂对羊肉发酵香肠理化特性和亚硝酸盐残留量的影响[J]. 食品科技，2015，40(11):86-89.

[168] 王元清，严建业，杨红艳. 喷雾干燥技术及其在中药制剂中的应用[J]. 时珍国医国药，2005，16(2):161-162.

[169] 王志，谢婷，刘飞，等. 产β-葡聚糖酶耐盐鲁氏酵母的筛选及鉴定[J]. 现代食品科技，2015，31(1):120-125,70.

[170] 向思颖，谢君，徐芊，等. 中性氧化电解水对冷鲜草鱼肉品质及质构的影响[J]. 食品科学，2017，38(3):239-244.

[171] 谢涛，张儒. 渗透压在葡萄酒酵母代谢中的调控作用[J]. 中国生物工程杂志，2011，31(5):75-80.

[172] 熊涛，廖良坤，黄涛，等.植物乳杆菌NCU116菌剂的喷雾干燥制备技术研究[J]. 食品与发酵工业，2015，41(8):23-29.

[173] 熊雅兰，晏伟，张穗生，等. 酿酒酵母呼吸突变株的高糖胁迫反应研究[J]. 广西科学，2014，21(1):34-41.

[174] 徐光域，王卫，郭晓强. 发酵香肠加工中的发酵剂及其应用进展[J]. 食品科学，2002，23(8):306-310.

[175] 徐莹，刘婍，李春生，等. 鲁氏酵母脱除水溶液中$Cd^{2+}$的研究[J]. 食品与发酵工业，2009，35(5):54-56.

[176] 许焰. 酱香型白酒酿造拜耳接合酵母风味代谢特征及机制分析[D]. 无锡:江南大学，2017.

[177] 严群，张建国，徐芝勇. 大豆过氧化物酶研究进展[J]. 中国粮油学报，2005，20(3):51-53,57.

[178] 颜梦婷，黄金城，林晓岚，等. 实验型喷雾干燥机应用的研究进展[J]. 农产品加工(学刊)，2014(6):60-62.

[179] 杨进，乔鑫，李冬生，等. 黄豆酱的制曲工艺[J]. 食品研究与开发，2010，31(1):90-93.

[180] 尹淑琴，常泓，范燕，等. 重组UK114工程菌的高密度发酵培养[J]. 山西农业科学，2015，43(8):924-926,931.

[181] 于海，秦春君，葛庆丰，等. 中式香肠加工及贮藏中脂肪氧化对其品质特性的影响[J].食品科学，2012，33(13):119-125.

[182] 于修鑑. 乳酸菌高密度培养及浓缩型发酵剂研究[D]. 南京:南京工业大学,2004.

[183] 余芬,孙明波,沈伟,等. 生物制品生产中 6 种常用液体培养基高压灭菌前后的 pH 变化特征分析[J]. 中国药品标准,2015,16(3):176 – 180.

[184] 张海林,范文来,徐岩. 高产 2,5 – 二甲基 – 4 – 羟基 – 3(2H) – 呋喃酮(DMHF)酵母菌株的选育[J]. 中国酿造,2009 (11):20 – 23.

[185] 张虹. 加标回收率的测定和结果判断[J]. 石油与天然气化工,2000,29(1):50 – 52.

[186] 张娟. 谷胱甘肽对乳酸菌胁迫抗性的调控机制研究[D]. 无锡:江南大学,2008.

[187] 张立文,刘振蓉. 鲁氏酵母的复壮及培养条件的研究[J]. 中国调味品,2017,42 (5):49 – 51,56.

[188] 张亮. 谷胱甘肽的酶法合成条件优化[J]. 化学工程与装备,2016 (10):38 – 41.

[189] 张梦媛,张雨,丁常晟,等. 总状毛霉与鲁氏酵母耦合发酵对豆粕营养和风味的增强效应[J]. 食品工业科技,2020,41(8):15 – 20,25.

[190] 张平真. 中国酿造调味食品文化[M]. 北京:新华出版社,2001.

[191] 张巧云. 豆酱中微生物多样性及人工接种多菌种发酵豆酱的研究[D]. 哈尔滨:东北农业大学,2013.

[192] 张书猛. 喷雾干燥制备益生菌发酵剂的研究[D]. 西安:陕西科技大学,2012.

[193] 张思琪,周景文,张国强,等. 产对香豆酸酿酒酵母工程菌株的构建与优化[J]. 生物工程学报,2020,36(9):1838 – 1848.

[194] 张新宇,高燕宁. PCR 引物设计及软件使用技巧[J]. 生物信息学,2004,4(2):15 – 18,46.

[195] 张壮丽. 喷雾干燥法制备盐酸千金藤碱微囊[J]. 中成药,2014,6(8):1648 – 1651.

[196] 赵建民. 《齐民要术》制酱技术及酱的烹饪应用[J]. 扬州大学烹饪学报,2008,25 (4):14 – 20.

[197] 赵建新,顾小红,刘杨岷,等. 传统豆酱挥发性风味化合物的研究[J]. 食品科学,2006,27(12):684 – 687.

[198] 赵建新. 传统豆酱发酵过程分析与控制发酵的研究[D]. 无锡:江南大学,2011.

[199] 赵俊仁,孔保华. 自然发酵风干肠中酵母菌生产性能的研究[J]. 食品科技,2010,35(10):27 – 31.

[200] 赵逸群. 荧光假单胞菌超氧化物歧化酶基因的克隆、表达及性质研究[D]. 青岛:青岛大学,2018.

[201] 赵志华,岳田利,王燕妮,等. 酿酒活性干酵母(AADY)的研究[J]. 中国酿造,2006 (11):1 – 4.

[202] 周建磊. 发酵肉制品浓缩发酵剂制备与应用技术的研究[D]. 郑州:河南工业大学,2011.

[203] 周武林,高惠芳,吴玉玲,等. 重组酿酒酵母生物合成菜油甾醇[J]. 化工学报,2021,72(8),4314 – 4324.

[204] 周亚男,王英琪,刘红,等. 喷雾干燥法制备鲁氏酵母发酵剂的研究[J]. 食品研究

与开发, 2017, 38(12):114－118.

[205]　周亚男. 鲁氏酵母高密度培养制备及产呋喃酮条件优化研究[D]. 大庆:黑龙江八一农垦大学, 2018.

[206]　朱宝生, 刘功良, 白卫东, 等. 耐高糖酵母筛选及其高糖胁迫机制的研究进展[J]. 中国酿造, 2016, 35(6):11－14.

[207]　朱林江, 李崎. L－丝氨酸的微生物法制备研究进展[J]. 食品与发酵工业, 2015, 41(1):181－185.

[208]　朱迎春, 杜智慧, 马俪珍, 等. 发酵剂对发酵香肠微生物及理化特性的影响[J]. 现代食品科技, 2015, 31(9):198－204,25.